唐舜◎著

从零开始读懂
微积分

内容简介

本书通过一系列重要的数学地标，系统地梳理了微积分理论，既包含课堂上没讲授的数学通识内容，又包含对一些复杂知识点的细致拆解，还包含微积分在现实生活中的应用，帮助读者开阔数学视野、提高数学思维、加深对数学的理解。

全书共分为四篇：第一篇“数学通识，一些你应该了解的观点和事实”为读者构建数学学习的理念和方法；第二篇“从有限到无穷，初等数学与高等数学的分水岭”解释高等数学何以称为高等？大学数学内容与中学数学内容相比是否存在一个明确的分水岭？为微积分的引入做好铺垫；第三篇“从局部到整体，微积分的华彩乐章”是全书核心，借助“局部—整体原则”讨论函数极限、连续性、无穷小及其比较、导数与微分、微积分基本定理、多元函数微积分等；第四篇“以简单代复杂，微积分的实践之路”包括泰勒展开、傅里叶展开、最小作用量原理，以及极值问题在数学、工程学、人工智能等领域的应用。

图书在版编目(CIP)数据

从零开始读懂微积分 / 唐舜著. — 北京 : 北京大学出版社, 2024.5

ISBN 978-7-301-35067-6

Ⅰ. ①从… Ⅱ. ①唐… Ⅲ. ①微积分 Ⅳ. ①O172

中国国家版本馆CIP数据核字(2024)第095316号

书　　名　从零开始读懂微积分
　　　　　CONG LING KAISHI DUDONG WEIJIFEN

著作责任者　唐　舜　著

责任编辑　王继伟　姜宝雪

标准书号　ISBN 978-7-301-35067-6

出版发行　北京大学出版社

地　　址　北京市海淀区成府路205号　100871

网　　址　http://www.pup.cn　新浪微博: @北京大学出版社

电子邮箱　编辑部 pup7@pup.cn　总编室 zpup@pup.cn

电　　话　邮购部 010-62752015　发行部 010-62750672　编辑部 010-62570390

印 刷 者　北京宏伟双华印刷有限公司

经 销 者　新华书店
　　　　　880毫米×1230毫米　32开本　8.625印张　248千字
　　　　　2024年5月第1版　2024年8月第2次印刷

印　　数　4001-8000册

定　　价　69.00元

前言

Preface

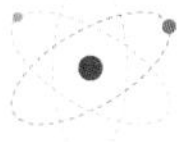

无穷多个数相加应该怎么求？0.99999……为什么等于1？导数和微分有什么区别？微积分基本定理的本质是什么？数学到底是一种发现还是发明？

各位读者朋友，大家好！很高兴和大家相逢在《从零开始读懂微积分》这本书中。本书的基础是我为北京国家应用数学中心制作的应用数学与数据科学通识基础课程——《高等数学导览》的讲义。我曾经在"知乎"上写过一个专栏，名叫《奇葩数学史·中学篇》，写那个专栏的初衷是想为中学数学的教学内容补充一些课堂上大家可能没有机会了解的知识背景和专业延伸。专栏完结之后，我收到一些读者的来信，询问什么时候推出大学篇。我想，为北京国家应用数学中心制作的视频课程可以看作对这个问题的正面回答。

提起高等数学，这可能是大学里最令人头疼的一门课程，它有趣却又难解，深刻却又复杂，想敬而远之，它偏偏应用广泛、无处不在，不管是物理、计算机这样的理工类专业，还是经济、管理这样的社科类专业，都逃不开以高等数学作为进一步学习的基础。然而,高等数学似乎与我们之前学过的数学完全不同,学着学着就找不着北了;一开始大家都还兴致勃勃,向着理解宇宙最深刻奥义的梦想出发,到后来,大部分人都只能疲于奔命,考研上岸成了最后的愿望。

高等数学的主要内容是微积分,我们为广大数学爱好者准备了这样一本伴读手册,它既是微积分课堂教学的有益补充,也是一次轻松愉快的数学之旅。通过精讲一批重要的数学地标和风景,将课本中若干重要的概念、方法及其背景和延伸做一个梳理和总结。它既包含课堂上没有时间讲授的数学通识内容,又包含对一些复杂知识点的细致拆解,以及微积分在现实生活中的实际应用。希望通过对本书的研读,大家可以对微积分从理论到实践有一个初步的认识,提高大家学习后继专业课程的兴趣和能力。

坦白讲,编写这样一本伴读手册并非易事,在组织材料的时候,我们需要考虑三个逻辑:一是数学本身的逻辑;二是数学理论发展的逻辑;三是课程讲授的逻辑。课程讲授的逻辑决定了课程最终的呈现方式,它受课程的目的、目标听众、教师的个人偏好等因素影响。尽管情况比较复杂,但大多数数学课程往往是前两种逻辑的简单组合。

在高等数学课堂上,我们更多地接触到的是遵循第一种逻辑的教材,从数列极限讲到函数极限,从导数讲到微分,从不定积分讲到定积分,从一元函数微积分讲到多元函数微积分,从概念引入到性质推导,从定理证明到例题演算,循序渐进。为什么大家都这么做呢?因为它清晰准确、易于标准化,适合大范围应用和推广,在教育普及的过程中能够发挥巨大的作用。

随着时代的发展,这种处理方式也暴露出一些问题。我们经常听数学老师说:"我现在讲的是思路,你们写答案的时候要反过来写!"都听过吧?什么意思呢?从某种意义上说,数学知识本身的逻辑是一种"反思考"的逻辑,它与人们从"拆解问题"到"组装答案"的习惯性思考过程是不一致的,掌握起来势必要克服额外的阻力。从宏观角度来看，一本教材或一门课程其实也是如此。从定义1、2、3出发，之后是性质4、5、6，然后是定理7、8、9，最后是例题A、B、C、D、E、F、G，这种流水线式的讲授方式并不是从思考的逻辑出发的；尽管这种讲授方式很准确，却给学生消化和理解知识制造了障碍。

在这本书里，我希望遵循思考的逻辑，用30章的篇幅为大家梳理微积分理论中一系列重要概念和知识点，以及它们的背景和拓展应用，内容共分为以下四篇。

第一篇是数学通识，大家将从这里了解一些关于数学的基本观点和事实，如绝大部分人的数学天赋都不怎么样，人类发展出伟大的数学能力是因为想象力；数学是一种自洽的语言，在语言的抽象与还原之间需要求得一种恰到好处的平衡；数学的发展依赖经验，但数学不是经验科学，数学的本质是求真而非证伪；学好数学可以尝试把握三个要素：逻辑感、结构感知力、求知的本心。有了这些认识，大家就能对数学进行更加深入的思考。

第二篇是原理铺垫，我将回答以下两个基本的问题：高等数学何以称为高等？高等数学与中学数学相比，是否存在一个明确的分水岭？如果这个分水岭真的存在，了解它在哪里，可以避免大家在一开始就被完全不一样的思维方式“打趴下”。

第三篇是本书的核心，我将以“局部—整体”为主线讨论微积分理论的核心要义和基本框架，包括函数极限、连续性、无穷小及其比较、导数与微分、微积分基本定理、多元函数微积分等，大家将充分领略高等数学中最为华美的一篇乐章。

第四篇是微积分的实践之路，内容包括泰勒展开、傅里叶展开、最小作用量原理，以及极值问题在数学、工程学、人工智能等领域的应用。例子虽然不多，但力求简洁深刻，讲通讲透，希望研读这个板块之后，大家会对“高数”有一种完全不同的观感。

由于本书的基础是已有课程的讲义，尽管做了必要的整理和修订，部分内容与“知乎”专栏还是存在重合。为了课程的完整性，我将这些重合的内容保留在本书中，希望不会给已经看过专栏的小伙伴们带来困扰。最后，我还想强调，这是一本帮助大家修习高等数学的伴读手册，它不能代替正式的课堂教学，如果大家想在“高数”这门课上取得不错的成绩，看完本书之后记得回到课堂好好学习。

好了，亲爱的读者朋友，欢迎来到《从零开始读懂微积分》，祝愿大家在这里能够收获一份美好的体验。

本书献给我的太太及我可爱的女儿。

唐　舜

温馨提示：本书提供的附赠资源，读者可以通过扫描封底二维码，关注“博雅读书社”微信公众号，输入本书77页的资源下载码，根据提示获取。

CONTENTS
目 录

第1篇 数学通识，一些你应该了解的观点和事实

第1章 天赋还是勤奋

第2章 想象力是最大的武器

第3章 数字背后的逻辑

第4章 区分抽象与还原

第5章 文明的进步

第6章 背离经验的科学

第7章 数学应该怎样学(Ⅰ)

第8章 数学应该怎样学(Ⅱ)

第 2 篇

从有限到无穷，初等数学与高等数学的分水岭

第12章 无法回避的难题

第13章 探寻之路

第14章 实数轴的重生

第15章 芝诺悖论的数学终结

第16章 给长度一个交代

第3篇

从局部到整体，微积分的华彩乐章

第17章 分析学的三条路径和一种范式

第18章 归结原则和两个重要极限

第19章 连续性的陷阱

第20章 微分的前世今生

第21章 自然的数学法则

第22章 分割的艺术

第23章 微分与积分的统一

第24章 多元函数的世界

第4篇

以简单代复杂，微积分的实践之路

第25章 泰勒展开

第26章 傅里叶展开

第27章 最小作用量原理

第28章 最优逼近——泰勒展开的第四张面孔

第29章 最佳近似——超定方程组的现实选择

第30章 最小损失——人工智能的决策法门

Part 01
第 1 篇

数学通识，
一些你应该了解的
观点和事实

第1章

天赋还是勤奋

常常会有人问:在学习数学中,究竟是天赋更重要还是勤奋更重要?对于很多人来讲,这是一个难以回答的问题。如果说天赋更重要,那学习就成了一件比拼运气的事情,倘若天赋水平不高,数学成绩就注定难有大的进步,努力还有什么意义?如果说勤奋更重要,只要坚持不懈、刻苦用功就可以抹平天赋水平的差异,那为什么有一些人即使非常认真和努力也无法成为学霸呢?

对于这个问题,历来有很多针锋相对的讨论,大家各自摆出很多论据,试图说服对方,却很少有人停下来认真想一想:究竟什么是"数学天赋"?对大多数人来讲,天赋上的差别和勤奋上的差距,是不是处于同一个可以被拿来认真比较的层级?

如果在你的脑海中,"数学天赋"是指一个人学习数学时所展现出来的专注力、观察力、记忆力、推理力、判断力等能力,那么你的理解可能就产生了偏差。这些能力虽然与学习数学密切相关,但是并不专属于数学。事实上,学习任何一门学科都需要这些能力作为基础,用一个大家更为熟悉的词语概括,那就是智商。智商在一定程度上影响学习数学的效果,但我们却不能简单地把数学天赋等同于智商。更何况,一种可以被称为"天赋"的资质或能力不应该轻易地被后天环境所改变,而一个人的智商却完全可以通过后天训练得到提高。

数学天赋究竟是指什么呢？它是指一种与生俱来的、对数量关系、空间形式以及更为复杂的数学结构进行精准感知的能力。这种能力不依赖数学思维的训练，也不依赖数学知识的积累，而是隐藏在大脑皮层间的一段神奇代码。正如有些人不看说明书，不记公式，却总能把随意打乱的魔方顺利还原，这个人的数学天赋就一定很不错。印度传奇数学家拉马努金创造了众多连他自己也没办法完全证明的公式，数学天赋之高也是可见一斑。

如果你认同上述关于“数学天赋”的这个定义，那么本章开头的问题也就有了答案。在大多数人日常接触的数学领域，假设除天赋与勤奋之外的其他因素的影响都一致，单独考察两个个体的学习效果，勤奋显然比天赋更加重要。除非你想达到“徒手开根号、盲眼拧魔方”的极端境界，否则在学习数学的时候并不依赖对数量关系、空间形式和复杂结构的原始直觉。更何况，与别的物种相比，人类的这种原始直觉其实不算特别出色。

1.1 没什么特别的人类

著名物理学家伽莫夫曾经写过一本非常经典的科普书《从一到无穷大》，这本书的开头讲述了一个无厘头的小故事：两位匈牙利贵族聚在一起，玩一个关于数数的小游戏，他们各自在脑海中想一个自己能想到的最大数字，然后比一比谁想到的数字大，输的人要付给赢的人一枚金币。其中一位贵族抓耳挠腮想了很久，说出了一个他所能想到的最大数字：3。你没听错，就是1、2、3的3。轮到另一位贵族，对手说了个“3”，按照常理来讲，只要不是智商突然掉线，这枚金币是跑不了的。可是万万没想到，这位贵族绞尽脑汁想了很长时间，最后憋出一句：好吧，你赢了……

在今天受过良好教育的人看来，这两位贵族的表现当然是匪夷所思的，因为扳扳手指头就能找到比“3”更大的数字。但请你相信，用手指头数数这件事情（“屈指记数法”）并不是从来就有的，如果我们把时针拨回到数万年前，看一看非洲、南美洲和大洋洲北部的一些古老部族，那一切就变得十分合理,因为有充分的证据表明,这些地方的祖先可能并不知道比“2”更大的数字。如果你要问一位部族首领他有多少个孩子?他大概只能尴尬地告诉你一堆,因为他根本数不清。这说明在精准计数这件事情上,人类祖先的“天赋”其实乏善可陈。

语言学上的证据也充分支持这一观点。在数字被真正抽象化之前,人类就已经能够使用多种词汇来表达“2”这个概念,这些词汇流传下来,并保留着很深的痕迹。例如,英语中的“pair”“couple”“twin”和“set”等词汇,都用于表达两个对象的含义,然而表达“3倍”和“许多”的单词却常常混淆不清。例如,英语中的“thrice”能同时表达“3倍”和“许多”;西班牙语中的“3倍”(tres)和法语中的“许多”(très)则有明显相同的词源;在中文中,“三足鼎立”是一鼎三足,数量确定,“三思而行”却是反反复复,多次思考。这种现象说明人类的原始数觉能够区分“1”和“2”,却无法准确识别比“3”更大的数目。

相比之下,一些鸟类和昆虫则要强悍得多。例如,独居蜂这种昆虫,能够在巢穴中预先放置精准数量的尺蠖作为其幼虫的食物,有的独居蜂会放置5条,有的会放置12条,有的会放置24条。没有证据显示,独居蜂经过了统一培训或互相学习,它们在准确识别5、12、24等特殊数字上天赋异禀。

同样天赋异禀的还有乌鸦,两位德国科学家在2015年发表于《美国科学院院刊》的一项研究结果表明,乌鸦大脑中某些特殊部位的神经元对数量有反应,它们能够排除位置、大小和分布方式的干扰准确辨别5以下的数量差异,展现了卓越的原始数觉。

而在数觉方面最令人瞠目结舌的则是长脚沙漠蚂蚁(见图1-1),这种生活在非洲撒哈拉沙漠的蚂蚁自带“计步器”,每次外出觅食后总能通过精准计数行走的步数回到自己的洞穴。尽管脚比普通蚂蚁长得多,长脚蚂蚁移动一段短距离也需要行走上千步,令人难以置信的是,它们每次出门都能够保证出发和返程步数完全一致。

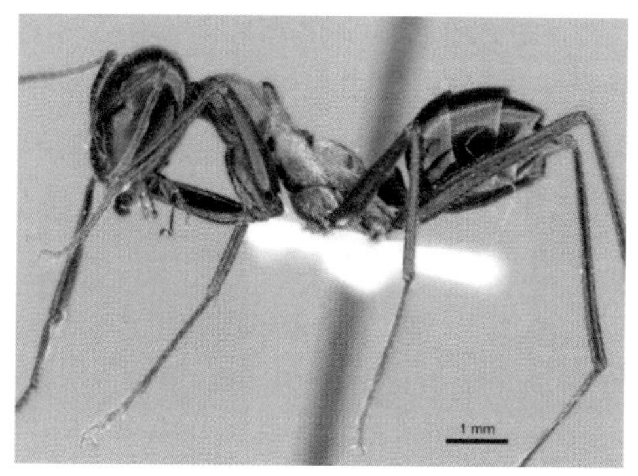

图 1-1 长脚沙漠蚂蚁[①]

你们肯定很想知道科学家是怎么得知这一点的，对不对？很简单，科学家设计了一个实验，他们让长脚沙漠蚂蚁从洞穴出发行走一段距离，然后给一些长脚沙漠蚂蚁的足绑上细小的猪毛，就像让它们踩着“高跷”，接着把这些蚂蚁放开，让它们朝自己的洞穴走。科学家发现，这些踩着“高跷”的蚂蚁走到自己洞穴门口的时候，往往停不下来，还要再往前走。为什么呢？因为腿变长了，步幅变大了，如果长脚蚂蚁是靠计步数回家的，走同样的步数，那么必然超过原来的距离。另外，某些长脚沙漠蚂蚁的待遇可能就比较可怜了，科学家把它们的腿锯掉一部分，同样地，让它们朝自己的洞穴走。科学家发现，这些短脚蚂蚁往往还没有走到自己洞穴门口，就已经停了下来，因为腿变短了，步幅变小了，但是它们依然按照原来的步数行走。

这个实验非常有趣，虽然有点残忍，但是它非常清楚地表明长脚沙漠蚂蚁识别自己的洞穴可能不靠嗅觉，也不靠视觉和触觉，而是靠它的原始数觉，一种神奇的“计步器”。

1.2 难以测量的直觉

较高的原始数觉带来的好处在于，个体能够识别更大范围内的数量变

① 图片来自蚂蚁维基，作者：Estella Ortega，版权许可：Creative Commons Attribution-Share Alike 3.0 Unported License。

化。但要想反过来,通过识别数量变化的实验来测量现代文明人的原始数觉,却是一件非常困难的事情。尤其对于智力已经得到开发的儿童和成人来说,即使不让他们使用数数的方式,他们仍会自发地利用形状、大小、排列规则等图形特征,甚至利用生理或心理上的暗示来帮助辨别数量的变化。

如图1–2所示的散点图。你几乎无须任何思考,就能确定第二行中的散点个数要多于第一行中的散点个数,因为第二行点列明显占据了更大的空间并且散点的排列更加密集。这是一个基于图形视觉特征的直观判断,在判断过程中,一个智力正常的普通人对自身原始数觉的调用被屏蔽了。

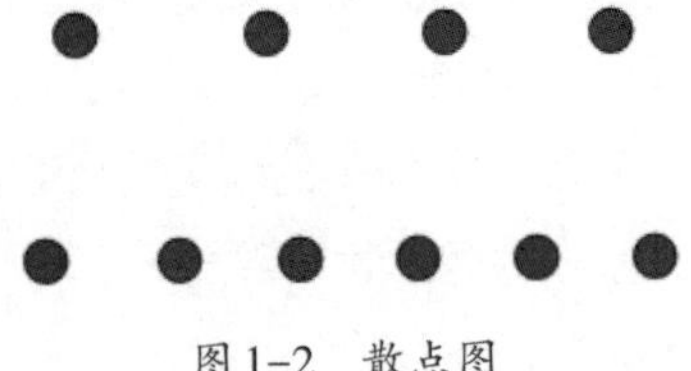

图1–2 散点图

要想排除这种与原始数觉无关的技巧对实验所造成的干扰,我们需要尽可能打乱散点的排列方式并且适当增加散点的个数,图1–3比图1–2要复杂许多。

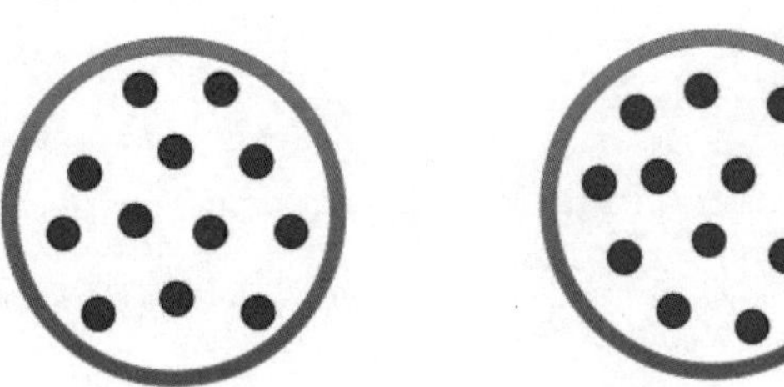

图1–3 双圆点图

你能立刻说出哪个圆中包含的散点更多吗？一般人在短时间的观察后是无法说出正确答案的。这是因为两个散点的组合,分布区域大小一致、分布间隔疏密相当、分布方式杂乱无章,你无法再像之前那样借助图形的基本特征进行判断。此时,我们只好启用自身的原始数觉,但很遗憾,事实证明大多数人原始数觉的有效范围是十分有限的。

不要认为上面双圆点图中的散点个数达到两位数，我们就比乌鸦厉害很多，有科学家设计了更加精密的实验，现代文明人的直接视觉数觉很少能超过4。[①]

虽然在原始数觉方面人类并不是自然界的王者，但是人类文明却毫无疑问地发展出了其他物种无法企及的数学能力，这使人类最终成为地球上最具智慧的群体。

究竟是何种力量帮助我们脱颖而出呢?

思考题

除了凭借几何直觉还原魔方，你还能举出一种属于“数学天赋”的能力并给出具体的实例吗?

如果数学天赋并没有那么重要，为什么有些人明明很努力却无法学好数学呢?

---

① 通俗数学名著译丛《数：科学的语言》，托比亚斯·丹齐克。

第2章

想象力是最大的武器

你是否经历过这样的场景：在艺人演唱会的现场，数万观众挥舞着手中的荧光棒，自发地掀起一场声势浩大的全体大合唱。观众整齐划一地挥手，声音震耳欲聋，令置身其中的人心潮澎湃，兴奋不已。

人类大概是自然界中最擅长用想象建立情感联结的动物，一段简单的旋律就能激发听者情感上的各种联想。在那一刻，成千上万的观众好像被一种巨大的魔力支配了一般，同时陷入某种或忧伤或甜蜜或振奋的情绪中。

不仅如此，整个人类社会也是由想象力编织而成的一张巨型网络。按照历史学家尤瓦尔·赫拉利[①]的说法，宗教、国家、人权这些看起来无比神圣的东西都是人类想象和虚构的产物，人类之所以从采集走向农耕进而迈出高等文明建设的第一步，也是因为相信一个所有人共同想象出来的故事。

这种看法完全颠覆了历史学家和人类学家对那个遥远时代的认知。之前人们普遍相信是因为气候、环境等因素的突然改变，我们的祖先开始种植庄稼、放牧牲畜，人口开始聚集，新的社会秩序被构建，人类社会进入新石器时代并逐渐产生文明。然而，随着新的重量级考古证据的出现，人们开始动摇这一固有观念，怀疑这场农业革命的幕后推手可能另有其人。

① 畅销书《人类简史》《未来简史》《今日简史》的作者。

2.1 哥贝克力石阵

20世纪90年代中期，一位名叫施密特的德国考古学家在土耳其东部城市乌尔法市近郊的山丘上发现了一处震惊世界的考古遗址。遗址由许多T形的石灰岩石柱组成，这些石柱的表面雕刻着各种凶猛的动物，距今已经有1.2万多年（见图2-1）。施密特教授认为，那些T形石柱，代表了人，面朝中心环抱双臂，似乎正在举行某种庄重的仪式。这是一座农业文明之前依靠采集植物和猎杀野生动物为生的原始部落用于祭祀的神庙。

图2-1 哥贝克力石阵[①]

哥贝克力石阵的出现给考古学家带来了很大的困惑，上百根重达数十吨的石柱围成20多道大小不一的圆环，在比埃及胡夫金字塔的建造时间还早7000多年的采集狩猎时代，没有精良的工具和上千人的协同劳作，这些巨型石块的采集、雕琢、运输和摆放都是不可能完成的。然而，考古学家并没有在遗址周围发现水源和大规模人类居住的痕迹。反倒是发现了数千块羚羊和野牛的骨头，看起来就像一支来自不同部落的上千人的施工队，他们为了一个共同的信仰定期聚集在一起，有组织地投身这项伟大工程的建设中。

因此有人更愿意相信：不是有了村落才在村落中间建起了信仰中心，

---

① 图片来自维基百科，作者：Volker Höhfeld，版权许可：Creative Commons Attribution-Share Alike 4.0 International License。

而是有了信仰中心才围绕信仰中心建立了村落。事实上，只靠采集和狩猎是无法给大规模的群落提供足够食物的，人类因为想象力的需求主动进入了农耕时代。已有研究结果表明，至少有一种培育的小麦起源于距离哥贝克力石阵30千米的喀拉卡达山脉，同时至少有一种驯化的家猪起源于距离哥贝克力石阵96千米的查尤努遗址。这些人类驯化史上的重要事件，发生在同一个地方不可能只是巧合。①

2.2 规天矩地

哥贝克力石阵的出现打开了一扇自由想象的天窗，我们可以大胆猜想：人类社会中数学概念的最初发展不是因为人口和经济的因素，而是因为信仰。然而，要验证这个猜想困难重重，在文字尚未诞生的上古时代，就算有什么数学上的奇思妙想，也很难被保存下来为后人所知晓，而人类历史上第一份关于数字的记录，同时也是第一份关于文字的记录，却毫无疑问地指向了财经文件（见图2-2，这块大约公元前3000年的泥板，来自古城乌鲁克，记录了苏美尔人以啤酒作为劳动报酬进行分配的情景②）。

图2-2　泥板

尽管很难从文字记录中找到数学概念的诞生与人类信仰密切相关的

①《人类简史》，尤瓦尔·赫拉利。

② 图片来自维基百科，作者：Jim Kuhn，版权许可：Creative Commons Attribution 2.0 Generic License。

直接证据,但我们仍可以从祖先的生活方式和社会活动中搜寻到他们智慧与想象力的蛛丝马迹。事实证明,源自人类信仰和早期世界观的几何与数字的想象,即使没有形成人类社会最早的数学概念,也是后来数学发展另辟蹊径的重要源头,其中最重要的例子就是“天圆地方”。

1983年,考古学家在辽宁省境内的牛河梁红山文化遗址[①]发掘出一组神奇的圆丘和方丘。这组圆丘和方丘的结构与今天的天坛和地坛十分相似,很可能是中国最早的蕴含了“天圆地方”思想的建筑群落。这组由泥土和石块垒成的建筑群同样承担着举行祭祀等宗教活动的重任。

如果不是出于天圆地方的世界观和追求天地和谐的文化信仰,我们的祖先大可不必把它们设计成圆形和方形。从稳定性和空间利用率的角度来说,他们应该把房子的横截面设计成三角形或蜂巢那样的六边形网格[②],然而,在人类早期社会的遗址中,我们确实没有发现造型如此前卫的建筑。

因为信仰的深远影响,几何学中的圆形和正方形成为人们眼中最神圣、最具美感的形状。因此,用来画出圆形和正方形的数学工具自然也就成为人们崇拜有加的对象。在新疆维吾尔自治区的唐代高昌国古墓中,曾经出土了一批伏羲女娲图。这批伏羲女娲图生动地描绘了相传为人类始祖的伏羲和女娲,他们相互拥抱,共同孕育人类。这些画代表了中华文明对于创世纪的奇妙想象。请看这幅伏羲女娲图(见图2-3),你能认出伏羲和女娲手里拿的是什么工具吗?

图2-3 伏羲女娲图

女娲手里拿的是“圆规”,伏羲手里拿的是“矩尺”,作为人类命运的开创者,他们拥有“规天矩地”的无上权力。

① 处于新石器时代晚期的红山文化,距今5500～5000年。

② 蜜蜂的巢穴采用的是六边形网格结构,节省材料且空间利用率高。

所谓"没有规矩,不成方圆",今天要问那些具有初等数学水平的小学生,画出圆形和方形需要什么工具?他们大多都能答出需要圆规和矩尺。然而,他们未必能意识到人们常说的"遵规守矩"中的"规矩",最早其实指的是两件数学工具。我们由衷地佩服祖先非凡的想象力。

2.3 数字崇拜

如果我们相信人类社会早期的生产实践活动是数学概念诞生和发展的唯一途径,那么三四千年前的数学水平似乎难以达到一个较高层次,因为农耕文明早期的生产力是非常低的。然而,真实情况可能正好相反。世界上各民族在文化启蒙之初都存在对某种数字崇拜的现象,我国古代先人也是如此。从他们对数字的崇拜可以看出,上古时期的数学水平可能远超我们的想象。

相传为"八卦"和《周易》源头的"河图洛书"就是一个很好的例证。这两幅千古流传的神秘图案,不仅对中国古代哲学意义非凡,更展现了丰富的数学思想。如今,"河图洛书"的传说已经列入国家级非物质文化遗产名录。由宋代学者对其所做的图示可知,河图与洛书是以黑白两色圆点为基本元素,由不同数目的黑点和白点按照特殊规则排列而成的方形图案(见图2-4)。

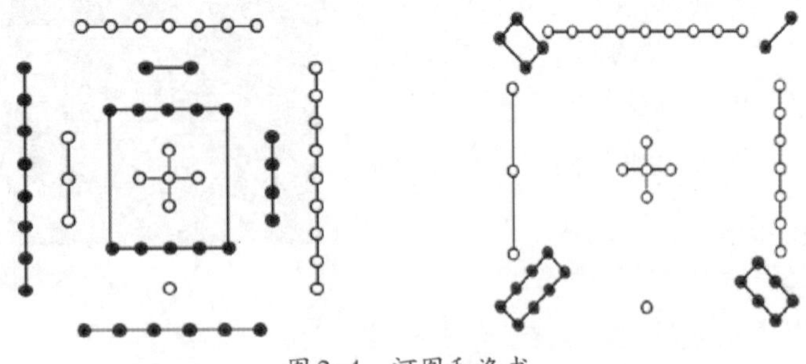

图2-4 河图和洛书

若将黑白圆点组合用其所对应的阿拉伯数字代替,洛书就变成了一幅由数字组成的九宫图(见图2-5)。

仔细观察这幅九宫图，我们可以发现1～9这9个数字按照洛书所展示的规则被填入一个三行三列的方格表中，每行、每列甚至是每条对角线上的数字相加之和都等于15。在数学上，具备这种神奇性质的数字方格表被称为幻方，“洛书九宫图”大概就是中国历史上最早的三阶幻方。

而若以数字5为中心，用四条虚线将“洛书九宫图”中各项求和等于15的数字串在一起，我们会惊喜地发现，“洛书九宫图”的高度对称性竟然也蕴含着“天圆地方”的思想(见图2-6)。

4	9	2
3	5	7
8	1	6

图2-5　由数字组成的“洛书九宫图”

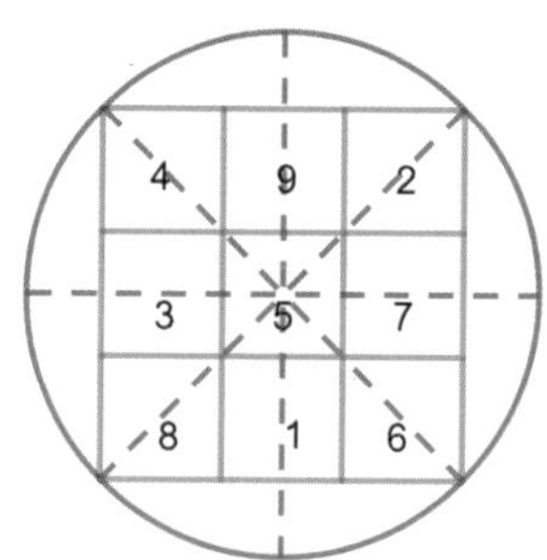

图2-6　四条旋转对称的虚线在“洛书九宫图”的外围形成一个圆

不仅如此，“洛书九宫图”还对应了现代数学中非常重要的一个概念：矩阵。矩阵概念有多重要呢？熟悉现代科学的朋友应该都很清楚，科学家们对矩阵概念的使用已经渗透到数学乃至全部自然科学的几乎每个领域。

虽然矩阵的概念如此重要，但它的定义却简单到小学生都能理解。任何一个由数字构成的矩形方块就称为一个矩阵。例如，1～6这6个数字中，3个数字一组排成两行，构成一个两行三列的矩阵

$$\begin{bmatrix} 1 & 2 & 3 \\ 4 & 5 & 6 \end{bmatrix}$$

而“洛书九宫图”对应的则是一个三行三列的矩阵

$$\begin{bmatrix} 4 & 9 & 2 \\ 3 & 5 & 7 \\ 8 & 1 & 6 \end{bmatrix}$$

像这样行数和列数相等的矩阵，我们称为方阵。

就方阵而言，人们可以计算它的行列式。三阶方阵行列式的计算公式为

$$\begin{vmatrix} a_{11} & a_{12} & a_{13} \\ a_{21} & a_{22} & a_{23} \\ a_{31} & a_{32} & a_{33} \end{vmatrix} = a_{11} \times a_{22} \times a_{33} + a_{12} \times a_{23} \times a_{31} + a_{13} \times a_{21} \times a_{32} - a_{13} \times a_{22} \times a_{31} - a_{12} \times a_{21} \times a_{33} - a_{11} \times a_{23} \times a_{32}$$

这是一个有着深刻几何背景的公式，我们暂且不做解释，将“洛书九宫图”所对应的三阶方阵直接代入计算得到

$$\begin{vmatrix} 4 & 9 & 2 \\ 3 & 5 & 7 \\ 8 & 1 & 6 \end{vmatrix} = 4 \times 5 \times 6 + 9 \times 7 \times 8 + 2 \times 3 \times 1 - 2 \times 5 \times 8 - 9 \times 3 \times 6 - 4 \times 7 \times 1 = 360$$

这个数字有什么玄机吗？是的，360恰好是古人将一周天等分的份数[①]，加上洛书这个三阶幻方对应的数字和是15，恰好等于二十四节气中每两个节气之间的间隔，这让那些坚信洛书与天文历法密切相关的人士非常兴奋。

河图洛书神秘的数字图案还隐藏着更多的数学秘密，它们和“规天矩地”的数学思想一样，深刻影响着中华民族5000多年的文化构建。商代金文里巫师的“巫”字是两把互相垂直的矩尺（见图2-7），说明手执矩尺即为掌握权力，这与当时巫师的工作非常契合。

图2-7　商代金文里的“巫”字

当然，除了创造信仰的故事，人类社会的各种生产实践活动也离不开数学思想和数学方法的支持。抛开信仰不谈，人类强大的想象力全方面推动了

① 一个圆周360°。

数学的发展,进而使数学成为人类文明产生实质飞跃的坚实基础。

思考题

有人说数学是人类思维的想象,因此数学方面的研究成果应该被称为“数学发明”;也有人说数学是现实世界的抽象,数学研究成果反映的是客观存在的真理,应该被称为“数学发现”,你觉得哪种说法更有道理?

第3章

数字背后的逻辑

早期一些神奇的数学发现，虽令人惊叹，却并不代表人类掌握了用数学认识世界和改造世界的能力。要把世界运行的基本要素抽象成可以用符号和文字表达的概念，并进一步用逻辑整理这些概念背后的关系，我们的祖先还有很长的路要走。

他们迈出的第一步，称为“配对”。

3.1 谁更有钱

“配对”看上去并不太像一个数学概念，但在数学发展的过程中，它却扮演了举足轻重的角色。为了说明这点，让我们回到两位匈牙利贵族的数数游戏，他们之间的比赛还没有结束。贵族A以绝对优势赢了游戏，按照规定，贵族B要付给他一枚金币，虽然这两位贵族不大可能说出自己手里都有多少金币，但他们却很想比一比究竟谁更有钱，你能为他们设计出一种既公正又简单的比较方法吗？

相信你很快就能够给出答案。例如，你可以借鉴一个大家小时候都玩过的“你拍一我拍一”的游戏，让两位贵族先生把身上所有的金币都拿出来，然后轮流拍出手里的金币，你拍一枚，我拍一枚，谁先拍光谁就是输家。仔细想一想，这个方法确实好，它能让我们在不知道两个集合元素个数的情况下可以比较它们的大小。

3.2 一一映射

这种方法的数学原理很简单，它用到了集合及集合之间的一一映射。

集合是高中数学涉及的第一个概念，与矩阵一样，它的定义也十分容易理解。简而言之，集合是由一些确定的且不同对象构成的整体，集合中的每个对象称为集合的元素。例如，{飞机，大炮，轮船}是一个集合，{语文，数学，英语}是一个集合，{张三，李四，王五}也是一个集合，这3个集合都包含了3个元素。

虽然集合的定义非常简单，但是有两个内涵需要明确，一是集合的互异性，二是集合的确定性。集合的互异性是指一个集合中不能出现两个相同的元素，如4个数字的全体{1，2，2，3}就不是一个集合，因为这个全体中元素“2”出现了两次。集合的确定性是指一个集合中的元素不管采用描述法还是列举法都必须被明确地规定下来，不能有模棱两可的情况，例如，“我们班的帅哥”这种模糊的说法不能定义一个集合，因为“帅哥”的评判标准因人而异，很难通过数学量化来判定。

数学家通过何种方式研究集合呢？基本方式是构造集合之间的映射。通俗地讲，集合A到集合B的映射是一个对应法则，它把集合A中的每个元素唯一地对应到集合B中的某个元素。如果A中的任意两个元素都不对应B中的同一个元素，那么我们称这个映射为单射；如果B中的每个元素都至少有A中的一个元素与之对应，那么我们称这个映射为满射，既是单射又是满射的映射称为一一映射。图3-1展示了各包含两个元素的集合之间所有可能的映射，其中(c)和(d)是一一映射。

两位贵族先生比较谁更有钱的过程事实上就是在两个集合{贵族先生A拥有的金币}和{贵族先生B拥有的金币}之间构造映射的过程。不难看出，如果我们能在两个集合之间构造出一个一一映射，这两个集合所包含的元素个数就一样多，两个集合一样大。

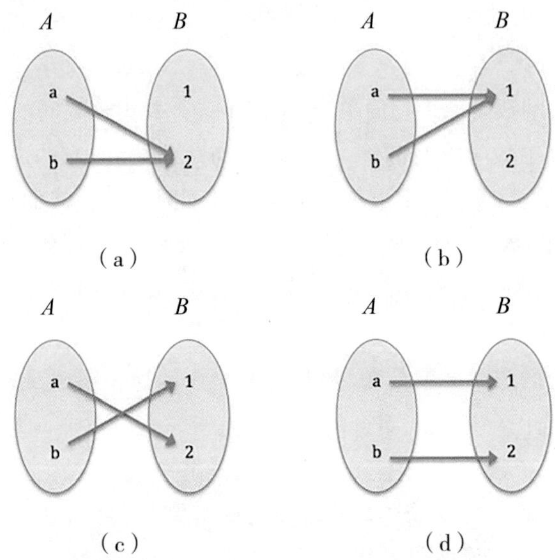

图 3-1 各包含两个元素的集合之间所有可能的映射

3.3 快速计算比赛场次

一一映射虽然看似简单,却蕴含着深刻的数学思想。若能在生活中巧妙利用,往往可以收到事半功倍的效果。

例如,你负责一次网球比赛的组织工作,报名参赛的选手总共有136名,假设比赛采用单败淘汰制,你能迅速告诉赞助商总共有多少场比赛吗?

那些拿出纸笔准备计算的同学可以先停一停。因为136不是2的方幂,如果按照通常的思路将选手之间两两配对进行比赛,那么三轮过后就会遇到麻烦,届时将剩下17名选手,再进行下去,必有1名选手轮空。你当然能够想出各种各样的方法来解决这个问题,比如抽签晋级、高排位选手直接晋级等,甚至在一开始就设置一些资格赛筛选出一个2的方幂。但不管你采用什么样的方法,总的比赛场次是不变的,它是一个唯一确定的数。

奥秘就藏在"单败淘汰"这4个字中。每进行一场比赛,输掉的人会被淘汰,这就在这次赛事所有比赛组成的集合与被淘汰选手组成的集合之间建立了一一映射。不管赛制如何设定，冠军只有一个，为了决出最后的胜利者，需要淘汰135名选手，自然也就需要135场比赛。

一一映射的妙用，可谓“一剑封喉”，直击问题核心。

3.4 汉字简化

当然，有些人故意打破一一映射或一一对应的原则，为了最大限度地获取利益，如在民航业中，航空公司经常超售机票，把空座飞行的可能性降到最低。但与火车不同，飞机是没有站票的，因此可售机票的数量必须与飞机座位数保持一致。这就经常造成尴尬的局面：有时购票乘客的数量超过飞机可提供的座位数量。

虽然机票超售的问题可以通过支付较小的代价进行解决，但下面这个例子，解决起来可就没有那么轻松。

20世纪50年代，我国实施了汉字简化的举措。尽管汉字字形的简化看似与数学没有关系，但随着汉字不仅字形简化了，字数也减少了，这件事情就和数学产生了关联。具体来讲，繁体字集合与简体字集合之间，存在一个多对一而并非一一对应的关系。例如，繁体字“頭髮”的“髮”和“發財”的“發”在简体字中都对应“发”；而“歷史”的“歷”与“曆法”的“曆”在简体字中都对应“历”。

这种多对一的关系会带来多大的麻烦呢？

如果你想把一本繁体字写成的书翻译成简体字（不考虑不同地区习惯用语的不同），那很容易，只要把简繁对照表编成一个程序，借助计算机可以迅速完成。但如果你想把一本简体字写成的书快速翻译成繁体字，那可就没有那么容易了，产生错误的机会其实相当大，特别是在古文字较多的领域，一个简体字对应的繁体字写法有好几种，要让计算机根据上下文自动确定一个准确原像，对现有的单机软件来说，还是一个艰巨的任务。

3.5 基数与序数

我们举了很多例子来说明一一映射的重要性，因为一一对应正是数字诞生背后的核心逻辑。历史上，当有人首次意识到“一双翅膀”“一对情侣”“两头野兽”这些包含不同种类元素的集合都可以一一配对，并决定用一个统一的符号来表达这一共性时，抽象的数字“2”便诞生了，它代表了所有元素数目为2的集合所共有的属性，自然数的这种属性被称为基数。

需要指出的是，数字“2”只是表示基数的一个符号。如果你愿意，可以使用其他任何文字或符号来代替它。例如，你可以用汉字“人”代替“2”，用汉字“乙”来代替“1”，用汉字“土”来代替“3”，因为这些汉字的笔画数恰好分别是2、1、3，所以可以作为相应基数的范式符号。事实上，在语言文字中的数字真正形成之前，人类早期的基数就是用类似的范式符号来表达的，例如，“2”的符号是鸟翼，“3”的符号是苜蓿叶，“4”的符号是兽足，“5”的符号是手。

但很遗憾，即使规定好了所有基数的范式符号，仍然不能指望原始人能够从中发展出计数和加法运算的规则。如果要问他们“鸟翼”加上“苜蓿叶”等于什么，他们一定无法理解。即使他们最终理解了你的问题，他们也无法直接给出答案，而是伸出双手逐一和目标集合配对，等到五根手指配对完毕，他们才能回答“鸟翼”加上“苜蓿叶”等于“手”。

这说明牵涉计数和加法运算的时候，人们需要一个包含所有基数的标准集合，其中的元素被赋予了某种顺序可以次第排列。这正是“屈指记数法”展示的过程，“1”的后继是“2”，“2”的后继是“3”，“3”的后继是“4”，自然数这种体现了“后继”观念的属性被称为序数。

有了序数之后，加法就可以被真正定义了，等式1+1=2的真正含义是基数“1”的后继是基数“2”。请记住这点，序数是自然数加法的抽象本质。

思考题

你能再举出一个“一一对应”在实际生活中发挥重要作用的例子吗？

第4章

区分抽象与还原

你也许会感到疑惑，我们在小学学习加法时，老师通常会用非常生动的例子教我们：左手一个苹果，右手一个苹果，合在一起是两个苹果，所以1+1=2。这比基数"1"的后继是基数"2"更容易理解，难道小学老师真的教错了吗？

要解释清楚这个问题，需要引入两个重要的概念：数学抽象与数学还原。

数学抽象反映了数学研究的一种核心素养，它是指通过对数量关系和空间形式的抽象得到数学对象及其运算规律的过程。人类从"一双翅膀""一对情侣""两头野兽"的观察中，抽象出自然数"2"；在屈指计数的过程中抽象出"1+1=2"，这些都属于数学抽象的范畴。

数学还原是指人们以生活中的具象对数学对象及其运算规律进行解释和还原的过程。小学老师所教的"左手一个苹果，右手一个苹果，合在一起是两个苹果，所以1+1=2"本质上是一种数学还原。

两者不是一回事吗？当然不是。

首先，两者产生的顺序不同。从逻辑上讲，数学抽象的产生先于数学还原，先有抽象形成理论，后有理论的还原。

其次，并非所有的数学理论都能够被还原。数学研究起步于对数量关系和空间形式的抽象，可一旦数学形成了自己的结构和体系，就立刻显示出与现实世界明显的隔离。数学中有很多内容是借由体系自由生长出来的，未必能用生活中的实例加以解释。用一句形象的话来概括，数学来源于生活，但高于生活。

我们仍然以自然数的加法为例说明抽象的数学处理与生动的数学还原有何不同。

4.1 抽象的数学处理

考虑所有自然数组成的集合$\{1, 2, 3, 4, \cdots\}$，数学家是如何定义加法运算的呢？

首先，对任意一个自然数m，数学家规定$m+1$为自然数m的后继，用符号m'来表示。“后继”这个概念是通过观察计数过程抽象出来的，属于数学抽象，$1'=2$，$2'=3$，$3'=4$，每个自然数都有唯一的一个后继。

其次，对任意的两个自然数m和n，数学家规定$m+n'=(m+n)'$。

通过仔细观察这个由归纳方法给出的定义，可以发现，m加上一个较大自然数的结果可以由m加上一个较小自然数的运算结果给出。这就意味着知道了$m+1$的值，就可以推导出$m+n$的值，从而确定加法运算的规则。

例如，$m+2=m+1'=(m+1)'$，因此$m+2$的运算结果是$m+1$的后继；$m+3=m+2'=(m+2)'$，$m+3$的运算结果是$m+2$的后继。

用序数语言来描述，两个自然数m和n相加的结果是自然数m之后的第n个数，这就是数学对计数过程严格的抽象处理。虽然这种抽象处理在数学上很严格，但是这并不符合小学老师的直观教学方式。如果我们用“自然数m之后的第n个数”这样拗口的语句去定义$m+n$，我们会发现习以为常的加法交换律

$$m+n=n+m$$

和加法结合律

$$(m+n)+k=m+(n+k)$$

都变得不再显而易见。“自然数m之后的第n个数”为什么会和“自然数n之后的第m个数”是同一个数呢？这需要严格的数学证明。

假如小学老师用这种方式去教小学生加法交换律，小学生是否理解不好说，辅导作业的家长们倒是很有可能会崩溃，所以老师是绝不会这样做的，他们采取的是更加容易理解的方式。

4.2 生动的数学还原

小明同学步行2千米，从西单图书大厦走到天安门城楼。接着，他又步行1千米从天安门城楼走到王府井大街。请问小明同学一共走了几千米？（见图4–1）

答案很简单，小明一共走了2 + 1 = 3千米。

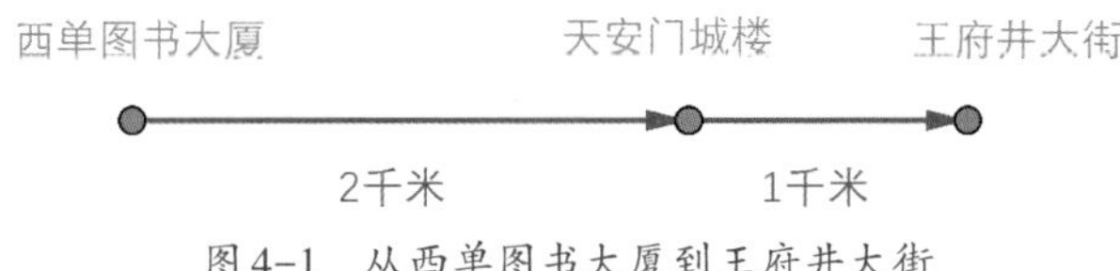

图4–1 从西单图书大厦到王府井大街

现在小明同学往回走。他先从王府井大街步行1千米回到天安门城楼，再从天安门城楼步行2千米回到西单图书大厦。请问这次小明同学一共走了几千米呢？（见图4–2）

答案是：一共走了1 + 2 = 3千米。

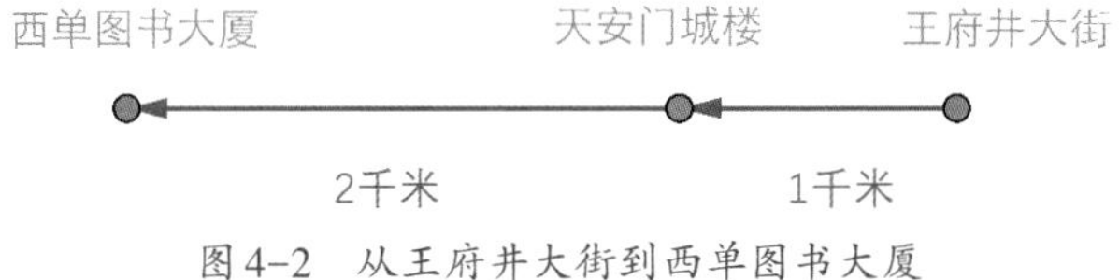

图4–2 从王府井大街到西单图书大厦

你能从这两次计算中发现什么规律吗？

经过引导，大部分学生都能够说出2 + 1 = 1 + 2，加法运算满足交换律。这是一个典型的用生活中的具象解释抽象数学知识的案例。在这个案例中，数字被赋予了“两地之间的距离”这样的物理含义，西单图书大厦与王府井大街之间的距离由前后两段距离叠加而成，计算距离总长完美地解释了数字加法。再借用“返程”这个生活中的真实场景，加法交换律也变得清晰明了，因为两地之间的距离是一个与方向无关的数值，不管你是从西单图书大厦走到王府井大街，还是从王府井大街走到西单图书大厦，这个数值都是恒定的。

还有一种还原方式更加贴近人们定义加法的目的，即利用自然数的基数属性将数字还原为实际生活中的“数量”。想象一个场景，我们有两个水果篮，一个水果篮有3个苹果，另一个水果篮有2个苹果。如果我们把这两个篮子的苹果倒入第三个篮子，那么第三个篮子会有几个苹果呢？解决问题的过程实际上就是计数的过程，借助苹果和水果篮这两种具体的物件，孩子们很容易理解 $3+2=5$，也很容易理解 $3+2=2+3$，因为不管先倒哪个篮子，所有的苹果最终都会在第三个篮子里。然而，这和“两地之间的距离与移动方向无关”一样，都是依赖人的经验，而不是抽象数学的推导结果。那么，我们教小学生还要不要采用这种方式呢？当然要。这种方式简单直观，更适合小学生的思维模式。

4.3 抽象与还原之争

不难看出，数学抽象是数学严谨性和形式性的要求，但对数学教学来说，数学还原则更重要。我们应该尊重这样一个事实：孩子们思维习惯的建立，总是先从具象思维开始的，通过反复的外在形象化的训练，他们才慢慢在大脑中建立起抽象的逻辑思维。4～12岁是儿童具象思维的活跃期，直接把数学的抽象本质暴露给他们，并不符合大多数人的认知规律。因此小学老师在讲授数学知识时，总是采用各种生活实例作为引导。例如，在介绍圆的周长时，你见过有人跟小学生讲曲线长度的数学本质吗？没有。老师通常会用一根细绳包裹一个圆环再展开，或者用一枚染色的硬币在白纸上滚一圈，压出一条线段，以帮助学生理解圆的周长。我们把这种教学方法形象地称为“数学生活化”。

数学生活化做得越好，学生学习数学时的“学习材料”就越丰富，他们就越能够体会到学习数学的乐趣。但数学生活化也引起很多人的质疑，他们提出了两方面的理由来提醒大家对数学生活化保持足够的警惕。

一方面，数学生活化常常用生活中的直观感觉去代替数学本质的逻辑推导。长期下去,学生可能会错过很多学习抽象数学所必备的逻辑训练。当他们学习更高阶的数学时,他们通常会因为无法理解数学知识背后真正的逻辑联系而感到苦恼。

另一方面,在用生活具象解释数学理论时很难做到既准确又全面。数学生活化往往只能解释一个数学概念的片面性质,并不利于学生从整体上把握相关理论。

举个例子,你会如何跟孩子介绍负数的概念呢?我相信没有人会跟孩子讲"负数是自然数的加法逆元",恐怕大多数家长和小学老师也忘了或根本不知道负数的这一数学本质。大家通常这样介绍负数的概念:负数就像生活中的借债,你借了别人的钱,你的资产就变成了负数。或者说负数代表了一个质点在数轴上的反向移动。

这样做数学还原正确吗?

如果仅仅讨论整数的加减法,这样解释是没问题的,但若是同时考虑整数的乘法,这样解释就不够全面了。你能用生活中的"借贷"或"反向移动"解释为什么$(-1)\times(-1)=1$吗?

认真想一想,似乎并不能,当无法给出解释的时候,人们往往就简单地把它当成一种特殊的规定,殊不知$(-1)\times(-1)=1$是有充足的数学理由的,要想把自然数的加法和乘法推广到整数时不发生逻辑上的混乱,-1与-1相乘必须等于1,而不是别的什么数[①]。如果你只把$(-1)\times(-1)=1$当成是一种特殊的规定而不去探究它的合理性,相关的逻辑训练就缺失了。

因此我们在进行数学教学时,一定要把握好从具象思维到抽象思维的过渡,对待数学还原一定要谨慎。

思考题

是$\sqrt{-1}\times\sqrt{-1}=\sqrt{(-1)\times(-1)}=1$,还是$\sqrt{-1}\times\sqrt{-1}=\left(\sqrt{-1}\right)^2=-1$呢?

同一个概念的数学还原可以千千万万,数学抽象是否必定唯一?

---

① 参见本书附录。

第5章
文明的进步

在人类文明发展的早期，随着农业耕作、商品贸易和工程建设等生产活动的规模不断扩大，“鸟翼”和“苜蓿叶”已经无法满足人们对数字记录和数学计算的实际需求。在前文中，我们探讨了数字诞生的逻辑。接下来，我们将深入了解这一特殊的历史时期，数字及计数系统是如何发展起来的。

有意思的片段自然发生在文字诞生之后，世界各地的优秀文明都不约而同地建立起一套数字的符号表示方法和相对成熟的计数系统，其中，古巴比伦文明和古埃及文明的成果尤为突出，具有代表性。

5.1 古巴比伦数字

古巴比伦作为四大文明古国之一，其璀璨的文明可以写下一整本书。在数学上，古巴比伦文明最亮眼的成就是发明了以六十进制为主要记数法的计数系统，并广泛应用于生产生活和天文历法中。为什么说它最亮眼呢？因为只有建立了以位置记数法为核心的计数系统，大数字的表示才成为可能。试想一下，如果我们仅仅掌握“鸟翼”“苜蓿叶”“兽足”这些简单的基数符号，那么大批量的商业贸易结算、大范围的土地和房屋丈量、大规模工程建设的工时和劳动力的计算都将变得极为困难。古巴比伦文明发祥于两河流域的美索不达米亚平原，那里土地肥沃、交通发达，人类的生产实践活动极为丰富，古巴比伦人想尽一切办法发展出了与经济基础相称的数学。图5-1展示了古巴比伦数学中数字的表达方式。

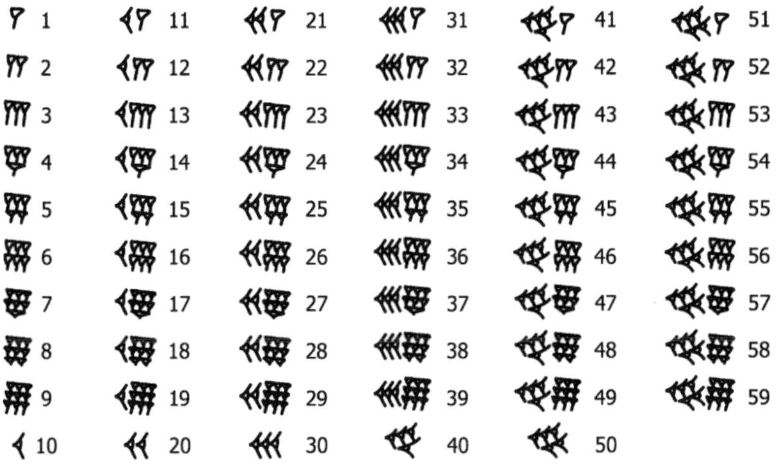

图5-1　古巴比伦数学中数字的表达方式①

在图5-1中，我们可以清楚地看到古巴比伦的计数系统是如何表示数字的，对于60以下的数字用以1和10为基本单位组合而成的特殊符号来表示。而对于60以上的数字，则由这些特殊符号按照位置顺序依进位制算法排列而成。古巴比伦数字3916的表示方法如图5-2所示。

$$= 1 \times 60^2 + 5 \times 60^1 + 16 \times 60^0 = 3916$$

图5-2　古巴比伦数字3916的表示方法(图片元素来自图5-1)

在历史学家的研究中，这些文字被称为“楔形文字”，承载这些文字的材料被称为“泥板书”。由于泥板在晒干后坚硬易于保存，因此古巴比伦时

① 图片来自维基百科英文版词条：Babylonian numerals，由Josell7上传，版权许可：GNU Free Documentation License 1.2 & Creative Commons Attribution-Share Alike 4.0 International License。

期的大量文明成就得以流传至今。其中最著名的就是古巴比伦王朝的一位国王在公元前1700年左右颁布的人类历史上第一部成文的法典——汉谟拉比法典。这部法典现保存在法国巴黎的卢浮宫。

古巴比伦的进位制记数法看起来很美好,但实用性却要打上一个大大的问号。以今天的观点来看,这一记数法有一个明显的缺陷:它无法明确表达在某个位置上没有数字。例如,图5-2中表达3916的符号,虽然看似拥有固定的形式,但实际上可能代表了两个完全不同的数字:3916和216316。原因是为了表达3916,我们把图中表示1的符号看成从右边数起第三个位置上的数,而在表达216316时则把这个符号看成从右边数起第四个位置上的数,从而

$$1\times60^3+5\times60^1+16\times60^0=216316$$

这无疑给实际应用带来了诸多不便。在数字的记录和传播过程中,人们往往需要依靠猜测来确定数字所表达的实际大小。首先,根据上下文的语意确定数字所描述的对象,然后结合当时的人口和经济规模推测出一个合理的数值。假如图5-2中的符号代表了这一时期巴比伦城邦三年内的赋税收入,那么它更有可能代表216316,而非3916。

为了避免这些麻烦,聪明的巴比伦人想到了一个好办法,他们把两个数字隔开一些距离,以表示这两个数字之间还有一个位置没有数字。但即便这样,数字的表达仍然相当混乱。隔开多少距离算是隔开?隔开多少距离算是隔一个位置,多少距离又算是隔两个位置?如果查看泥板的人视力不佳,他有可能会把216316当成3916。

究其原因,古巴比伦的计数系统中没有“0”这个数字,当时的数学家还无法接受“0”作为一个有效的概念。

5.2 古埃及数字

同时期的古埃及人做出了有益的尝试,他们使用以10为基底的单位制,在每个单位量级上放置相应个数的代表符号来表达具体的数字。图5-3为我们展示了古埃及象形文字中的数字表示方法。

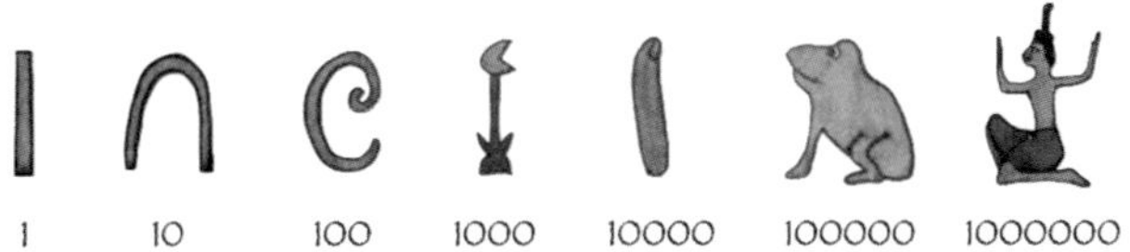

图5-3 古埃及象形文字中的数字表达方法

古埃及人的这套计数方法巧妙地避开了对“空位”的使用，通过在每个单位量级上放置相应数量的代表符号来表达数字。理论上，这套计数系统可以表达任意大的数字，但由于没有像古巴比伦人那样采用进位制，因此操作起来会很麻烦。举一个例子，古埃及象形文字中最大的常用数字单位是1000000，用一个高举双手的小人表示，代表人们意识到如此大的数字时内心十分惊叹。如果你想表达诸如10亿这样的大数字，你就需要将代表1000000这个数字的小人连续画上一千遍，这种方法不仅耗时费力，而且容易出错。当然，这毕竟是一个天文数字，在古埃及时期多半不会用到。相比之下，古罗马人就“悲惨”得多，他们沿用了古埃及人的方法，但当时最大的常用数字单位仅是千，这使得人口普查和大规模军事动员变得极为困难。

当然，罗马人不会真的那么“悲惨”，他们使用的是兵团制，在数不清总人数的情况下采用了化整为零的好办法，在中世纪以后，罗马人也想出了一些能够方便地表示大数字的方法，“数数”的困难也迎刃而解。

5.3 古代中国的算筹

在古代中国，我们的祖先用算筹表达数字，他们设计了两套表达数字的方法：一套称为“纵式”；另一套称为“横式”。算筹表达数字的方法如图5-4所示。

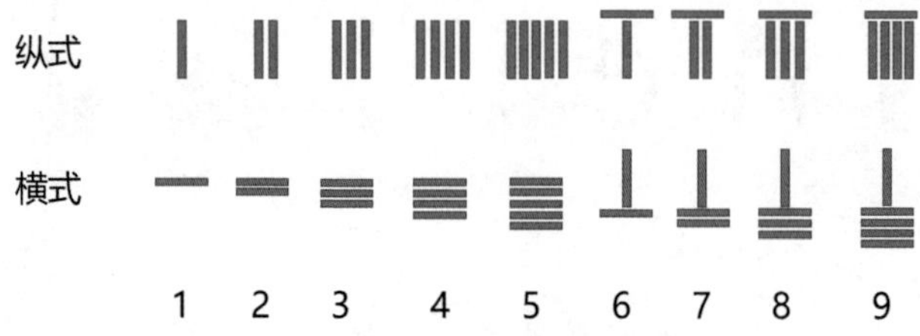

图5-4 算筹表达数字的方法

古代中国的算筹结合了古巴比伦和古埃及数字的优点，它本质上是一种十进制位置记数法，能清晰地表示每个单位量级上的具体数字。但为什么需要纵、横两套表达数字的方法呢？我举一个例子。

纵式摆法和横式摆法相互交错的目的是区分单位量级，如果你发现算筹的纵式摆法或横式摆法连续出现，这表明在两个数字之间有一个“0”。数字6718用算筹表示如图5-5所示；数字6708用算筹表示如图5-6所示。

6718

图5-5 数字6718用算筹表示

6708

图5-6 数字6708用算筹表示

同样地，这一数字表达方法无法区分连续多个“0”的情况。

5.4 印度人的贡献

古巴比伦、古埃及和古代中国的计数系统确实展现了不同文明的智慧，但在数学上，它们都存在一些明显的缺陷。古印度一位不知名的数学家在公元后的前几个世纪正式引入了“0”这个符号并把它看成一个真正的数字。此后，利用0～9这10个数字构成的十进制位置记数法开始出现并由阿拉伯人传入欧洲①。随着时间的推移，阿拉伯数字及十进制位置记数法逐渐被广泛接受，人们对于数字的书写得到了极大的简化。数字的演进

① 因为这个原因，所以0～9这10个数字被称为阿拉伯数字。

如图5-7所示。如今,30,000,000,000,000,000这样的大数字,我们还有另外一种写法

$$3 \times 10^{16}$$

称为科学记数法,据传也是古印度时期某个佚名数学家发明的。

可以看到,人类为了数字的准确表达展现出多么巨大的创造才能,尽管不太起眼,古代印度人所做的却是一项划时代的伟大发明。

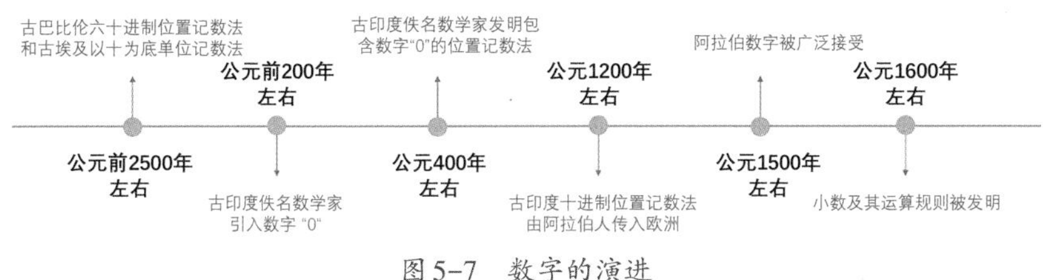

图5-7 数字的演进

5.5 一场生物学制造的意外

位置记数法很重要,但为什么是十进制呢?

十进制脱颖而出要归功于人类的双手有10个手指,用手指来辅助计数是最自然、最便捷的方法。如果人类像章鱼一样进化出8条腕足,那么今天学校里教的大概率就是八进制了。然而,令人感到意外的是,这似乎也是十进制成为主流的唯一原因。在数学上,与其他进制相比,十进制几乎没有优势。

首先,十进制用于书写和计算并不经济,构建十进制位置计数法需要0～9共10个符号。符号数量偏多不仅不利于记忆,也给计算增加了不小的负担。在使用十进制位置记数法表示的数字进行加法和乘法运算时,需要熟悉0～9这10个数字两两相加或两两相乘的运算结果。即便排除那些与“0”有关的简单运算,九九乘法表中需要记忆的算式仍然多达45条(见图5-8)。

$1\times1=1$								
$1\times2=2$	$2\times2=4$							
$1\times3=3$	$2\times3=6$	$3\times3=9$						
$1\times4=4$	$2\times4=8$	$3\times4=12$	$4\times4=16$					
$1\times5=5$	$2\times5=10$	$3\times5=15$	$4\times5=20$	$5\times5=25$				
$1\times6=6$	$2\times6=12$	$3\times6=18$	$4\times6=24$	$5\times6=30$	$6\times6=36$			
$1\times7=7$	$2\times7=14$	$3\times7=21$	$4\times7=28$	$5\times7=35$	$6\times7=42$	$7\times7=49$		
$1\times8=8$	$2\times8=16$	$3\times8=24$	$4\times8=32$	$5\times8=40$	$6\times8=48$	$7\times8=56$	$8\times8=64$	
$1\times9=9$	$2\times9=18$	$3\times9=27$	$4\times9=36$	$5\times9=45$	$6\times9=54$	$7\times9=63$	$8\times9=72$	$9\times9=81$

图5-8　九九乘法表

得益于中文语言发音上的优势，中国学生年幼时就能熟练背诵九九乘法表。然而，西方国家的基础教育长久以来没有总结出便捷的乘法教学方法，像“9乘8等于多少”这样的简单问题一定要变成

$$(10-1)\times8=10\times8-1\times8=80-8$$

才能安心算出答案。对于西方国家的学生来说，学好十进制加减乘除真不是一件容易的事情。这并不是夸大其词。2015年2月，时任英国首相卡梅伦接受媒体采访时，被“不怀好意”的记者故意提问“9乘8等于多少”，卡梅伦先生当场拒绝回答这个问题，引发了现场一片笑声。

如果换成计算机使用的“二进制”，情况就会好很多，这时需要记忆的数字符号只有“1”和“0”，需要背诵的加法和乘法算式也只有$1+1=10$和$1\times1=1$。然而，这种代价也是显而易见的，我们需要付出更大的存储空间。例如，十进制中的两位数“15”若是用二进制表达则变成了一个四位数“1111”。这种情况还会随着数字的增大变得更加夸张，为了满足数字记录和运算的需求，人类将会消耗掉难以想象的纸张量。

即使从环保和书写便利的角度放弃“二进制”，我们仍有看起来更好的选择，可以选择只有一个真因子的素数进制（如五进制、七进制），也可以选择有更多真因子的合数进制（如十二进制、十六进制或六十进制）。选择素

数进制是从数学角度考虑的，此时对每个小数，我们都能够快速找到与之相对应的最简分数。例如，小数0.64在七进制中代表了

$$6 \times 7^{-1} + 4 \times 7^{-2} = \frac{6 \times 7 + 4}{7^2}$$

这是一个最简分数。同样的要求十进制则做不到，0.64在十进制中的代表是64/100，依然有化简的可能，可以化简成32/50或16/25。

选择拥有较多真因子的合数进制更适合处理实际生活问题，因为这会大大提高分配和兑换的便利性。在很多度量衡中，人们曾经使用10以外的其他数字作为基底。例如，“一打啤酒”指的是12瓶啤酒；古代中国曾采用的一种单位制，其中，一斤不是十两，而是十六两，所以“半斤八两”表示两者重量相等。相比之下，“10”只有3个真因子“1”“2”和“5”，既不多又不少，两头不挨着，比较尴尬。

虽然“十进制”有着诸多缺点，但是倘若真的发起一场重新选择进制的全球大投票，“十进制”仍然很可能会笑到最后。这是因为对十进制的使用，人们已经形成巨大的思维惯性，更换进制将是一项耗费巨大成本且收效甚微的工程。

思考题

你能举一个在实际生活中因为进制不统一而引起麻烦的例子吗？

第6章
背离经验的科学

数学虽源于经验，却逐渐走上了背离经验的道路。与物理、化学等学科不同，现代数学是借助演绎逻辑在少量公理、假设的基础上发展出来的一套以研究抽象结构为主要目的的推理体系。数学的真伪有着客观的评价标准，不由经验左右，也无须实验验证，只由合乎逻辑的数学推理决定。即便某个数学结论看似荒谬，只要其前提成立且推理正确，它在数学领域就是无可辩驳的真理。

这种纯粹求真的态度让数学家经常成为普通人眼中刻板教条的代表。

想必大家都听过下面这个故事。

一位天文学家、一位物理学家和一位数学家在苏格兰高地上散步，他们看到了一只黑色的羊。

天文学家可能从没见过黑色的羊，惊呼道："天啊，原来苏格兰的羊是黑色的！"

物理学家立刻纠正道："可不能这么说啊，这仅仅是一次观察得到的结果，你只能说我们在苏格兰发现了一只黑色的羊。"

这时候数学家笑了，指出："你说得也不对，准确来说，在这一时刻，从我们观察的角度看过去，这只羊有一侧的表面是黑色的。"

这虽然是一个调侃数学家的段子，却清楚地揭示了数学思维与其他学科思维的不同。数学推理严格地依赖演绎逻辑，而非经验逻辑中的归纳方法。即使物理学家一生见过的所有羊均为单一的颜色，他也不能确定当时看到的这只羊是不是例外。所以数学家的小心谨慎特别有道理，这是正常的职业习惯。太阳每天东升西落已经足够让物理学家总结出一条定律，却不足以让数学家据此写下一个定理。

6.1 相对论的拼图

当地时间2016年2月11日上午，来自加州理工学院、麻省理工学院及激光干涉引力波天文台（LIGO）科学合作组织的科学家，齐聚美国华盛顿特区国家媒体中心，向世界宣布：人类首次直接探测到引力波。这一发现为爱因斯坦广义相对论的验证找到了最后一块拼图。

可能你会很奇怪，爱因斯坦的相对论不是早就被世人接受了吗？为什么还要验证？为什么引力波的发现会让物理学家欢呼雀跃？这些问题的答案与物理这门学科的特征有关。

以物理学为代表的自然科学，其研究过程与数学截然不同。科学家提出一个理论来解释某个自然现象，通常会被称为“假说”。注意“假说”不是“科学理论”，不管听起来多么诱人，它的价值都比较有限。一个“假说”要想成为“科学理论”，必须经过实验的严格验证。例如，著名物理学家杨振宁和李政道于1956年提出“弱相互作用下宇称不守恒”假说。这一预言随后得到吴健雄团队的实验验证，杨振宁、李政道二人也因此获得诺贝尔物理学奖。

爱因斯坦的广义相对论在刚刚问世时，也曾包含多个著名的预言，其中光线在引力场中会弯曲和引力会沿时空传播尤为著名。前者是第一个被科学家证实的预言，其在1919年被英国天文学家爱丁顿（Eddington）和戴森（Dyson）的团队在非洲和南美洲同时观测到，立刻引起了轰动，广义相对论从此风靡全球。后者（引力波的存在）则是最难验证的一个预言，因为引力波是由超大质量的星体在发生合并时产生的时空波动，传播到地球时变得十分微弱，难以探测，在广义相对论问世一百年后，这是唯一一个还没被证实的预言。

探测到引力波对物理学家具有重要意义，它标志着相对论从一个“科学假说”进化为“科学理论”，只有当引力波被真实探测到，相对论的正确性才会进一步得到加强。

相较于数学，假如你认为这仅仅是科学研究的过程不同，物理学多了个实验物理而已，那你可就大错特错了。在物理学中，即使你的“假说”被实验严格验证，也不意味着该理论就此高枕无忧。因为受到实验材料、环境和方法的制约，很多实验并不能成为一个科学理论放之四海而皆准的保证。牛顿的惯性力学被视为物理学中的“圣杯”，但在大尺度空间中却败给了爱因斯坦的相对论；爱因斯坦相对论的预言虽已经被实验证实，但在微观粒子领域却受到了量子力学的强有力挑战。因此，“修正”在理论物理学中是常见的用词，著名物理学家霍金（Hawking）生前便不时推翻自己先前的结论，这不是因为他不靠谱，而是因为学科思维的不同。

科学发展就是在不断地证伪过程中去伪存真，从而逐步揭开世界的真相。

6.2 缺损棋盘问题

在数学的世界里，物理学理论不断被“修正”的事件是不会发生的，只要假设和前提成立，借助演绎逻辑推导出来的结论就是真理，不存在有朝一日被推翻的风险，这使数学证明能够达成的效果特别强大，因此要求也格外严格。

多年前，我在《通俗数学名著译丛：数学趣闻集锦》中第一次看到“缺损棋盘”的例子，一时惊为天题。这道题目是这样描述的：假设我们有一张国际象棋的棋盘，这个棋盘有缺损，位于棋盘对角的两个格子没有了，这样棋盘上只剩下62个格子。现在我们手里有31张矩形的多米诺骨牌，每张骨牌恰好可以覆盖棋盘上相邻的两个格子。请问这31张多米诺骨牌是否能够恰好覆盖缺损棋盘上的62个格子？（见图6-1）

图6-1 缺损棋盘问题

我曾多次把这个问题抛给学生，试图说明数学证明和科学验证的不同。大多数学生在拿到题目后，会立刻拿起笔在纸上画起来，看看是否能够找到完全覆盖的方法。不过他们很快就放弃了，因为可能性实在太多了，即使尝试了多种方法都未能成功，他们也无法确定是否恰好有一种他们没有想到的铺法能够完成题目规定的任务。

那把这个问题交给计算机如何？结果会令你大失所望，在电脑宕机前，你可能就已经失去了耐心。

很不幸，这道题目中规定的任务是不可能完成的，你无法找到铺满棋盘的方法，这注定了你从正面寻找答案的尝试都将以失败告终。然而，运用数学思维加上简单的观察就能够轻易证明这点。

国际棋盘上的格子是黑白相间的，而位于对角的两个格子颜色相同，都为白色。因此，缺损的棋盘上黑格一共有32个，白格有30个，白格比黑格少2个。但是每张多米诺骨牌覆盖的相邻两个格子的颜色是不同的，所以如果31张多米诺骨牌都能铺在同一张棋盘上，那必然占据了31个黑格和31个白格，黑白格的数量必须一样多，显然，缺损的棋盘并不满足这个条件，因此，用31张多米诺骨牌铺满缺损棋盘的方法根本就不存在。

这个解答是不是给人一种醍醐灌顶的感觉？在这里，数学推理展现了震撼人心的力量。

6.3 失效的经验

数学推理不仅能够帮助我们证明经验无法触及的命题，还能够帮助我们纠正经验误导所产生的错觉。我们不要认为经验永远都会带来积极正面的结果,在生活中,由经验导致的错觉比比皆是,著名的“生日概率问题”就是一个绝佳范例。

试想一下,一场足球比赛的场上队员加上主裁总共有23人,他们在同一天过生日的概率会有多大呢?初看这个问题,经验可能会告诉我们:这件事情发生的概率非常低。毕竟一年有365天,人数却只有23人,似乎把23个苹果扔到365个不同盒子里的组合实在是太多了,两个苹果撞到同一个盒子的概率自然很小。然而当你用严谨的数学思维认真思考一下,就会发现结果与你的想象大不相同。

假设23个人的生日各不相同,第一个人总共有365种选择,第二个人则变成了364种,第三个人有363种选择,以此类推,第23个人的选择有343种,因此所有人生日都不相同的概率是

$$\frac{365}{365}\times\frac{364}{365}\times\frac{363}{365}\times\cdots\times\frac{343}{365}\approx 0.4927$$

而至少有两人在同一天过生日的概率则为

$$1-\frac{365}{365}\times\frac{364}{365}\times\frac{363}{365}\times\cdots\times\frac{343}{365}\approx 0.5073$$

结果超过了50%,你是否大感意外?然而这一数字还将随着参与人数的增加快速逼近100%。因此,如果有人和我打赌明清两代28位皇帝中是否有两位皇帝的生日在同一天?我肯定会选择“是”,因为概率已经超过了65%,赢面非常大。

事实上,如果你深入调查相关资料,就会发现明世宗嘉靖皇帝朱厚熜和清宣宗道光皇帝爱新觉罗·旻宁的生日在同一天,都是9月16日。[①]

经验虽然宝贵,但在现代社会中,它不再扮演人类实践活动的最高指挥官。我们必须承认,历史上从没有哪个时代像现在这样,人们能够真实感受到的客观时空被种类繁多的数学公式精准控制。你可以不必懂它,但无论如何也离不开它。

① 这里取的是公历。

思考题

一个池塘中的荷花开始绽放，第一天只有少数荷花开放，此后的每一天，荷花开放的速度都是前一天的两倍，到第三十天时，荷花开满了整个池塘，你知道荷花开放一半时是第几天吗？

第7章

数学应该怎样学（Ⅰ）

我至今仍记忆犹新，2019年高考刚结束的时候，“数学”二字迅速登上热搜榜。新浪微博有关2019年高考数学的内容，在一天内阅读量突破了20亿，讨论数超过30万。有网友戏称，2019年高考数学关注度之高创造了一项“吉尼斯世界纪录”。

没有参加考试的人也被这些文章弄得人心惶惶。我的姐姐为她还在上小学的女儿专门发来微信询问：高考数学真的会越来越难吗？将来数学教育会不会发生大的变革？

我不知道应该如何回答这样的问题。在我的认知里，数学是一门非常有规律的学科，只要把握好几个关键的因素，学好数学并不会像登月那样遥不可及。如果把数学比作一座待征服的高山，那么有三种特质可以帮助我们实现最终的目标。

7.1 逻辑感

将逻辑置于首位，相信没有多少人会有异议。虽然数学不能完全归结为逻辑，但逻辑确是数学赖以生存和发展的基础。在广大民众眼中，数学思维几乎等同于逻辑思维，我们夸赞一个人数学题答得规整漂亮，通常就是赞扬这个人答题过程中思路清晰、逻辑缜密。

从更广的角度来看,逻辑是大脑思考问题的一种方式,它包含了澄清定义、抽象提炼、推理论证、假设检验等多种能力。这些能力与数学学习密切相关。其中,抽象提炼与推理论证的能力在过去的数学教育中并没有得到充分的强调,但在新的课程改革中正逐渐被重视。这反映了我们的教育理念正逐渐从"应试训练"向全面培养学生的学科综合素质转变。

抽象提炼的能力之所以重要,是因为它能够帮助我们从不同的应用场景中提炼出共性的数学问题,这是进行推理论证的前提。2019年高考理科数学全国一卷中出现了这样一道题目:我国古代典籍《周易》中用"卦"描述万物的变化(见图7-1)。每一"重卦"由从下到上排列的6个爻组成,爻分为阳爻"——"和阴爻"— —"。在所有重卦中随机取一重卦,则该重卦恰有3个阳爻的概率是多少?

抽象提炼能力弱的考生可能一下就蒙了,怎么高考数学还考解卦算命吗?有的考生甚至把六十四卦象全部画出,一卦一卦地数有多少重卦恰好有3个阳爻,这浪费了大量的时间。

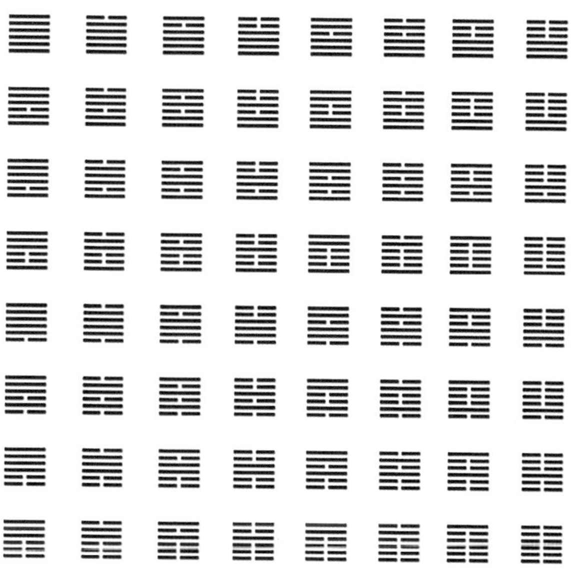

图7-1 《周易》六十四卦象

其实这道题跟解卦算命毫无关系，稍加分析就能发现，它不过是一个排列组合原理的简单应用。如果我们用数字“1”代表阳爻，用数字“0”代表阴爻，那么《周易》六十四卦象就是连续6个数字“1”或“0”的全部可能排列。

在数学课本中，这道题通常是以下面的形式出现：将红、白两种颜色的小球随机投入6个依次排列的空盒中，那么恰好有3个盒子是红球的概率是多少？想必换成这种形式，考生们就熟悉多了。其实不同的应用场景，背后的数学原理是一致的。将排列组合与《周易》卦象相结合，既考察了学生的抽象提炼能力，又体现了数学文化贯穿始终的思想，这或许是高考数学未来的发展方向。

7.2 一道解三角形题的本质

在数学领域中，提炼共性数学问题的能力极其重要。高考数学压轴题已经连续多年被数列、二次曲线、导数等题型占据。然而，在2019年却发生了一个重大变化，概率统计第一次出现在压轴题中。这是一个非常明确的信号，未来的数学考试将进一步弱化固有的题型分布模式，更加强调不同题型所涵盖知识点的融会贯通。

我举一个简单的例子：假设一个直角三角形的斜边长为10厘米，较小的锐角为22.5°，请问这个直角三角形的面积是多少？（见图7–2）

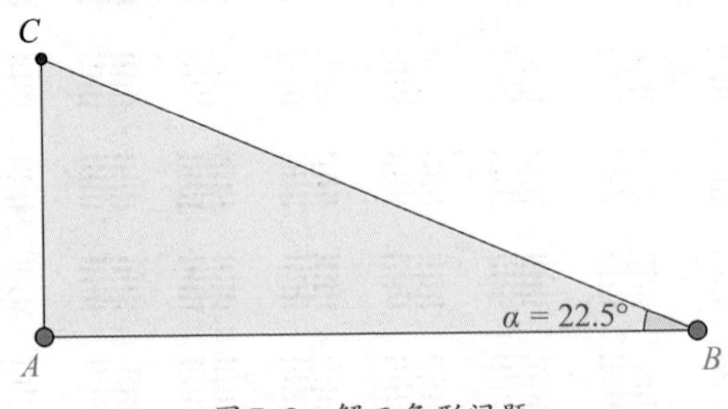

图7–2 解三角形问题

要计算直角三角形的面积，需要知道两条直角边的长度，题目已经给了斜边的长度，只要计算出三角形中锐角的正弦值或余弦值就可以了。可惜 22.5°不是一个三角函数值要求记忆的常规角度。因此,我们需要设计一个办法去计算 $\sin 22.5°$ 或 $\cos 22.5°$。

以计算 $\cos 22.5°$ 为例,由于 22.5°是 45°的一半,我们很容易想到应用余弦函数的二倍角公式(或和角公式)

$$\frac{\sqrt{2}}{2} = \cos 45° = 2\cos^2 22.5° - 1$$

于是

$$\cos 22.5° = \sqrt{\frac{\frac{\sqrt{2}}{2} + 1}{2}} = \sqrt{\frac{2 + \sqrt{2}}{4}}$$

同时,我们也可以令 $x = \cos 22.5°$,其满足方程

$$2 = \left(4x^2 - 2\right)^2$$

也即

$$8x^4 - 8x^2 + 1 = 0$$

如此看来,一个利用三角函数解三角形的问题,本质上是一个四次方程或二次方程的求根问题。稍加改造,这类题目就可以与二次函数,甚至圆锥曲线等知识点联系起来。在未来,解三角形题目作为高考数学的压轴题出现也并非不可能。

当然,也有同学会认为,这种题目出得过于“凑巧”,仿佛是刻意拼凑的结果。他们认为如果 22.5°不恰好是 45°的一半,那么答案中的做法就将失效。这种说法对吗?

7.3 计算三角函数值的标准做法

判断一道数学题出得好不好,的确要看其解答方法是不是普遍的方法。就这个题目而言,将特定角度的三角函数值计算转换成一元 n 次方程的求解,这恰恰是计算三角函数值的标准做法。假如把 22.5°换成 20°,解题的思路也类似。首先推导出三倍角公式

$$\begin{aligned}\cos 3\alpha &= \cos\left(2\alpha + \alpha\right) \\ &= \cos 2\alpha \cos\alpha - \sin 2\alpha \sin\alpha\end{aligned}$$

$$= (2\cos^2\alpha - 1)\cos\alpha - 2\sin^2\alpha\cos\alpha$$
$$= 2\cos^3\alpha - \cos\alpha - 2(1 - \cos^2\alpha)\cos\alpha$$
$$= 4\cos^3\alpha - 3\cos\alpha$$

令 $\alpha = 20°$，就有

$$\frac{1}{2} = \cos 60° = 4(\cos 20°)^3 - 3\cos 20°$$

再令 $x = \cos 20°$，上面的等式就化为了一个三次方程

$$8x^3 - 6x - 1 = 0$$

于是求余弦 $\cos 20°$ 就变成了一个解一元三次方程的问题。如果你了解相关的数学发展史，就不会感到惊奇。计算三角函数值正是500多年前人们不断追求高次方程求根公式的真正原因。

即使我们不考虑解三角形问题的历史背景，选择计算 $\cos 22.5°$ 也是一个更加“正统”的方法。有兴趣的读者可以试一试，只用勾股定理也能解答我们一开始提出的那个问题，但其涉及的技巧不再具有普适性，一旦角度换成20°就无能为力了。

7.4 “三段式”论证

逻辑思维中最基本的能力依然是推理论证的能力，尤其是知道如何在正确的方向上作出假设并进行推理验证。这种推理验证的核心模式就是人们常说的“三段式”论证。

举个例子，要证明1.47是一个有理数，你会怎么做？你可以采取以下三个步骤。

第一步：明确有理数的定义，即能写成两个整数之商的数称为有理数。

第二步：将1.47写成147/100，这是两个整数的商。

第三步：下结论，1.47是一个有理数。

这段论证虽然具有数学性，但其实可以抽象成与数学无关的逻辑推演。

大前提：具有性质P的东西是T；

小前提：W具有性质P；

结论:W是T。

这就是"三段式"论证的基本模式。如果我们将论证过程中的"W具有性质P"记为条件A,将"W是T"记为事件B,则条件A成立推出事件B发生。此时,条件A就称为事件B的充分条件,事件B称为条件A的必要条件。

明确区分充分条件和必要条件是逻辑推理的基本功,但这一看似简单的事情却常常导致错误。因为三段论中,最关键的"大前提"通常是被隐藏起来的,它或是一些定义、定理,或是一些约定、常识,我们需要仔细辨别。如果大前提没有找准,就很容易得出错误的结论。

我曾对刚入学的大一新生进行了一次逻辑测试,给他们假设了这样一个情境:某省份的高招录取工作结束后,清华大学公布录取分数线为690分。请问,条件"该省考生小明高考总分695"是事件"小明被清华大学录取"的充分条件吗?

这问题挺简单吧?我们只需要去判断"小明高考总分695"是不是能够推出"小明被清华大学录取"就可以了。结果出来,竟然有1/3的学生回答是充分条件。他们的理由是:既然清华大学的录取分数线是690分,那么总分695就能充分保证小明被清华大学录取,所以是充分条件。

言之凿凿,听起来还挺有道理,可事实真是如此吗?我把他们的推理整理成一个"三段式"论证。

大前提:高考总分不低于录取分数线的考生会被录取;

小前提:小明高考总分695,超过了清华大学的录取分数线;

结论:小明被清华大学录取。

你有没有发现什么不对劲的地方?

虽然小明的高考总分超过了清华大学的录取分数线,可如果他填报的志愿是北京大学而不是清华大学,又或他的分数没有达到所报专业的分数并且不服从调剂,那么他还会被清华大学录取吗?显然不会。回答"是充分条件"的学生没有找准"三段式"论证中的"大前提",得出了错误的答案。事实上,高招录取是一个复杂的过程,分数线只是录取结果的一种体现,不是录取考生的评判标准,"总分超过录取线"并不能判断"被录取"这一事件是否发生。

7.5 你知道有几只病狗吗

有一道曾经在网络上疯狂刷屏的逻辑题也非常有趣，我常常用它来训练学生的逻辑思维，题目的描述如下。

(1)有一个村庄住着50个人，每人养了一只狗，每天傍晚，大家都在同一个地方遛狗。

(2)村民得知村里的一些狗生病了(但不会传染)，村民只能在傍晚遛狗时观察别人的狗是否为病狗，不能观察自己的狗，也不能互相交流。

(3)村民一旦通过推理得知自己的狗是病狗，就要立刻开枪打死它。

(4)第三天枪响了，请问一共有几只病狗？

这道网红逻辑题号称是美国微软公司的面试题，其真实性我们就不去考证了，但的确曾出现在一些知名高校的自主招生考题中。有些学生拿到题目后，执着于列出病狗数量满足的方程，结果半天找不到头绪。事实上，假设病狗的数量，并寻找其与第几天枪响之间的关系，才是正确的解题思路。

假设病狗的数量为N。

第一天：

如果$N = 1$，那么唯一一只病狗的主人在遛狗时看不到任何病狗，他能够立刻推出自己的狗是病狗，于是开枪打死它。然而，第一天并没有枪响，所以病狗的数量至少是两只。

第二天：

由之前的分析可知，若是第一天没有枪响，病狗的数量至少是两只，所有的村民都清楚这一点。如果$N = 2$，两位病狗主人在第一天遛狗时都能看到一只病狗，不足以判断自己的狗是否为病狗。然而，两位病狗主人在第二天遛狗时还是只能看到一只病狗，因此他们立刻推知自己的狗是病狗并开枪打死它。

所以第二天没有枪响，必然推出$N > 2$。

第三天:

前两天枪没响推出病狗的数量至少是三只。如果$N=3$,由之前的分析可知,三位病狗主人在前两天遛狗时都能看到两只病狗,不足以判断自己的狗是否为病狗。到第三天,他们还是只能看到两只病狗,于是他们明白自己的狗就是病狗,于是第三天枪响。

所以答案是3只。

至此,可能有一半的学生迫不及待地喊出了答案。答案是没错,可推理真的正确吗?

我们来复盘刚才推理的最后一步,记条件A为"病狗的数量等于3",事件B为"第三天枪响",则我们推出的结论是:条件A成立则事件B发生,这说明"病狗的数量等于3"是"第三天枪响"的充分条件。然而,充分条件不一定是必要条件,即"第三天枪响"不一定意味着"病狗的数量等于3"。为了完善推理,还需要补充以下这个步骤。

如果$N>3$,那么所有病狗主人在第三天遛狗时都能看到至少三只病狗,他们不足以判断自己的狗是否为病狗,因此第三天不会有人开枪,这与题目中"第三天枪响"的设定矛盾。

既不能大于3,也不能等于1或2,那就只能是3。

这才是正确的推理过程。

如果按照上面的逻辑分析,不难发现,倘若第$P-1$天时没有枪响,则病狗的数量至少为P;若第P天枪响,那么每个病狗主人在第P天看到的病狗数量恰好是$P-1$,从而判断出自己的狗是病狗,病狗数量为P。

综上所述,第几天枪响,病狗就有几只。

你学会了吗?

思考题

你能设计一种方法计算从0°到30°间隔2.5°的所有角度的余弦函数值吗?

第8章
数学应该怎样学(Ⅱ)

逻辑感对于学好数学至关重要,但培养逻辑感的方式不局限于做数学题。有些家长为了培养孩子的逻辑思维能力,让孩子从小接受大量的数学题训练。然而,这些数学题种类繁多,解题方法多样,如果缺乏细致的筛选和分类,训练起效慢不说,甚至不少孩子被难度过大的题目打击了自信心,又或无法理解题目背后的逻辑,进而逐渐对数学学习产生了畏惧心理。

对于这个问题,我无法给出通用的解决方案,只能回忆自己小时候是通过学习计算机编程来训练数学逻辑的。当然,与现在少儿编程“模块化组装”课程不同,我是学习了Basic和Pascal这样的计算机编程语言。

计算机编程是编辑程序让计算机执行任务的过程,与埋头做数学题相比,它有一个显著的优势:编程的思维引导方式是线性的。为了使计算机能够正确理解你的意图,你需要将解决问题的思路、方法和手段编辑成计算机能够理解的指令输入进去,计算机根据你的指令一步步执行操作,最终完成特定的任务。

例如,用计算机编程实现一部多层电梯的高效运行,如果不同楼层的用户同时按下电梯该怎么办?如果同一楼层的用户,有的要上楼,有的要下楼,又该怎么办?要解决此类问题,需要编程者根据楼层的高低,设计出合理的赋值、排序方法,这里面涉及选择、循环等多种程序结构,包含“与”

“或”“非”等大量逻辑操作。

计算机无法猜测你的内心想法,也不会容忍你的逻辑漏洞。逻辑严谨则一路畅通,逻辑疏漏则错误百出。这种“所见即所得”的训练方式,对于培养孩子的专注力、观察力、判断力、分解问题的能力、厘清条件与关系的能力和调试错误的能力都有直接的帮助。因此,计算机编程好的学生逻辑思维一般都不会差。

如果你对计算机实在提不起兴趣,或是课业繁忙,抽不出时间去学习计算机编程,那么我有一个方法可以帮助你提升逻辑思维能力:在做数学题时,尝试改变题目的设定条件,测试对解题过程的影响,并形成自己的题库。

有些题目的设定条件相对宽松,改变一点对解题方法和结果的影响不大;有些题目的设定条件非常精准,改变一点其解题方法就要大变,甚至有可能变成完全不一样的题型。

例如,第 7 章提到的解三角形问题,将锐角从 22.5°变成 20°,二次方程求根就变成三次方程求根,虽然方法形似,但是难度一下子提升了好几个量级;同一个题目,如果将直角三角形的条件去掉,就变成一个可能需要应用正弦定理或余弦定理的新题型。

通过不断改变题设条件进行解题训练,能够帮助我们厘清数学题目深层的逻辑联系,梳理、归纳不同题型的解题方法,还能收获钻研数学问题的小小成就感,对数学学习可谓大有好处。

总体来讲,培养良好的逻辑感,是提升数学水平的第一步。

8.1 结构感知力

除了逻辑感,结构感知力是提升数学水平的第二大法宝。有一种观点认为,纯粹数学领域的核心问题,都来自对集合的分类,这些集合附加了代数、几何、拓扑等各种结构。

这个观点不是几句话就能解释清楚的,对大多数非数学专业或数学专业低年级的学生来说,更多丰富的数学结构可能也不会碰到,他们最常遇到的是与图形有关的几何结构。几何结构的感知力涉及大脑对平面和空间中的几何对象进行特征提取、分解、重组等操作的能力。这些对象是我们能感受到的客观存在的模型。你可能会有这样的体会:很多平面几何或立体几何题目,几何感知力好的学生是“看”出来而不是“证”出来的。

下面这道题是某小学四年级的课后练习题:已知矩形 *CDFE* 的面积是 10cm²,你知道图中阴影部分的面积是多少吗?①如图8-1所示。感兴趣的读者可以测试一下,看看自己是否具备学霸属性。

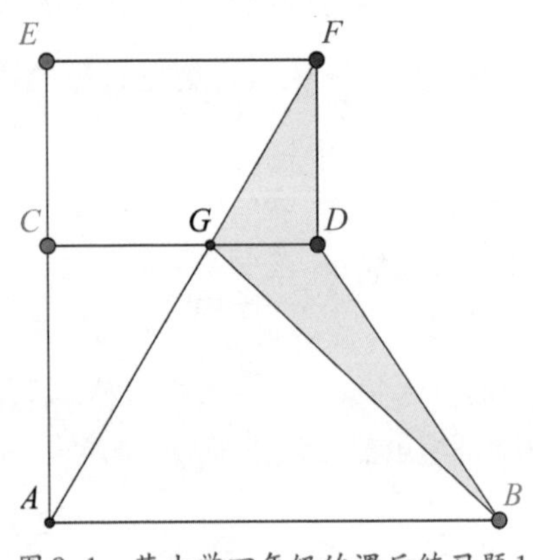

图8-1　某小学四年级的课后练习题1

下面这道题同样来自某小学四年级的课后练习题:将左边的图形折叠后可以得到右边哪个正方体呢?②如图8-2所示。

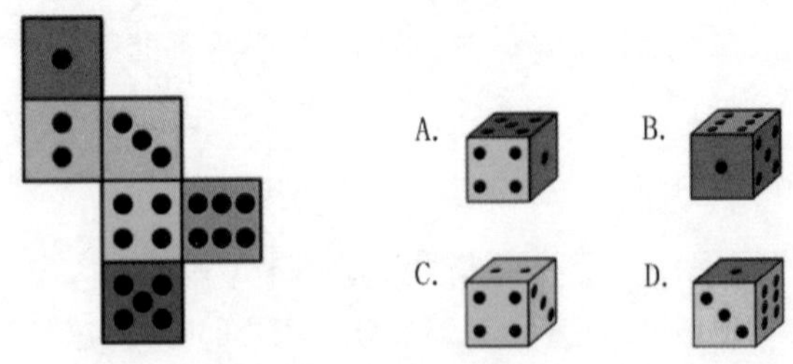

图8-2　某小学四年级的课后练习题2

① 答案为5。

② 答案为D。

如果上面两道题都没能难住你,那么你对几何结构的感知力还是不错的,已经达到了四年级优秀小学生的水平。这种近乎直觉的能力培养起来没有捷径,只能依靠大量的训练和经验积累。

此外,专业的数学工作者还试图从几何对象中发现更多的结构,帮助人们理解并清楚地描述那些隐藏在表象背后的本质。

如图8-3所示,一个魔方(正方体)共有6个面、8个顶点和12条边,每个面与4个面相接,每个顶点与3个面相接,每条边与2个面相接。

6个面,每个面与4个面相接

8个顶点,每个顶点与3个面相接

12条边,每条边与2个面相接

图8-3 魔方

现在把这6个数字分组相乘:

$$6 \times 4 = 24$$

$$8 \times 3 = 24$$

$$12 \times 2 = 24$$

三组运算的结果都是24,你觉得这是一个巧合吗?

8.2 回归求知的本心

我要强调的第三种特质是求知的本心。

数学不是一门简单的学问,不管是逻辑感的培养还是结构感知力的建立,都需要大量的练习。在这条路上,辛劳和努力无从省略,失败和挫折更是如影随形。古往今来,每位在数学领域登峰造极、创造辉煌的学术伟人,他们背后隐藏着无数百炼成钢的动人故事。那么是什么力量支撑他们长久投身于这项事业的呢?

古希腊数学家阿基米德一生醉心于学术，为现代科学的多个领域做出了开创性的贡献。公元前212年，古罗马军队入侵阿基米德的家乡，包围了他的住所。阿基米德无视罗马士兵的死亡警告，始终专注于自己心爱的几何学研究，最终不幸殒命。敌方主帅知晓后十分痛惜，他不仅没有嘉奖自己的军队，反而将行凶的士兵处决，并将阿基米德厚葬。阿基米德的才华虽然没有赢得战争，却赢得了包括敌人在内的全世界的尊重。

瑞士数学家欧拉是一位为数学而生的天才，他将自己的心智与才华倾注到其所能触碰到的每个领域；无论是纯粹数学、应用数学还是物理学、天文学，欧拉的研究工作都堪称启迪后世的典范。尽管他一生成果无数，却不幸罹患眼疾，最终双目失明。然而，在最困难的时期，欧拉也没有停下研究的脚步，而是凭借超人的心算能力和坚强不屈的意志，始终高效地为数学界创造财富，直到生命的最后一刻。

俄罗斯数学家佩雷尔曼用8年时间破解了被誉为“千禧年大奖难题”之一的庞加莱猜想，因此成了数学界的大英雄。但自那以后，他因为不满数学界名利之风愈刮愈烈的现状，逐渐断绝了与数学界的各种联系，只留下一段“我应有尽有”的宣言，便完全消失在人们的视线之中，甚至放弃了领取数学界最高荣誉“菲尔兹奖”和100万美元“千禧年大奖”奖金。

无论是阿基米德、欧拉，还是佩雷尔曼，这些顶级的数学家都有一个共同的特点：他们对数学之美有着单纯而炙热的追求，对探索未知世界有着强烈的好奇和渴望。在这种强大精神的指引下，名利可以被视作浮云，疾病可以坦然面对，生死可以置之度外。

另外一个发生在菲尔兹奖得主法国人托姆（Thom）身上的故事也很令人动容。有一次托姆和两位人类学家共同接受记者的采访，谈到远古人类为什么要保留火种，其中一位人类学家称是为了取暖御寒，另一位人类学家称是为了烹饪鲜美的食物，只有托姆说道：“在夜幕降临之际，火光摇曳妩媚、灿烂多姿，是最美最美的！”

接下来的章节,就让我们回归一颗求知的本心,一起去探寻数学世界中那些启迪智慧而又充满美感的精彩吧!

思考题

请结合例子说明你是如何看待数学中的等号("=")的。

Part 02
第 2 篇

从有限到无穷，初等数学与高等数学的分水岭

第9章

史上最大的“逻辑漏洞”

如果要在浩如烟海的数学概念中挑出一个最有影响力的，我会选择圆周率，不只是因为圆周率的历史源远流长，可以追溯至数学发展的最早期，更是因为圆周率的应用场景不胜枚举，在科学与艺术的各个领域都能够发现它的踪迹。

18世纪，法国数学家蒲丰（Buffon）设计了一个非常著名的实验。蒲丰拿来一张白纸，画了许多条间距为2厘米的平行线。然后将一根长1厘米的小针随机地投向纸面。每当小针停留在纸面与平行线相交时，就记录1次。蒲丰惊奇地发现，当投掷的次数越来越多时，小针与平行线相交的次数比上总的投掷次数会越来越接近一个常数，而这个常数竟然等于圆周率的倒数。这一现象非常神奇，因为平行线看起来和圆毫不相干，在上面投针却导致圆周率的出现。

著名物理学家费曼（Feynman）曾在美国科学教师协会上做过一次演讲，分享了一段类似的经历。费曼说他年轻的时候在一本书上偶然看到一个振荡电路频率的计算公式$f = 1/2\pi\sqrt{LC}$，他知道公式中的L为电感，C为电容，可他不理解圆周率π是从哪儿来的，因为这里面看上去没有圆。如果说是因为产生电感的线圈是圆的，但是把线圈改成方形后，结果依然如此。

还有一个例子更加离谱，数学家欧拉在1735年解决了著名的巴塞尔

问题:所有自然数倒数的平方求和等于多少?他计算出了结果

$$\sum_{n=1}^{\infty}\frac{1}{n^2}=1+\frac{1}{2^2}+\frac{1}{3^2}+\cdots\cdots=\frac{\pi^2}{6},$$

公式中又出现了圆周率。你能想象吗?一个自然数倒数平方的无穷求和能和圆有关系!

总之,有圆的地方会出现圆周率,看起来没有圆的地方也出现了圆周率,这足以说明圆周率的重要性。

这么重要的一个概念,我们是怎样认识它的呢?人教版小学数学课本六年级上册对圆周率的介绍如下(见图9-1)。

让我们来做一个实验:找一些圆形的物品,分别量出它们的周长和直径,并算出周长和直径的比值,把结果填入下表中,看看有什么发现。

物品名称	周长	直径	$\frac{周长}{直径}$的比值(保留两位小数)

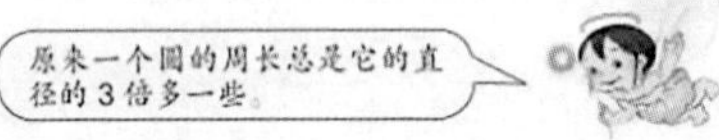

其实,早就有人研究了周长与直径的关系,发现任意一个圆的周长与它的直径的比值是一个固定的数,我们把它叫作**圆周率**,用字母π(pài)表示。它是一个无限不循环小数,π≈3.1415926535……但在实际应用中常常只取它的近似值,例如,π≈3.14。

如果用C表示圆的周长,就有

$$C=\pi d \quad 或 \quad C=2\pi r$$

图9-1 人教版小学数学课本六年级上册对圆周率的介绍

我们是采用科学实验的方法,通过实际测量归纳出“圆的周长与直径之比是一个定值”,并由此引出圆周率的定义的。

作为一个学习了十多年数学的大学生,再看这个小学六年级的定义,可能会觉得它不够严谨和令人信服。且不论每次测量都可能存在误差,由于圆周率是一个无限不循环的小数,根本不可能通过测量加计算的方式得到它的精确值。从学科特征的角度讲,科学实验总结出的近似规律,充其量只能称为物理学定律,与真正的数学定理还差得很远。定义圆周率有一个基本前提:任意圆的周长与直径之比是一个定值。然而在我们的小学课本中,这个基本前提被一句“早就有人研究了”轻轻带过。

9.1 真相是什么

当然,我们不能责怪小学老师没有给我们讲清楚,因为这压根儿就不是适合给小学生讲的问题。然而,令人费解的是,此后的教科书也再没有提醒我们“圆的周长等于直径乘以一个固定的数”是一个需要被证明的公式,一直到大学都未曾提及。我们就这样一直心安理得地使用公式 $C=2\pi r$,却对它的“合法性”闭口不谈。

小学课本中那句“早就有人研究了”指的是谁呢?他就是古希腊数学家阿基米德——那位宣称可以撬动地球的杰出人物。阿基米德生活在公元前287年至公元前212年,是一位公认的伟大数学家,他不仅把圆周率精确到了3.14103和3.14271之间,也是历史上第一位有据可考的,证明了“圆的周长和直径之比是一个定值”的人。事实上这一结果的完整证明分为两个部分,阿基米德只完成了其中的一部分工作。他在著作《圆的度量》中提出了一个计算圆面积的公式:圆的面积等于圆周长与半径乘积的一半$\left(S=\frac{1}{2}\cdot C\cdot r\right)$。另一部分是欧几里得在《几何原本》中描述的定理:圆的面积正比于半径的平方。如果用符号□来代表一个固定的数并将欧几里得的定理转换成数学表达

$$S=\square\cdot r^2$$

我们很容易就能从阿基米德的圆面积公式推导出

$$C=\square\cdot 2r$$

于是圆周长与直径的比值跟圆面积与半径平方的比值相同,是一个固定的数,不会随着圆的大小变化而变化。此时,我们可以赋予它一个专属的名称,如“圆周率”。

欧几里得的定理与阿基米德的圆面积公式加在一起,共同为“圆周率”的存在提供了坚实的保证。欧几里得的定理出现在阿基米德的圆面积公式之

前，要想证明圆的周长与直径之比是一个定值即“圆周率”存在，阿基米德的圆面积公式具有决定性的意义。从几何角度来看，我们可以把阿基米德的公式想象成一张圆形的比萨被分割成许多个面积相等的小扇形。当我们调整这些扇形的位置时，可以重新拼装成一个近似于平行四边形的形状（见图9–2）。虽然这不是一个真的平行四边形，但当扇形的面积越来越小时，它会越来越接近一个矩形。这个矩形的宽和长分别等于圆的半径和圆周长的一半。所以，只要比萨被分割的份数足够多，我们就能知道圆的面积等于圆周长与半径乘积的一半。

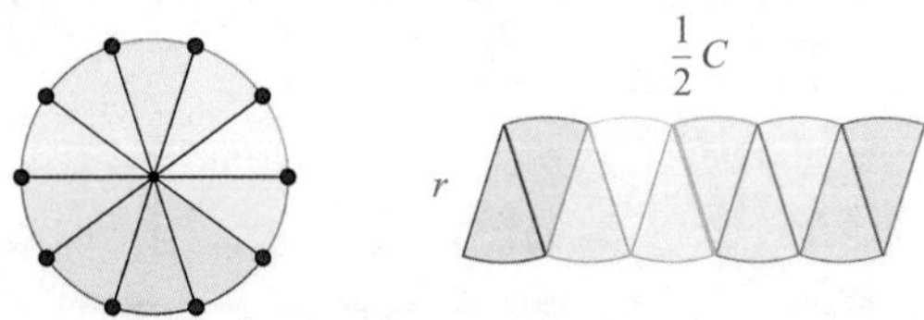

图9–2　计算圆面积的“比萨分割法”

这是一个十分有趣的几何演示，但算不上一个严谨的数学证明。如果阿基米德也是这样“忽悠”他的观众，我们绝不可能把“首次证明”的桂冠颁发给他，所以阿基米德的证明肯定是不一样的。在欣赏他的精妙证明之前，我们不妨开动脑筋想一想，如果让我们去证明圆面积等于圆周长与半径乘积的一半，我们应该采取何种策略呢？

首先我们会把圆换成它的内接正多边形（假设有n条边），我们知道一个圆的内接正多边形的边数n越来越大时，多边形的面积就会越来越接近圆的面积，多边形的周长也会越来越接近圆的周长（见图9–3）。

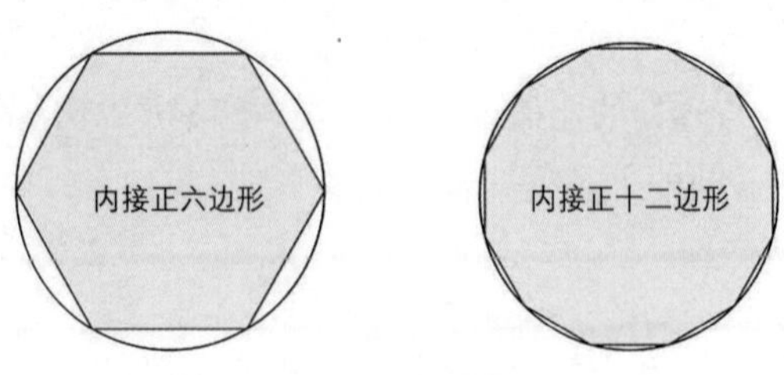

图9–3　圆的内接正多边形接近圆

接下来把圆内接正n边形的周长记为L_n，面积记为S_n，将圆心与多边形的顶点连接，多边形就被分成了n个面积相等的小三角形，这些小三角形的面积加在一起就是整个多边形的面积，于是

$$S_n = n\cdot\left[\frac{1}{2}\cdot\frac{L_n}{n}\cdot\sqrt{r^2-\left(\frac{L_n}{2n}\right)^2}\right] = \frac{1}{2}\cdot L_n\cdot\sqrt{r^2-\left(\frac{L_n}{2n}\right)^2}$$

由于圆内接正多边形的周长总是小于圆的周长

$$\frac{L_n}{2n} < \frac{C}{2n}$$

所以，当n越来越大时，$\frac{L_n}{2n}$会越来越接近于0，只要对n取极限，我们就得到$S = \frac{1}{2}\cdot C\cdot r$。

这个证明并不难，相信每个学过高等数学的同学都可以写出来，但要说这就是阿基米德的证明则很令人怀疑。因为“极限”概念到19世纪才被数学家严格地定义，所以，阿基米德提前一千多年对此详尽阐述并不现实。然而，抛弃“极限”又似乎更加不可能，因为平面图形的“面积”和平面曲线的“弧长”这两个概念本身就是通过“极限”来定义的。阿基米德不可能在不知道圆面积和圆周长含义的情况下，就可以证明圆面积等于圆周长与半径乘积的一半。若真如此，那岂不是史上最大的逻辑漏洞？

9.2 阿基米德的证明

数学就是如此迷人，越是你想象不到的就越有可能发生，阿基米德不仅在不知道圆面积和圆周长精确定义的情况下，证明了圆面积等于圆周长与半径乘积的一半，而且做到了逻辑上的无懈可击。以阿基米德为代表的古希腊数学家创造性地使用了蕴含极限思想的穷竭法，他们的论证闪烁着无比耀眼的思辨光芒。

确切地讲，阿基米德没有用圆面积和圆周长的具体定义，而是用它们的性质间接证明了$S = \frac{1}{2}\cdot C\cdot r$。做到这一点，阿基米德的思路是这样的，他

证明S既不会大于$\frac{1}{2}\cdot C\cdot r$，也不会小于$\frac{1}{2}\cdot C\cdot r$，既不大于也不小于，那就只能等于了。

先看第一个方向，如果$S>\frac{1}{2}\cdot C\cdot r$，阿基米德构造出一个圆的内接正多边形使它的面积介于S和$\frac{1}{2}\cdot C\cdot r$之间，但很快发现这完全不可能，因为圆内接正多边形的面积等于多边形周长与边心距乘积的一半，而圆内接正多边形的周长总是小于圆的周长，边心距总是小于圆的半径，所以这样的正多边形是不存在的。

阿基米德是如何在$S>\frac{1}{2}\cdot C\cdot r$的假设下构造出面积介于两者之间的内接正多边形呢？如图9-4所示，阿基米德从一个内接正n边形出发（取$n=6$），作圆心角AOB的角平分线交圆周于D，然后连接AD、BD并作矩形$ABEF$。

三角形ABD的面积恰好为矩形$ABEF$面积的一半，而矩形$ABEF$的面积大于弓形ADB的面积，因此三角形ABD的面积大于弓形ADB面积的一半。注意，AD和DB是圆内接正十二边形的边，这意味着如果我们做更细致的分割，考虑圆的内接正十二边形，它的面积S_{12}与圆内接正六边形面积S_6的差要大于圆的面积S与圆内接正六边形面积S_6之差的一半：

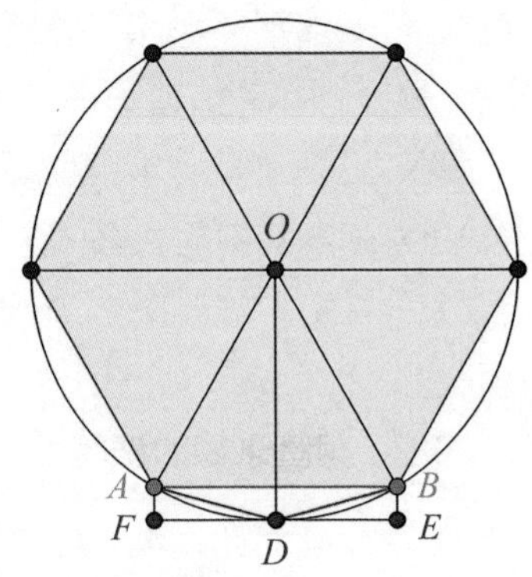

图9-4 构造圆的内接正多边形

$$S_{12}-S_6>\frac{1}{2}(S-S_6)$$

也即

$$S_{12}>\frac{1}{2}\left(S+S_6\right)$$

再用圆面积S同时减去这个不等式的两边，就有

$$S - S_{2\cdot 6} < \frac{1}{2}(S - S_6)$$

考虑更细致的分割并且重复使用这个不等式,我们将会得到

$$S - S_{2^k\cdot 6} < \frac{1}{2}\left(S - S_{2^{k-1}\cdot 6}\right) < \cdots < \frac{1}{2^k}\left(S - S_6\right)$$

由于$S - S_6$是一个固定不变的数,而随着正整数k的增大,$\frac{1}{2^k}$将越来越接近0,因此我们只要取一个充分大的k就能得到一个圆内接正多边形(边数为$2^k\cdot 6$),它的面积和S充分接近,从而介于S和$\frac{1}{2}\cdot C\cdot r$之间。然而,我们已经分析过,这是不可能发生的,因此$S > \frac{1}{2}\cdot C\cdot r$不成立。

这里顺便说一句,我们使用了"随着正整数k的增大,$\frac{1}{2^k}$将越来越接近0"的说法,这看起来显而易见,实则并非"理所应当"。它依赖实数系的一个重要性质:任给一对正实数$a < b$,不管a多小,总存在一个正整数m,使$ma > b$。这是阿基米德首先意识到的,后人称为实数系的阿基米德性质。

再来看另一个方向,如果$S < \frac{1}{2}\cdot C\cdot r$,阿基米德采用完全类似的方法构造出一个圆的外切正多边形,面积介于S和$\frac{1}{2}\cdot C\cdot r$之间。这同样不可能发生,因为圆外切正多边形的面积等于多边形的周长与圆半径乘积的一半,而圆外切正多边形的周长总是大于圆的周长。

既然S不能大于$\frac{1}{2}\cdot C\cdot r$,也不能小于$\frac{1}{2}\cdot C\cdot r$,那就只有等于$\frac{1}{2}\cdot C\cdot r$了,圆的面积公式因此得证。

因此,我们完全不需要知道S和C的精确定义,就能得出它们之间的精确关系。

阿基米德使用的方法就是赫赫有名的"穷竭法",此法在他之前已经被欧多克索斯(Eudoxus)等古希腊数学家多次应用于几何学命题的证明中。《几何原本》收录的命题"圆的面积正比于半径的平方"就是这一方法的经典应用。值得一提的是,几乎处于同一时代的中国数学家也独立地对此类

方法做出了精彩探索。魏晋时期的刘徽在为《九章算术》所作的评注里，用文字描述的方式证明了与阿基米德公式相同的圆面积公式，即“半周半径相乘得积步”，并给出了圆周率的一个极高精度的近似值。刘徽的方法被称为“割圆术”，他用内接正多边形分割圆周，所谓“割之弥细，所失弥少。割之又割，以至于不可割，则与圆周合体而无所失矣”，短短29个字，把割圆术的精髓描述得清清楚楚。

与阿基米德的论证相比，刘徽的描述更为精练，但严密性上稍逊一筹，这体现了中国与古希腊在数学发展道路上截然不同的选择。

9.3 数学走上神坛

以阿基米德和欧几里得为代表的古希腊数学家，事实上证明了圆的外切正多边形与圆的内接正多边形的面积之差可以小于任何一个给定的正数。虽然他们不知道如何用数学语言精确地定义平面曲线的长度和平面曲线所围成区域的面积，却能够通过严密的逻辑推理得到关于圆周长和圆面积的正确结论。这标志着一种鲜明数学风格的成熟。

这种数学风格，称为公理化。

在阿基米德的证明中，圆周长和圆面积的定义是无关紧要的，它们满足的性质反而十分关键，具体讲有以下两条。

圆的外切正多边形的周长(面积)大于圆的周长(面积)；

圆的内接正多边形的周长(面积)小于圆的周长(面积)。

在阿基米德的工作中，这两条性质都是数学公理的直接推论。关于面积的表述，我们参考《几何原本》中的第五公理，即“整体大于部分”。因为圆的外切正多边形包含圆，而圆又包含圆的内接正多边形，所以圆的外切正多边形的面积大于圆的面积，而圆的面积大于圆的内接正多边形的面积。关于长度的表述，阿基米德预设了一条公理：一个外凸的区域A包含在另一个外凸的区域B中，则A的边界长度小于B的边界长度[①]。因为圆、圆的外切正多边形和圆的内接正多边形都是外凸区域，所以圆的外切正多边形的周长大于圆的周长，而圆的周长又大于圆的内接正多边形的周长。

---

① 想一想为什么要规定区域是外凸的。

只用这两条,阿基米德就把他的证明顺畅地推导出来了。

对象的定义并非至关重要,刻画对象性质的公理才具有决定性的意义,这是数学公理化的精髓,深刻影响了整个现代数学的样貌。

那么,对象的定义究竟有多不重要呢?我举一个例子,公理化方法的开山鼻祖是欧几里得的《几何原本》,这本代表了古希腊数学最高成就的著作,在开篇就对点、线、面等基本的几何对象进行了定义,但它给出的定义大多是含糊不清或自相矛盾的说法。例如,

(1)点不可以分割成部分(点是没有部分的东西);

(2)线是没有宽度的长度;

(3)线的两端是点;

(4)直线是点沿着一定方向及其相反方向的无限平铺;

(5)面是只有宽度和长度的东西。

这些定义要是被严肃地写入课本,心理素质不好的同学恐怕会倒吸一口凉气。他们会困惑:“没有部分的东西”是什么?没有“宽度”为什么会有“长度”?“点”没有了大小,还能够平铺?如果不是从小就被教育,这是现实世界的自然抽象,恐怕我们很难接受这种神乎其神的定义。事实上,欧几里得也的确是把《几何原本》当成了一部神学作品。在这部作品中,“几何”并非“科学”的一个分支,而是沟通宇宙和世界本源的主要力量。欧几里得基于演绎逻辑,用五条公设和五条公理,去解析世界运行的规律,使数学从此走上神坛。

思考题

《庄子·天下篇》记载:“一尺之棰,日取其半,万世不竭。”你能谈谈这句话与古希腊“穷竭法”之间的相似与区别吗?

生活中有哪些“定义不重要,性质很重要”的例子?

第10章
无穷的困境

尽管圆周率在更早的时候已经被近似地计算，但直到阿基米德所处的时代，它才被确定为与圆的半径毫无关系的常值(利用"穷竭法")。你可能会有疑问，为什么最早探究"无穷"概念的人并不出自四大文明古国中的任何一个，而是公元前几世纪的古希腊？其实这一点很好解释，从实用主义的观点出发，我们的日常生活与无穷的概念并没有多大的关系，目之所及的事物都能用有限的数字来描述。

第七次全国人口普查结果显示，我国总人口为14.43亿；2020年，我国国内生产总值达到100万亿元；2017年，北京市高考出了一道数学题，人类可观测到的整个宇宙所包含的原子总数大约为10^{80}。这些数字固然庞大，但不管它们有多大，在有限的时间内仍然可以穷尽，所以"无穷"并非来源于实际生活，而是一个心之所感的产物。作为一个数学概念，它只有在数学脱离了实用主义，成为一门智力学科时，才有可能诞生。而当这一天真正到来的时候，任何在原始数觉上超越人类的物种，都将被我们远远甩在身后。

10.1 芝诺悖论

一个十分有趣的事实是，尽管阿基米德一只脚迈过了"无穷"世界的门槛，却没有写下“圆的面积等于圆内接正多边形面积的极限”这样的终极结论。尽管“穷竭法”已经包含了数学上准确定义极限的全部要素，却只是被用于在有限步骤内完成反证法的证明。古希腊数学家对待“无穷”的态度极为谨慎，这背后的原因异常深刻，他们似乎一直都在抽象的数学模型和真实的物理世界之间摇摆不定。

古希腊哲学家芝诺(Zeno)，于公元前490年出生于意大利半岛南部的埃利亚，是希腊著名哲学家巴门尼德(Parmenides)的学生。在与师父共同游历雅典的旅行中，芝诺提出了数个关于时间、空间和运动的著名悖论。这些悖论在历史上的地位极高，经常作为极限和微积分的思想启蒙被众多学者所引用。但要深入研究芝诺悖论却非易事，不是因为记载芝诺悖论的相关材料太少，而是因为这些材料多如牛毛，彼此矛盾，很难选择。

大家都有这样的经验，当我们只有一块手表时，现在是几点很清楚。但当我们有很多块走时不同的手表时，现在是几点反而很糊涂了。对芝诺悖论的引用和评述也是如此，即使如亚里士多德这样的伟大哲学家，也曾受到其他大学问家如英国哲学家罗素的尖锐批评。而我个人比较赞同美国数学家托比亚斯·丹齐克教授的观点[①]，对芝诺悖论的分析要紧密结合当时的学术环境和学术发展状况。

当时的学术环境和学术发展状况是什么样的呢？

在芝诺所处的时代，学术流派百花齐放，有倡导“自然取代神灵”的爱奥尼亚学派，有畅想“万物皆数”的毕达哥拉斯学派，有发明“穷竭法”的欧多克斯学派，等等。这些学派广泛地思考数学与哲学之间的关系，在宽松的学术氛围中，碰撞出了许多精彩的火花。芝诺所属的厄里亚学派也参与其中，他们擅长以归结谬误的方式反驳对手的观点，在对手承认的前提之下，采用情景假设和逻辑推理的办法，一步步推导出自相矛盾的结论，以使对手的观点不攻自破。这种在同一个前提下推导出的自相矛盾的结论就是悖论。尽管有悖论制造者因偷换概念以达到目的，被打上“诡辩家”的标签，但也有不少悖论是非常具有启发性的，芝诺悖论就是其中的代表。

---

① “通俗数学名著译丛”《数：科学的语言》，托比亚斯·丹齐克。

若要研究芝诺悖论,我们首先需要意识到,它是一系列针对其他学派不同观点的诘难,它的结论不是简单地支持一方、否定另一方,而是要让所有人同时陷入一个两难的境地。

在当时,人们对空间概念的数学抽象已经达成基本的共识:"距离"被抽象成两点之间一条线段的长度。为了方便计算"距离"的数值,人们有意无意地忽略了线段的宽度,当两条线段相交时,相交处就是一个没有大小的点。这种逻辑使希腊人的"二分法"成为一种确实的运算,任意一条线段都能够取到中点被分成两半,一半再取一半,过程可以无限地持续下去。形象点说,空间具有无限可分的性质,一条线段由无穷个点组成。

与空间概念不同,希腊人对时间和运动有着截然不同的观点。一种观点认为时间不是无限可分的,而是拥有最小的不可分的单元。因此,运动不是连续的,而是像电影一样,由一帧帧画面的微小跳跃构成,就算能够做到极致清晰与流畅,连续运动也只不过是一种超越了生理极限的障眼法。另一种观点则认为时间和空间一样都是无限可分的,由一系列没有大小的时刻构成,运动不是一些孤立画面的总和,而是一个连续不断的过程。

针对第一种观点,芝诺设计了下面这个悖论。

10.2 阿基里斯与乌龟

阿基里斯(Achilles)是希腊神话中的一位骁勇善战的英雄,其名字有时也被译为阿喀琉斯,著名的"阿喀琉斯之踵"说的就是他。在《荷马史诗》诸多人物中,阿基里斯擅长跑步。然而,芝诺偏偏让他和乌龟进行了一场别开生面的跑步比赛,结果令人十分惊奇:阿基里斯似乎永远也追不上乌龟!这并不是阿基里斯在奔跑中受伤,而是阿基里斯与乌龟的出发点不同,就是这一丝的差别,造就了阿基里斯与乌龟之间无法逾越的鸿沟。

我们来看看芝诺是如何设计这场比赛的:假设阿基里斯的跑步速度为10米/秒,乌龟的速度为1米/秒。因为乌龟跑得很慢,所以让乌龟在领先阿基里斯100米处开始比赛。这个假设看似很合理,在大多数人看来,发令枪一响,乌龟很快就会被追上。

这场比赛中有一些重要的节点将被标记下来。第一个节点，阿基里斯前进了100米，到达乌龟的出发点，此时，时间过去了10秒，乌龟前进了10米，乌龟在前；第二个节点，阿基里斯追到乌龟在上一个节点所处的位置110米处，此时，时间又过去了1秒，乌龟前进了1米，乌龟依然在前；第三个节点，阿基里斯追到乌龟在第二个节点所处的位置111米处，这段过程同样消耗了一些时间而乌龟在这段时间里又往前爬了，所以乌龟还是在前。

遵循同样的逻辑，我们会发现，当阿基里斯追到乌龟在上一节点所处的位置时，乌龟都利用他所耗费的时间又往前爬了一段距离，尽管这段距离非常微小但乌龟始终在前。这样在整段过程中，我们就标记出了无穷多个时间节点，如果时间可以被分割并且具有最小的不可分单元，那么无穷多个这样的不可分单元累积在一起，一定是一段无限长的时间，所以阿基里斯永远也追不上乌龟！

这真是令人哑口无言！今天就连小学生都知道阿基里斯追上乌龟只需要$\frac{100}{10-1}=11\frac{1}{9}$秒，怎么可能永远也追不上呢？芝诺先生并不是诡辩家，他要的就是你瞪大眼睛的效果。从逻辑上讲，这个论证并没有什么问题，唯一可能会出问题的是“时间具有最小的不可分单元”这个假设，完成无穷多个步骤真的需要无限长的时间吗？如果你懂一点无穷级数求和，那么阿基里斯追上乌龟的时间可以通过下面这个无穷级数来计算[①]：

$$10+1+\frac{1}{10}+\frac{1}{10^2}+\cdots+\frac{1}{10^n}+\cdots=\frac{100}{9}$$

结果与小学生算法不谋而合。然而，这个非常漂亮的无穷级数计算方法隐藏了一个微妙的前提：时间与空间一样无限可分，时间轴可以被截取到任意微小的长度！

你或许会想：“好，我们就承认时间无限可分吧，这样一切就都和谐无误了。”

① 后续章节会对无穷级数进行详细介绍。

果真如此吗？芝诺很快又为你带来了第二个悖论。

10.3 飞矢不动

为了描述这个悖论，我们来设计一场跨越千年的对话，对话的主角是小明同学和芝诺老师。

芝诺老师首先发问：请看一支离弦之箭，这支箭在射出之后是否一直在运动？

小明回答：老师你在逗我吗？它当然在动啊。

芝诺继续发问：很好，那么在每个确定的时刻，这支箭的末端是否占据着它的运动轨迹上的一个点？

小明回答：确实，箭的末端占据着一个点。

芝诺：在这一时刻，箭是运动的还是静止的？

小明：是静止的，老师。

芝诺：在这一时刻是静止的，在其他时刻呢？

小明：在其他时刻也是静止的。

芝诺：这支箭在整个过程中的每个时刻都是静止的，它一直保持着静止的状态，根本就没动，对吗？

小明：呃……

小明同学当场蒙了，芝诺老师几个问题就让他陷入了沉思。

我们必须承认，芝诺的论证完全遵循了时间无限可分的前提，在这个前提下，时间没有最小的不可分单元，而是由无穷多个没有大小的时刻构成。由于时刻没有大小，箭在被射出后的每个时刻都不可能发生位置的变化，因此是静止的，而所有这样的静止状态累积在一起依然是一个静止的状态，所以箭根本没动。

按照芝诺老师的假设，如果想摆脱这种困境，唯有承认时间不具有无限可分的性质，否则一个点怎么可能既停住又同时在运动。

芝诺以严密的逻辑将古希腊人对时间、空间和运动的分析推向了一个尴尬的境地。支持时间无限可分和否定时间无限可分的人在辩论桌上各执一词，却没有一方成为这场比赛的胜利者。

10.4 理性与感观

试图消解芝诺悖论的做法有很多，其中，不乏哲学家和物理学家，特别是研究量子力学的物理学家，他们不认为这是一个数学问题。但这不是我们关注的重点，我真正想说的是：芝诺悖论的伟大之处在于它促使人们去思考数学概念与人类感官所感知的客观时空，在本质上其实并不具有相同的外延。与其说真实世界是按照数学规律运行的，倒不如说人们只是用数学在脑子里虚构了一个真实世界的镜像。

在数学上，芝诺悖论可以简化成如下的版本：一条线段包含了无穷多个点[①]。如果点有大小，无穷多个点的大小就必定无穷大，这条线段不可能有长度；如果点没有大小，这条线段也不会有长度，因为它是由一些没有大小的点构成的。

就数学发展而言，芝诺悖论真正要害的地方在于“如何处理无穷多个数相加”。如果

$$10+1+\frac{1}{10}+\frac{1}{10^2}+\cdots+\frac{1}{10^n}+\cdots=\frac{100}{9}$$

可以被接受，无穷多个“0”相加为什么不能是“0”？

直到2300多年后，数学家们针对这个问题给出了满意的回答。所谓无穷级数，是一种“可数无穷”，它意味着所有参与求和的数可以一个个地排列出来，然后依次相加，这在数学规则上是被允许的，其结果可能是一个有限的数。然而，一条线段上有无穷多个点则是一种“不可数无穷”，不可数无穷多个数是无法排列的，因此也是无法相加的，即使参与求和的数都是“0”也不行。点的“数量”与线的“长度”之间并没有必然联系。关于这些问题的讨论，我们接下来还会慢慢展开。

---

① 如果一条线段有有限个点，那么所有线段都是可公度的，而无理数的出现证明这是不可能的。

思考题

要将无穷多个数相加,即使是“可数无穷”,在物理意义上也是不可能完成的操作。要为无穷级数设计一个合理的数学定义,你会怎么做?

第11章
第一次尝试

芝诺悖论的出现直接冲击着人们的时空观念，导致在此后很长的一段时间，数学家都不敢触碰“无穷”这个概念。与亚里士多德一样，他们只敢承认无穷多个步骤这样的“潜无穷”(potential infinity)，而没有勇气去承认一条线段上有无穷多个没有大小的点这样的“实无穷”(actual infinity)。正因为如此，阿基米德错过了微积分的发明。

古希腊数学的辉煌仍然值得称颂，不只是那些令人着迷的算术和几何学命题，更是以“抽象”与“演绎”为核心的架构，使数学成为区别其他自然科学的独立学科。现代英语中所使用的“logic”(逻辑)一词正是源自希腊语中表示理性的用词“logos”。足见古希腊数学对后世影响之深远。强大的理性武器将最终帮助人类征服“无穷”世界的高峰。

只不过，第一次真正有益的尝试让人等了1000多年，到文艺复兴时期，人们才开始用完全数学化的方法去研究“无穷”。这次的主角是近代科学之父伽利略。

11.1 伽利略的悖论

伽利略作为实验科学的大力推崇者，打破了长久以来亚里士多德经院哲学的神秘垄断。他制作了第一架用于天文观测的望远镜，发明了温度计，对物体的重心、速度、加速度进行了深入而细致的实验研究，并且总结出了单摆运动规律。在他的坚持倡导下，数学与实验科学相结合，重塑了人们的物理观和精神世界。我曾经在伽利略任教过的意大利帕多瓦大学学习过一年，那里的物理系至今仍以伽利略的名字命名（见图11-1），延续着自他起数百年最高级别科学研究的传统。

图11-1 帕多瓦大学物理系

与物理学方面的杰出贡献相比，伽利略对于“无穷”概念的讨论并未在学术界掀起太大波澜，但其历史意义是不容忽视的。这是历史上第一份关于无穷集合问题的文件，也是公理化方法确立后对“无穷”概念第一次完全数学化的分析。它所关注的正是两个无穷集合之间一一映射的问题。确切地说，伽利略把我们在讨论两个匈牙利贵族如何比较金币数量时所作的总结，即两个集合间如果能够构造出一个一一映射，它们就拥有相同的元素个数，用到了无穷集合之上。一一映射，或者说一一对应，是数字诞生背后最重要的逻辑，也是数学抽象最基本的成果。它与“无穷”概念会碰撞出怎样的火花，令人期待。

1636年，伽利略的著作《两门新科学的对话》在荷兰出版，书中伽利略通过对话的形式描述了如下这个悖论。

先看图11-2中的三角形ABC，分别记边AB与边AC的中点为D和E，过D作边BC的垂线交BC于F，过E作边BC的垂线交BC于G。显然，对于线段DE上的每个点H，我们都可以通过作BC垂线的方式将之与线段FG上唯一一个点I对应，由此我们构造了一个从线段DE上点的集合到线段FG上点的集合之间的映射，这个映射是一个一一映射，因为它的构造方式是可逆的。如果通过构造映射比较有限集大小的方法对于无穷集合也成立，那么线段DE上的点与线段FG上的点就应该一样多。

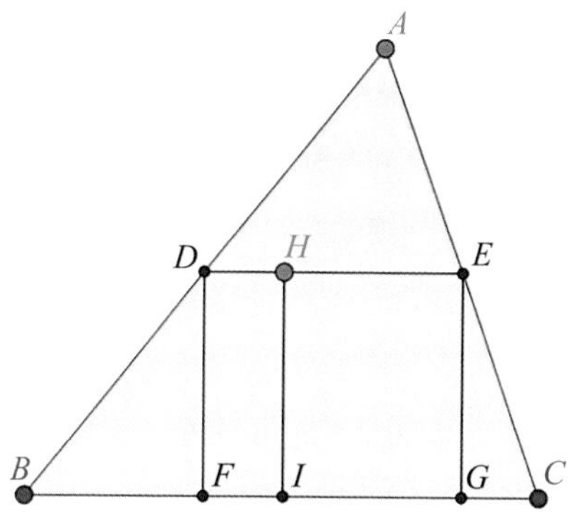

图 11-2　线段DE上点的集合到线段FG上点的集合之间的一一映射

另外，对于线段DE上的每个点，我们可以作连接它与点A的直线与BC相交，从而得到线段BC上的一个点，这样我们就构造出一个从线段DE上点的集合到线段BC上点的集合之间的映射。这个映射同样是一个一一映射，因为它也是可逆的（见图 11-3），于是线段DE上的点与线段BC上的点也应该一样多。

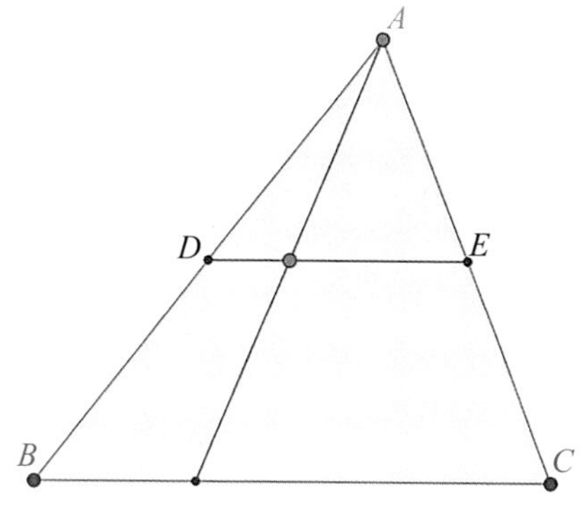

图 11-3　线段DE上点的集合到线段BC上点的集合之间的一一映射

现在问题来了，线段FG上的点与线段DE上的点一样多，线段DE上的点又与线段BC上的点一样多，那么线段FG作为线段BC的一部分岂不是拥有与整个线段同样多的点，整体与部分一样大？这可是直接违背了《几何原本》中的第五公理，即“整体大于部分”。伽利略通过一个精巧的转换把我们带到了一个不可思议的境地。

11.2　抽象与演绎的冲突

这一悖论的危险系数非常高，它不是普通意义上的语义模糊，而是数学思想之间的强硬碰撞。在这场碰撞中，一边是数学抽象的重要成果，一边是数学演绎的基本规则，两者发生了直接的冲突，要想延续“一一对应”的原则，就要推翻“整体大于部分”的公理；要想保住“整体大于部分”的公理，就不得不放弃“一一对应”的原则。无论我们舍弃哪一方，数学发展的已有成就都将面临系统性崩塌的风险。这一悖论的出现，让数学家们陷入了一个万分尴尬的境地。

伽利略的悖论不仅是几何学的大麻烦，也是算术研究绕不开的难题。我们考虑所有正整数组成的集合 $Z_+=\{1,2,3,\cdots\}$，然后定义一个从 Z_+ 到 Z_+ 的映射 f，f 将每个正整数 n 映到它的平方。显然 f 是一个单射，因为对正整数而言，$m^2=n^2$ 可以推出 $m=n$；但 f 并不是一个满射，因为不是所有的正整数都是某个整数的平方。因此，像的集合 $f(Z_+)$ 是整个集合 Z_+ 的一个真子集，而 f 给出了 Z_+ 到 $f(Z_+)$ 的一个一一映射。如果你承认构造一一映射可以比较集合之间的大小关系，那么集合 Z_+ 与它的真子集 $f(Z_+)$ 就具有相同的元素个数，这里再次出现了整体与部分一样多的“荒谬”事件。

而如果我们坚持“整体大于部分”，不再承认“一一对应”的抽象原则，算术理论将从此局限于有限个步骤的运算，无法朝无穷级数更进一步，因为一旦接受了

$$10+1+\frac{1}{10}+\frac{1}{10^2}+\cdots+\frac{1}{10^n}+\cdots=\frac{100}{9}$$

就没有理由去否定“不可数多个0相加等于0”。

11.3 伽利略的选择

面对自己提出来的悖论这一“怪胎”，伽利略没有给出破解的方法。他似乎更倾向于保留“整体大于部分”这一公理，同时采取了回避问题的态度。伽利略宣布：“所有的无穷都一样，不需要比较大小。”这标志着以完全数学化的方法定性“无穷”的第一次尝试以失败告终。

事实上，伽利略的悖论向我们提出了一个非常犀利的问题：当我们从有限集合过渡到无穷集合的时候，是否需要颠覆关于大小的固有观念？一

个无穷集合到底包含多少个元素,无穷集合之间是否真的可以比较大小?

数学发展不会故步自封,在人们的头脑还没能完全清醒的时候,身体就已经朝着微积分的发明大踏步前进。随着实数轴上一元函数的分析理论逐渐兴起,有关"无穷"概念的数学描述也变得无法回避了。

思考题

你能再构造出一个伽利略型的悖论吗?

第12章

无法回避的难题

为什么有关“无穷”概念的数学描述无法再回避了呢？这要从其根源深入探讨。

在相当长的一段时间内，数学发展一直依靠两条腿：一是几何图形，包括点、线、面、体等各个维度上的几何形状；二是算术结构，主要是指数字上的加法和乘法运算。开始的时候，这两条腿是揉在一起的，几何图形的长度、面积和体积的计算离不开算术方法，自然数各种数论性质的推导也需要借助几何形状。

古希腊毕达哥拉斯学派的大多数数学成果都是数形结合的典范，如他们对三角形数、正方形数和毕达哥拉斯定理等内容的研究（见图12-1）。毕达哥拉斯定理也就是中国的勾股定理：直角三角形两条直角边的平方和等于斜边的平方。

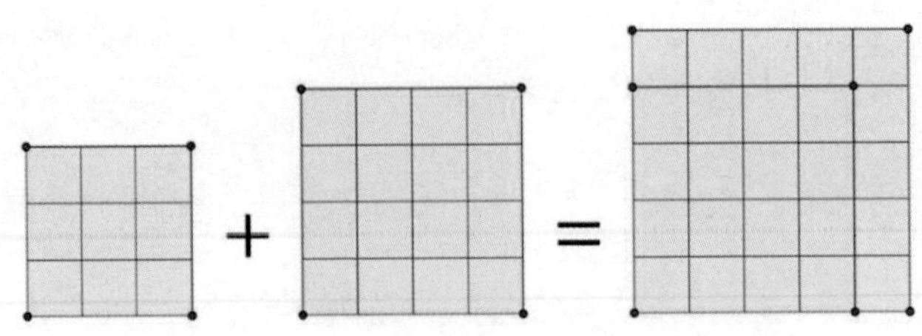

图12-1　通过正方形重排验证勾股数组

很快,几何图形与算术结构有了分道扬镳的迹象。公元前三世纪问世的《几何原本》是欧几里得的巅峰之作,同时也是古希腊数学的最高成就。在《几何原本》中,几何命题的证明首次被系统地纳入公理化体系,使几何性状的研究和几何图形间相互关系的考量取代了实用性计算,成了几何学的核心。同时,数论性质的推导也有了纯粹的代数方法,欧几里得明确了算术基本定理[①],首次用反证法证明了素数有无穷多个以及$\sqrt{2}$不是有理数。随后,“0”、负数及代数符号的发明使算术进入了一个快速发展的时期,从解方程出发,逐渐发展出一个独立的数学分支——代数学。

然而,正如伽利略悖论所揭示的那样,不管是几何还是算术,在“无穷”面前通通碰了钉子,它们要想再进一步,就必须克服这些困难。

12.1 封闭的疆域

先从算术开始探索。

之前我们介绍过,计数数是代表所有元素个数相同的有限集合的一种范式符号。尽管这个阐述十分拗口,但由于是从具体实物中抽象出来的数字符号,计数数理解起来没有任何困难。我们从幼儿时期,便用这种实物与数字的联想来训练数学思维和感知。而计数数集合上有两种最基本的运算:“加法”和“乘法”。它们从一开始就进入我们的视野。“加法”由计数过程抽象而来,而“乘法”则是若干个加法的复合运算。

从结构的角度来看,有一件事情是你应该注意的,那就是计数数集合对于加法和乘法都是封闭的。什么意思呢?就是无论你对计数数集合中的元素实施了多少次加法或乘法,最终得到的结果依然在这个集合内。这种封闭性对于数学法则的刻画有着非常重要的作用。同时,你还会发现,在计数数集合中,有一个元素“1”对于乘法运算有着特别的意义,它与所有计数数相乘都等于这个计数数本身。我们称它为计数数集合关于乘法运算的“单位元”。

乘法单位元在计数数集合中是唯一的,因为假如还有另外一个计数数

① 每个自然数都可以在不计因子顺序的情况下,唯一地写成有限个素数幂次的乘积。

“m”具有跟“1”同样的性质,我们会立即得到$m = m \times 1 = 1$。

这时,一个有趣的问题就产生了:对任意一个计数数m,是否存在另一个计数数n使$m \times n = 1$? 换句话说,计数数关于乘法是否存在“逆元”?“逆元”的存在能够使很多算术问题得到简化,如解方程

$$5 \times x = 10$$

就是在等式两边同时乘以5的逆元,得到$x = 2$。而更一般的,包含n个方程的n元一次线性方程组

$$A \cdot X = b$$

其存在唯一解的充分必要条件就是系数矩阵A关于矩阵乘法存在逆元。

所以逆元是否存在的问题非常重要,对计数数集合而言,除“1”之外,哪个元素都不会有乘法逆元。

的确如此,计数数集合无法满足乘法逆元的存在性要求。我们必须人为扩大集合的范围,以便形式上的乘法逆元能够存在。于是,分数自然而然地出现了,一个计数数m的乘法逆元就是$1/m$,而n/m则可以理解为n与m的乘法逆元相乘$n \times 1/m$。这些分数在计数数集合的基础上形成了一个新的数集,可以被称为计数分数集,这个集合不仅对乘法封闭,而且每个元素都有乘法逆元。

再来看加法。

计数数集合中并不存在关于加法运算的单位元。因为任何两个计数数m和n相加都会得到一个更大的数,即$m + n$永远不会等于m或n。既然加法单位元不存在,加法逆元也就没有讨论的意义了。计数数集合对于加法结构而言,实在是贫穷得可怜。那么我们能像乘法那样,扩充计数数的集合使其包含加法单位元和加法逆元吗?

你大概已经猜到0和负数的存在了。没错,0就是计数数集合的加法单位元,而负数就是计数数集合的加法逆元。这是因为0加上任何一个计数数m等于m本身,而对任何一个计数数m,我们有$m + (-m) = 0$。为了与计数数集合的乘法结构相匹配(都包含单位元),我们通常把0也纳入计数数的范围内,统称为自然数。这就是自然数集合也包含0的原因。

现在,让我们来梳理一下从计数数集合衍生出来的新数种:自然数——

计数数加上加法单位元;整数——自然数加上加法逆元;有理数——整数加上乘法逆元。计数数上的加法和乘法可以顺利地推广到这些新数种上。从算术结构的角度来看,我们最终得到的有理数集合已经相当完整了,因为全体有理数对于有限次的加、减、乘、除四则运算都封闭。

因此,如果仅考虑有限次的算术运算,那么从计数数和自然数中发展出无理数是没有希望的。即使从解方程的角度出发,把开方看成一种确实的算术运算(这会引入$\sqrt{2}$这样的无理数),我们也仍然无法达成目标,有理数经过有限次的加、减、乘、除和开方运算并不能生成所有的无理数,甚至都不能生成所有的代数数①。

12.2 几何能做的也有限

既然算术本身无法回避"无穷"概念的介入,我们可以尝试用完全几何的语言来发展算术。毕竟,整个实数集就是用一根直线来代替的,在纯粹的代数学诞生之前,所有对"数"的研究都要依赖几何图形,$\sqrt{2}$的第一次亮相就是作为边长为1的正方形的对角线。

要想实现这一目标,刻度尺和量角器就不能用了,你说我们能用刻度尺在纸上画一段π厘米长的线段吗?那不行。刻度尺和量角器都属于物理操作上的辅助工具,达不到数学意义上的完美精确。在实际操作中不管你多么细致,都没办法消除可能带来的误差。能用的就只有直尺和圆规,直尺用于连接两点作一条直线,圆规用于绘制圆。这就是所谓的尺规作图。自古希腊起,尺规作图就一直是数学作图的最高标准。它的使用规则虽然严苛,但能达成的效果非常强大,作图过程还往往展现出极致的美感,图12-2展示了

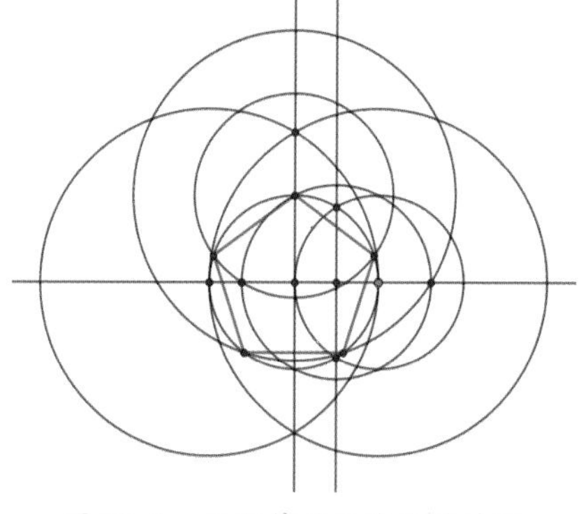

图12-2 尺规作正五边形的过程

① 代数数是指代数方程的根,如$\sqrt{2}$是方程$x^2=2$的根。

尺规作正五边形的过程。

从自然数集合出发，尺规作图能够完全实现加、减、乘、除和开平方运算。

尺规作图实现乘除法的核心是相似三角形原理。

如图 12-3 所示，在数轴上确定一个点 O，作线段 $OA = 1$，$OB = x$（不妨设 $x > 1$）。我们利用尺规作图，过 O 点作 OB 的垂线，并在这条垂线上作线段 $OC = y$，连接 AC。接下来，利用尺规作图，过 B 点作 AC 的平行线交 OB 的垂线于 D。线段 OD 的长度就是 $x \cdot y$，因为三角形 OAC 与三角形 OBD 相似。至于 x 与 y 的商 x/y，也是利用相似三角形原理，因为 x/y 与 x 的比值等于 x 与 $x \cdot y$ 的比值。

如图 12-4 所示，尺规作图也能方便地实现开平方运算，对具体细节感兴趣的读者可以自行推导。

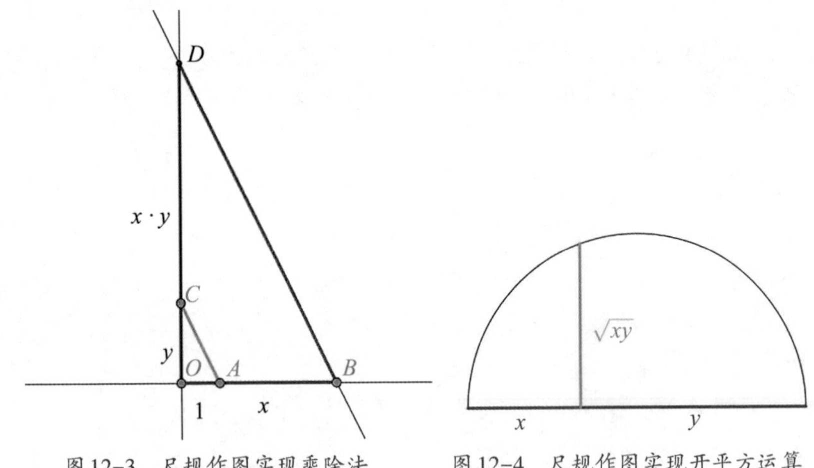

图 12-3　尺规作图实现乘除法　　图 12-4　尺规作图实现开平方运算

所以，一旦确定了单位长度（相当于自然数“1”），尺规作图能够完全实现有理数的加、减、乘、除和开平方运算。但尺规作图也不是万能工具，它能做的，也就仅限于此了。从基本操作来看，尺规作图只能做以下 5 件事情。

（1）连接两点作一条线段或直线。

(2)以固定点为圆心,固定长为半径作圆。

(3)确定直线与直线的交点。

(4)确定直线与圆的交点。

(5)确定圆与圆的交点。

当我们确定了原点,数轴和单位长度之后,所有新的点只能通过后三种操作方式产生。能否作出一条给定长度的线段,取决于联立直线或圆方程,会解出的根。

这些联立后,化简得来的方程都是一元二次方程(直线与直线相交除外),而一元二次方程

$$ax^2 + bx + c = 0$$

的求根公式是

$$x = \frac{-b \pm \sqrt{b^2 - 4ac}}{2a}$$

因此从单位长度1出发,尺规作图事实上只能作出经过有限次加、减、乘、除和开平方运算所得到的量。

辛苦了一圈,几何作图并没能跳出算术运算的瓶颈,从自然数出发还是无法得到所有的实数,想要用完全几何的语言解释整个实数集合的算术依然无法办到。在一元函数的分析学逐渐兴起后,仍然简单地把一根数轴当成整个实数集合是一件非常危险的事情。实数集里的元素长什么样?如何运算?这些基本的事情从数轴上根本看不出来。

德国数学家戴德金曾有过一个非常犀利的评价:人们对数轴的算术基础缺乏认识,以至于连$\sqrt{2} \times \sqrt{3} = \sqrt{6}$这样基本的事情都没有严格证明过。

12.3 数学界的思想解放

数学界迫切需要一场面向“无穷”问题的思想解放。而数学家也不负众望,立刻行动起来,他们大概是地球上最具创造力的群体之一,他们毫不犹豫地就把“有理数集对有限次的加、减、乘、除四则运算都封闭”中的“有限”改成“无穷”。这一思想解放给数学发展带来异常深刻的变化,众多涉

及“无穷”的精彩公式如雨后春笋般冒了出来。

1593年法国数学家韦达发现

$$\frac{2}{\pi}=\frac{\sqrt{2}}{2}\times\frac{\sqrt{2+\sqrt{2}}}{2}\times\frac{\sqrt{2+\sqrt{2+\sqrt{2}}}}{2}\times\cdots$$

1650年英国数学家沃利斯发现

$$\frac{\pi}{2}=\frac{2\times 2}{1\times 3}\times\frac{4\times 4}{3\times 5}\times\frac{6\times 6}{5\times 7}\times\cdots$$

1671年苏格兰数学家格雷戈里发现

$$\frac{\pi}{4}=1-\frac{1}{3}+\frac{1}{5}-\frac{1}{7}+\cdots$$

1748年瑞士数学家欧拉发现

$$e=1+\frac{1}{1!}+\frac{1}{2!}+\frac{1}{3!}+\cdots$$

这些公式的发现充分说明了我们的结论:有理数集对有限次的加、减、乘、除四则运算封闭,可一旦把“有限”改为“无穷”,人们就将到达另一片广阔的天地,无理数由此诞生。千万不要认为我只是举了一些特例,事实上所有的无理数都可以通过这种方式产生,无一例外。

然而,正如大家所见,数学家对“无穷”概念的理解还处于混沌不清的状态。尽管涉及无穷运算的公式层出不穷,但这些公式中等号的含义仍然相当粗糙,甚至还出现过一些相当荒谬的结论,比如

$$1-1+1-1+1-1+\cdots=\frac{1}{1-(-1)}=\frac{1}{2}$$

人们对此感到恐慌和不安,还是完全可以理解的,实数集的构建、实数轴的算术基础,这些基本问题的解决不能再拖了。

思考题

参照欧几里得公理化方法的思路,不谈实数集的具体定义,你能谈谈一个满足分析学发展需求的实数集应该具有哪些性质吗?

第13章

探寻之路

让我们试着为第12章留下的思考题寻找一个答案，我们必须为有理数集之外那些显而易见的新发现找到安身立命的场所，同时与数学研究的传统观念完美兼容，而不是背道而驰。

什么是与数学研究的传统观念完美兼容？

从算术结构的角度来看，如果这个尚未被构建的“实数集合”确实存在，它应该是有理数集的一个扩充，并且附带了从有理数集扩展而来的加、减、乘、除四则运算。这些运算满足通常人们印象中四则运算的良好性质，并且与有理数集一样，对有限次的运算封闭。

所以，我们写下如下第一个条件。

(1)实数集R包含有理数集，R上有两种封闭运算($+$、$\times$)限制在有理数集上与通常的加法和乘法相同。R关于运算($+$、$\times$)存在单位元和逆元，并且满足交换律、结合律和分配律。

另外，从几何直观上来看，“实数集”就是数轴，它与一根两端无限延展的直线无异，因此，可以呈现直线所具有的一些基本特征。首先，直线上任何两个不同的点总是分居“左右”，在直线上随便找两个不同的点B和C，要么B在C的左侧，要么B在C的右侧，只会出现其中一种情况(见图13-1)，不可能B既在C的左侧又在C的右侧。其次，直线没有界限，它的两端无限延伸。最后，直线是连续、没有缝隙的。假如我们手里有一把理想状态下没有厚度的刀，对着直线一刀砍下去，一定能砍到上面唯一的一个点。比照这些特征，再结合我们对数轴的认知，实数集R如果可以被具体地构建出来，还应该满足下面三个条件。

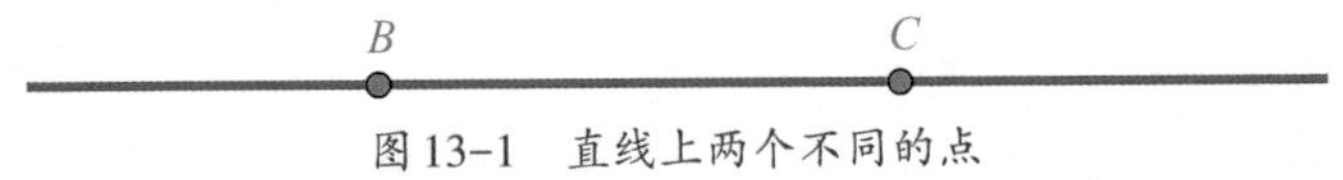

图 13-1　直线上两个不同的点

(2)可比性：实数集R中的任意两个元素x和y都可比较大小。

① $x > y$、$x = y$、$x < y$三者必居其一。

② $x > y$和$y > z$可以推出$x > z$。

③ R的大小关系与算术结构相容，$x > y$可以推出$x + z > y + z$，$x > y$和$z > 0$可以推出$xz > yz$。

(3)无界性：实数集R中既没有最大元，也没有最小元，对任意一个元素b，我们能找到一个整数n，使$n > b$。

(4)连续性：如果实数集R可以写成两个非空子集的无交并$X \cup Y$，且X中的任意元素都大于Y中的元素（相当于R被一刀分成了两半），则要么Y有最大元而X无最小元，要么X有最小元而Y无最大元（这一刀砍到唯一的一个点，R没有缝隙）。

还需要别的条件吗？不需要了。数学家最终发现，如果一个集合满足上面所说的(1)～(4)这4个条件，我们就可以把它与数轴等同起来，实数轴被赋予了算术基础，在它上面发展一元函数的分析学是安全而充分的。此后，(1)～(4)这四个条件就被人们称为实数公理。需要说明的是，条件(3)严格来讲不是一条公理，它可以从条件(4)推导出来，由于它最早出自阿基米德的著作，因此称为实数的阿基米德性质。

连续性公理有一系列等价形式，感兴趣的读者可以找一本“数学分析”课程的教材，参考实数理论的部分仔细品读。

13.1 实数的模型

关于详细的推导过程，我们暂且搁置一旁。接下来，为上面描述的实数公理寻找合适的载体，我们称之为实数的模型。毕竟，如果手里只有一堆看得见摸不着的公理，而不能具体地把满足这些公理的集合构造出来，那么我们所做的一切就像是镜花水月和空中楼阁，无法给人带来安全感。

谁会是实数模型的“最佳人选”呢？

我们最先想到的就是“无限小数”，这个印象太深刻了，几乎一瞬间在脑海中浮现。任何一个有理数都可以转化为无限循环小数的形式，只需再往前一步，考虑无限不循环小数，无理数便可以被包含进来了。

事实上，在初中数学中，“无限小数”也正是数轴以外实数集合的化身，任何一个实数都可以被写成下面的形式

$$a = a_0.a_1a_2a_3\cdots$$

其中每个a_i都是整数并且对所有的$k \geqslant 1$，有$0 \leqslant a_k \leqslant 9$。

看上去非常完美，对不对？

然而，如果你真把“无限小数”系统与实数公理进行对照，就会遇到一连串颠覆三观的困扰。

两个无限不循环小数

$$a = a_0.a_1a_2a_3\cdots$$

和

$$b = b_0.b_1b_2b_3\cdots$$

该如何定义加法和乘法呢？如果按照$k = 0,1,2,3,\cdots$的顺序分别将a_k与b_k相加或相乘，请问我们应该如何处理小数部分的进位问题呢？如果按照进位运算的法则从最后一位开始计算，无限不循环小数哪里来的最后一位？

有一句话放在这里很贴切：老鼠拉龟，无处下手。

“无限小数”系统的算术结构暂且放到一旁，来看看“可比较性”，任意两个无限小数如何比较大小？

直观的想法是按照$k = 0,1,2,3,\cdots$的顺序依次将a_k与b_k进行比较，一

且出现某个 $a_k > b_k$，我们就判定 $a > b$，反之亦然。这个想法很明显来自有限小数之间大小关系的比较，虽然推广到无限小数之后无法保证可以在有限步之内判定两个给定实数的大小，但至少在理论上是一种合乎逻辑的方式。

只不过按照这个比法，请问1.000…和0.999…谁大？

我们知道实数公理要求在任何两个不同的实数之间都能够找到第三个实数，如果笃信1.000…大于0.999…（因为在整数部分已经出现了1大于0），那么，我们还能在这两个不同的无限小数之间再插入一个无限小数吗？

做不到吧？实数模型出现了缝隙，“连续性”条件被打破了。

然而，如果抛弃这个比法，任意两个无限小数之间的大小，还能用什么方法进行比较呢？

实在令人尴尬，被我们寄予厚望的“无限小数”系统，它似乎并不是那么完美的选择。

问题其实出在“无穷”上，“无限小数”事实上蕴含在一个更为广阔的空间中，每个无限小数

$$a = a_0.a_1a_2a_3\cdots$$

都可以转换成一个标准的无穷级数求和

$$a = a_0 + \frac{a_1}{10} + \frac{a_2}{10^2} + \frac{a_3}{10^3} + \cdots$$

毫不夸张地说，谁解决了无穷求和的问题，谁就握住了真理之门的钥匙。

13.2 混乱的状况

如果没有接受过高等数学的训练，面对一个无穷级数时，我们最先想到的问题是什么？我想无外乎有两个：一是无穷多个数相加是什么意思？二是无穷多个数相加等于一个数，应该如何理解？

在数学领域，第一个问题的答案被称为“收敛”，第二个问题的答案被称为“极限”。

最直观的想法当然是:把所有的数都加起来。这个想法听着很有道理,但数学家很快发现,这句话说了跟没说一样,因为它既不具备现实的可操作性,又没有数学上的明确含义。即使我们面对的是“可数无穷”,被加数可以一个个排列出来,并按顺序一一相加,但这个过程也不会有终点。不管你按了多少次计算器,剩下需要相加的元素依然有无穷多。从这个角度来说,我们甚至都不知道自己是否越来越接近事情的真相。

更为可怕的是,这种过于直观的想法会导致人们对无穷级数进行各种想当然的“非法”操作,比如

$$1-1+1-1+1-1+\cdots$$

既可以等于

$$(1-1)+(1-1)+(1-1)+\cdots=0+0+0+\cdots=0$$

又可以等于

$$1+(-1+1)+(-1+1)+\cdots=1+0+0+\cdots=1$$

伟大的莱布尼兹甚至认为

$$1-1+1-1+1-1+\cdots$$

有一半的可能等于0,有一半的可能等于1,所以应该等于1/2。

当时的数学家正沉浸在微积分带来的巨大兴奋之中。无论是数学、物理学,还是天文学,以前解决不了的问题似乎在用了微积分后都能够迎刃而解。他们忙着攫取更大的成果,在制定无穷级数的运算规则时毫无顾忌,一片混乱。而作为理性、客观的审视者,我们必须抛开固有的直观印象,在数学中寻找无穷级数的精确含义,并赋予它严格的数学表达。

13.3 柯西与极限

历史上,第一个系统研究无穷级数收敛性问题的数学家是法国人奥古斯丁·路易斯·柯西。这是一位超级厉害的数学家,高等数学中充斥着以他的名字命名的公式、定理和方法。柯西对分析学,特别是分析学的严密化做出了重要的贡献。尽管他的许多定义和论证都喜欢用文字的方式来描述,而严格的数学表达要归功于现代分析学之父魏尔斯特拉斯,但人们仍

然认识到柯西的工作事实上已经清楚地显示出他对收敛与极限问题的处理,已经具有了魏尔斯特拉斯工作的雏形。

正确处理收敛与极限问题的第一步是把无穷级数在每个加号处截断,如对一个无穷级数

$$\sum_{k=0}^{\infty} u_k := u_0 + u_1 + u_2 + \cdots + u_k + \cdots$$

和任意的自然数$n \geqslant 0$,我们定义前n项和为

$$S_n = u_0 + u_1 + u_2 + \cdots + u_{n-1}$$

称为级数的部分和。

级数的部分和是一些明白无误的数,因为每个部分和都是由有限个数相加得来的,这在实际操作上和数学意义上都十分明确。关键是如何利用这些部分和的变化趋势来刻画整个级数的运算结果,这是从有限过渡到无穷的关键一步。

合乎逻辑的想法是,当这些部分和随着n的增大越来越接近某个固定的数S时,这个数S就可以当成整个无穷求和的结果。虽然"越来越接近"这样的表述很不数学,但数学家们确实走在了正确的道路上,因为部分和的提出杜绝了随意合并求和项或交换求和顺序的行为,使今后在谈论无穷级数时,顺序就是一个不能随意变更的要素。

柯西的工作进一步明确了前辈们口中"越来越接近"的含义:对充分大的n,$S_n - S$的绝对值小于任何指定的量。虽然柯西在定义"充分大的n"和"任何指定的量"方面并未给出具体表述,但他为我们提供了一个数学上明确作出判断的方法。今天数学界所通行的"收敛"和"极限"概念,就是在这个表述的基础上精确而来的。

采用魏尔斯特拉斯的表述,柯西的思想可以表述为:对任意实数$\varepsilon > 0$,存在自然数N,使不等式$\left|S_n - S\right| < \varepsilon$对一切$n > N$成立。此时,$S$就称为数列$\{S_n\}$的极限,记为$\lim\limits_{n \to \infty} S_n = S$,而级数$\sum\limits_{k=0}^{\infty} u_k$称为收敛级数,其和为$S$。若不存在满足上述条件的$S$,则称$\sum\limits_{k=0}^{\infty} u_k$是一个发散级数。

这就是著名的ε-N语言,是高等数学入门课程中不可或缺的部分,它在现代数学中的地位毋庸置疑。可以说,从有限到无穷,正是初等数学与高等数学的分水岭。

13.4 柯西收敛准则

一般而言,N的选取依赖给定的实数$\varepsilon > 0$,ε越小,N就必须越大。这很符合人们思考极限问题时的最初想法:要想越接近无穷求和的最终结果,就必须计算足够多的求和项。

值得一提的是,数列$\{S_n\}$以S为极限并不意味着$|S_n - S|$随着n的增大单调递减,这是初学者常常产生误会的地方。举个例子,数列$\left\{S_n = \frac{1}{n+1}\sin\left[(n+1)\frac{\pi}{2}\right]\right\}$以0为极限,但$|S_n|$就不是单调递减的,因为

$$|S_n| = \begin{cases} \frac{1}{n+1}, & n\text{为偶数} \\ 0, & n\text{为奇数} \end{cases}$$

随着n的增大,$|S_n|$中将交替出现0和越来越小的正数。柯西和魏尔斯特拉斯的工作,为极限问题提供了精准的数学表达,此后人们在处理分析学问题时就有了坚实的逻辑基础。自此,我们再也不用为阿基里斯与乌龟的赛跑结果感到困惑了。

由等比数列构造的无穷级数在数学上十分常见,它们有一个专属的名称:几何级数。几何级数的一般形式为$\sum_{k=0}^{\infty} aq^k$,其中a为首项,q为公比。其实人们很早就知道它的形式和为$\frac{a}{1-q}$,只不过没有明确它的适用范围是$-1 < q < 1$,当$|q| \geqslant 1$且$a \neq 0$时,几何级数$\sum_{k=0}^{\infty} aq^k$事实上是一个发散级数,和是不存在的。

在柯西和魏尔斯特拉斯之前,人们并不清楚这一点,就连被誉为分析学巨匠的大数学家欧拉也闹过笑话,他误以为级数1−1+1−1+…的和是1/2

这一结论与莱布尼兹惊人的一致，因为他判断这是一个首项为1，公比为-1的几何级数。

柯西和魏尔斯特拉斯关于级数收敛的定义澄清了以往似是而非的结论。但是，他们所选择的方式也并非完美无缺。在逻辑上，他们关于收敛的定义有一个微小的“瑕疵”：我们不能在未知极限是什么的情况下，判断级数是否收敛。

这意味着，使用魏尔斯特拉斯的语言证明一个数S“是”或“不是”某个级数的和，但不能脱离了S单独讨论这个级数的收敛性。在把一个无穷级数的和真正算出来之前，我们大多时候无法确定这个级数是否收敛。这极为不便，更严重的是，它有可能让我们在构造实数模型时陷入一个循环定义的尴尬境地。

因此，下面这个由柯西提出来的“收敛准则”就显得非常重要了。

柯西收敛准则：无穷级数$\sum_{k=0}^{\infty} u_k$收敛，当且仅当对任意的$\varepsilon > 0$，存在自然数N，使不等式

$$\left|S_m - S_n\right| < \varepsilon$$

对一切$m > n > N$成立。

这一结论说明我们在判断一个无穷级数是否收敛时，可以仅依赖级数本身，而无须去寻找一个潜在的极限作为参照。这让人们心里的一块大石头落了地。但颇为幽默的是柯西自己只证明了“准则”的必要性，对于充分性的证明他束手无策。他哪里能想到这个“准则”的充分性与实数的“连续性”公理等价①，从某种意义上说，压根就不是证出来的。

柯西的疑惑只能交给后人解答了。

思考题

你能举一个实际生活中的极限例子吗？

① 在承认阿基米德性质的前提下。

第14章

实数轴的重生

1845年3月3日，在俄国圣彼得堡，一个犹太血统的富商家庭迎来了新生命，与大多数初为人父的男人一样，婴儿的父亲既紧张又喜悦，对儿子抱有很高的期待，心里盼着他能成为一名富有的商人或受人尊敬的工程师。但这位父亲恐怕不敢想象，这个儿子将来会有一番超越时代的作为。这个男婴就是19世纪数学界的大英雄，实数轴算术基础问题的终结者之一，朴素集合论的创始人乔治·斐迪南·路德维希·菲利普·康托尔。

在实数轴建立算术基础的道路上，走在前列的数学家有法国人梅雷，他是法国数学界拥护数学算术化的改革先锋。他于1869年率先提出了无理数的一个算术理论，可惜当时法国主流数学家对此并不感兴趣。随后，在1871年，德国数学家戴德金给出了一种不同的方法，这种方法的思想可以追溯到《几何原本》，现在已经成为构造实数集的经典方式，即人们常说的戴德金分割。这一方法在大多数《数学分析》教材中都会被提到，我们在前面章节中引入的实数的"连续性"公理采用的就是戴德金的表述。

康托尔被柯西的工作深深吸引，他希望在此基础上给出另一种无理数的定义方式。这种方式以收敛数列本身代替极限，更具有普遍推广的可能，后来的数学发展证实了这一点，所有的"距离空间"都可以采用这套方法进行完备化。但仔细想来，康托尔的理论并无玄妙之处，它几乎是分析学从开创、发展、繁荣到严密化进程中必然会发生的事情。用一句常言来说：康托尔正是站在了巨人的肩膀上。

14.1 康托尔的实数模型

为了理解康托尔的理论，我们先把无穷级数的“收敛”概念翻译成数列的“收敛”概念。

大家知道，无穷级数和数列之间是可以相互转换的，第13章的内容已经描述了转换的一个方向：任给一个无穷级数 $\sum_{k=0}^{\infty} u_k$，它的部分和构成了一个数列 $\{S_n\}$。反过来，任给一个数列 $\{a_n\}$，倘若定义 $u_0 = a_0, u_1 = a_1 - a_0, \cdots, u_k = a_k - a_{k-1}, \cdots$，我们就得到一个无穷级数 $\sum_{k=0}^{\infty} u_k$，它的部分和恰好是 $S_n = a_n$。于是级数收敛的概念可以平行地移植给数列收敛。

如果对任意 $\varepsilon > 0$，存在自然数 N，使不等式 $|a_n - a| < \varepsilon$ 对一切 $n > N$ 成立，则称数列 $\{a_n\}$ 以 a 为极限，或称当 $n \to \infty$ 时，数列 $\{a_n\}$ 收敛到 a，记为 $\lim_{n \to \infty} a_n = a$。

事实上，以我们一贯推崇的观点看，我们是在全体无穷级数组成的集合与全体数列组成的集合之间，构建了一个一一映射。这个一一映射使我们可以不加区别地谈论两个不同集合上的收敛概念。

在有了数列极限的概念后，那些引进无理数的人，普遍采用了一种表述：无理数是一个以有理数为项（但不收敛到有理数）的数列的极限。然而，正如我们在第13章所做的提示那样，这些人不经意陷入了一个循环定义的陷阱：如果一个以有理数为项的数列的极限是个无理数，这在逻辑上是不存在的，因为此时无理数还没有被定义。

因此，康托尔在定义无理数时，采用了数列版本的“柯西收敛准则”。这使他可以脱离具体的极限来谈论数列的收敛性质。康托尔从有理数集出发，定义了一种“基本序列”，每个基本序列 $\{a_n\}$ 都是由有理数构成的，并且满足条件：对任意有理数 $\varepsilon > 0$，存在自然数 N，使不等式

$$\left|a_m - a_n\right| < \varepsilon$$

对一切$m > n > N$成立。这样的基本序列当然很多，它们构成了一个集合，记为Λ。通过把无限小数$a = a_0.a_1a_2a_3\cdots$映到数列$\left\{a_n = a_0.a_1a_2a_3\cdots a_{n-1}\right\}$，小数集合(从而有理数集合)也可以看成$\Lambda$的一个子集。

与无限小数模型不同，我们可以用一种显而易见的方式定义Λ上的算术运算和大小关系。

(1)加法：$\left\{a_n\right\} + \left\{b_n\right\} = \left\{a_n + b_n\right\}$。

(2)乘法：$\left\{a_n\right\} \times \left\{b_n\right\} = \left\{a_n \times b_n\right\}$。

(3)大小关系：$\left\{a_n\right\} > \left\{b_n\right\}$当且仅当存在自然数$N$和一个大于0的有理数$c$，使不等式$a_n - b_n > c$对一切$n > N$成立。

大家可以进行尝试，不需要用太多繁杂的技巧就能够证明这些定义都是合理的，并且满足实数公理(1)～(3)所要求的全部条件。

最后，还剩下一块难啃的骨头。

14.2 1.000…等于0.999…吗

在集合Λ中，1.000…可以写成基本序列{1, 1, 1, 1, …}，0.999…可以写成基本序列{0, 0.9, 0.99, 0.999, …}。

根据Λ上大小关系的定义，1.000…既不大于0.999…，又不小于0.999…。为了使关系“大于”“等于”“小于”总是满足三者必居其一的条件，我们唯有认为1.000…与0.999…相等。

可{1, 1, 1, 1, …}与{0, 0.9, 0.99, 0.999, …}明明就是两个不同的基本序列，怎么可能相等呢?

类似的疑惑并不止这一个，就如同圆的周长既可以看成圆内接正多边形周长的极限，也可以看成圆外切正多边形周长的极限，任意一个无限不循环的小数总是可以在两个方向上被有理数列逼近。

这提示我们，集合Λ太大了，应该“强行”让其中的某些元素相等。这就是数学上常见的“等价关系”分类方法。形象地说，等价关系提供了如

“物以类聚，人以群分”的法则。由于相互等价的数学对象可以被视为同一个事物来处理，数学家们更关心的是数学对象按照某种等价关系划分后的世界。这在数学上被称为分类问题，而纯粹数学领域内的大多数核心问题，本质上都是分类问题。

什么是等价关系呢？它是集合S上的一个二元关系~，满足以下三个条件。

(1)反身性：集合S中的每一个元素x都与其身等价，即$x \sim x$。

(2)对称性：若集合S中的元素x与y等价，则y与x等价，即$x \sim y$推出$y \sim x$。

(3)传递性：若$x \sim y$且$y \sim z$，则$x \sim z$。

根据这三个性质，当你在某个集合里引入一个等价关系后，这个集合中的元素就会自动抱团，分化成许多个互不相交的子集，每个子集称为一个等价类，整个集合就是所有等价类的无交并。

让我们举一个例子。不妨想象一下，在你们班所有男生组成的集合里引入一个称为“情敌”的等价关系：男生A与男生B等价，如果他们喜欢同一个女生。这是一个严格意义上的等价关系，你可以证明它满足上面列出的全部条件。例如，“传递性”，张三和李四喜欢同一个女生，李四又和王二麻子喜欢同一个女生，那张三和王二麻子喜欢的自然是同一个女生。如此一来，你们班所有的男生在等价关系的引导下，划分成若干个不同的阵营，每个阵营里的男生都有一个共同的女神。这些不同的阵营就是关于“情敌”关系的等价类，不同等价类里的男生可以团结友爱，同一个等价类里的男生就只能相互死磕了。

当然，在这个例子中，我们假定了你们班的男生都比较专一，不会同时喜欢两个以上的女生。

现在，回到所有“基本序列”构成的集合Λ，康托尔引进了一个等价关系~，两个基本序列$\{a_n\}$与$\{b_n\}$等价，当且仅当数列$\{a_n - b_n\}$收敛到0。大家可以验证一下，这确实满足等价关系的三个性质，在证明传递性时，用到了三角不等式$|a_n - c_n| = |a_n - b_n + b_n - c_n| \leqslant |a_n - b_n| + |b_n - c_n|$。于是整个

Λ被分成许多个等价类，这些等价类组成了一个新的集合$\Lambda/\sim$（称为商集），康托尔定义实数集R就是商集$\Lambda/\sim$。这个定义解决了1.000…与0.999…必须相等的问题：两个不同基本序列的差若是收敛到0，它们代表同一个实数。

14.3 坚实的基础

在解决了1.000…等于0.999…的问题后，数列极限的唯一性得以确定，乘法逆元的存在性和唯一性也得以确认，建立实数轴的算术基础走到了最后一步：为实数集验证"连续性"公理。由于在具备阿基米德性质的前提下，柯西收敛准则的充分性等价于实数的"连续性"公理，因此我们相当于要证明R上的柯西收敛准则。

尽管这绝非易事，我仍然鼓励有兴趣的读者独立进行推导，证明过程包含"柯西列"概念更为复杂的应用（如柯西列的柯西列）、极限问题中常用的不等式放缩技巧等，这无疑是分析学思维的一次极佳训练。而且，我们很难在一般通行的教科书上找到这个问题的直接答案。

完成这个步骤后，实数轴的算术基础就算建立起来了，今后终于可以放心大胆地使用实数轴的概念了。这真是一个想象一下都会令人高兴的场景，谁能想到，要理解我们在孩提时代便接触的实数轴概念，数学家们居然经历了如此多的困难和波折。数学并非我们想象的那样"天生丽质"，唯有勇于探索的数学精神才真正迷人。

思考题

除了康托尔的"柯西列"模型，你还能想到别的实数模型吗？

第15章

芝诺悖论的数学终结

在康托尔建立实数理论之后,我们可以回到引发人类上千年困惑的芝诺悖论上来,正如之前我们介绍过的,亚里士多德提出的“潜无穷”和“实无穷”可以用明确的数学语言进行区分。

1874年,康托尔的论文“关于一切代数实数的一个性质”在久负盛名的数学期刊《克雷尔杂志》发表,立刻引起了整个学界的轰动。在这篇论文中,康托尔不仅定义了可数无穷集合(最小的无穷集合),更证明了有理数集是一个可数集,而实数集不是。这就为芝诺悖论提供了数学意义上的终结。

康托尔的思想基于“一一对应”原则,他并未被伽利略的悖论吓倒,而是在集合论的范畴内,大胆抛弃了“整体大于部分”的公理,这可以称得上一项划时代的伟大成就。

15.1 可数无穷集合

康托尔的出发点是正整数集,这是人们所能想象到的最简单的无穷集合,我们给它一个符号Z_+。

Z_+里的所有元素可以一字排开1,2,3,…,有起点却看不到尽头,一旦你取定了一个足够大的n,$n+1$又是一个更大的正整数,正如古人所言:

"子子孙孙无穷匮也。"这使Z_+不可能是一个有限集,同时正整数集也是最小的无穷集合,因为从"一一对应"的角度来看,但凡一个集合S包含了无穷多个元素,S中就一定可以找到一个子集与Z_+建立一一对应[①]。

既然Z_+在所有的无穷集合中有着基本的重要性,那么康托尔给出了一个定义:所有可以与正整数集建立一一对应的集合被称为可数集,它们是最小的无穷集合。

所谓的可数集,是指这个集合里的所有元素可以按照某种顺序一个个排列出来。

除Z_+以外,所有整数组成的集合$Z=\{0,-1,1,-2,2,\cdots\}$也是可数集,进而Z中所有的无穷子集都是可数集,如所有奇数组成的集合、所有偶数组成的集合、所有平方数组成的集合等。

在康托尔的眼中,伽利略提出的悖论很正常,无穷集合与有限集有着天壤之别,不能要求无穷集合要拘泥于有限集的性质。康托尔甚至得出一个深刻的结论:一个集合有无穷多个元素,当且仅当这个集合可以与自己的某个真子集建立一一对应[②]。这一发现抓住了无穷集合的本质。

15.2 不平凡的可数集

整数集合的可数性非常直观,因为整数集中的元素具有一种自然的排序方式:按大小。我们真的可以按照绝对值从小到大,把所有整数都排列出来。

是否存在看似没那么平凡的可数集呢?

康托尔回答:有的,就是所有有理数组成的集合。这是康托尔工作中第一个令人惊奇的结论。

有理数集这个集合很有意思,因为它在数轴上是稠密的,什么意思呢?任给两个有理数$a<b$,无论a和b有多么接近,都能在它们中间再找到一个有理数c,使$a<c<b$。换言之,有理数集在数轴上的分布"密密麻麻",没有间隙。这与整数在数轴上的分布明显不同,而这个性质却带来了一个棘

---

① 严格证明需要用到选择公理。

② 利用任意无穷集合包含可数子集的事实,感兴趣的同学可以自行推导。

手的问题：如果你想按照大小关系给有理数进行排序，那纯粹是自讨苦吃，每当排好两个中间又会冒出第三个，永远也排不完。

这种奇怪的集合也是可数集吗？的确是，康托尔找到了一个绝妙的证明方法。

首先，全体有理数除0以外都是一正一负成对出现的。因此只要证明全体大于0的有理数组成的集合是一个可数集，我们就完成了证明。如此，康托尔把所有的正有理数平铺在一个无边界的表格中，表格中的第一行是分母为1的有理数，按照分子为$\{1, 2, 3, \cdots\}$，即按照正整数的顺序排列；第二行是分母为2的有理数，排序方式与第一行一致；第三行是分母为3的有理数；第四行是分母为4的有理数。

以此类推，康托尔得到了一个填满所有正有理数的方形表格，只不过这个表格的行数和列数都是可数无穷大。如果我们用$a_{m,n}$来表示这个表格中位于第m行第n列的那个元素，那么$a_{m,n} = \frac{n}{m}$。

现在，对每个正整数$k \geqslant 2$，我们构造一个集合

$$S(k) = \left\{a_{m,n} | m + n = k\right\}$$

这是一个有限集，描述了表格中第$k - 1$条反对角线上的元素，当k走遍所有大于等于2的正整数时，所有的$S(k)$并在一起就覆盖了表格中所有的有理数。

现在，正有理数集是一个可数集的结论已经呼之欲出了，只需要对每个$S(k)$中的元素规定一个排序，然后按照$k = 2, 3, 4, \cdots$的顺序将$S(2)$、$S(3)$、$S(4)$、$\cdots$中的元素串在一起（重复出现的元素保留第一个，其余删掉），就能得到全体正有理数的一个排序方式，如图15-1所示。

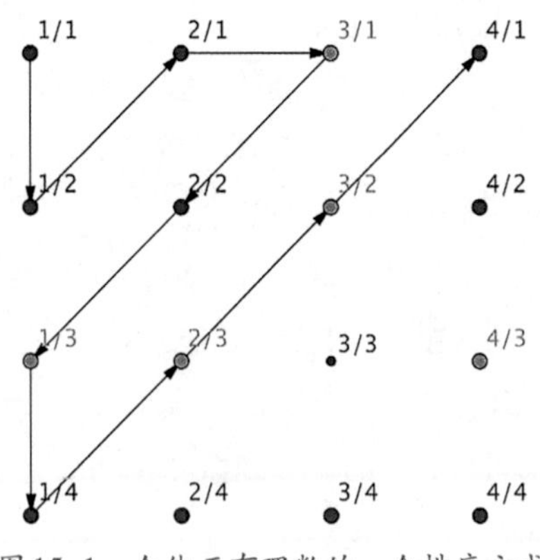

图15-1 全体正有理数的一个排序方式

15.3 实数集合不可数

现在让我们转向“实无穷”,康托尔的论文最精彩的地方是揭示了“无穷集合”的不同可能性。实数集合与有理数集不一样,是一个实实在在的不可数集。为了证明这一结论,康托尔给出了一个引理:一条有限长度线段内的点与一条无限长直线上的点一一对应。

这个引理可以说比伽利略的悖论更夸张,不同长度线段的点可以一一对应,无限长的直线也可以吗?难道长度与点的个数之间完全没有关系?不管你相不相信,这个引理确实是逻辑上不可推翻的事实,康托尔的证明简单而巧妙,只要简单的图示,你就能明白。

以半圆AB为媒介,康托尔证明了实数轴上的点与(0,1)开区间内的点可以建立一一对应(见图15-2和图15-3)。现在要证明实数集合R不可数,康托尔只需要证明(0,1)区间内的全体实数不可数。康托尔用了反证法,假设(0,1)区间内的全体实数是可数的,那么[0,1]闭区间内的全体正实数

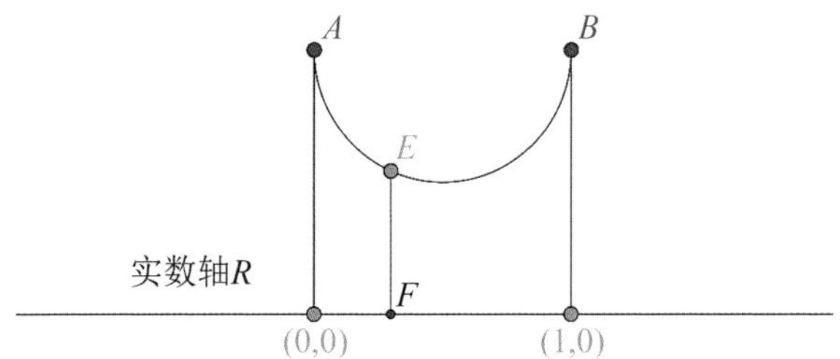

图15-2 半圆AB除去端点与(0,1)开区间一一对应

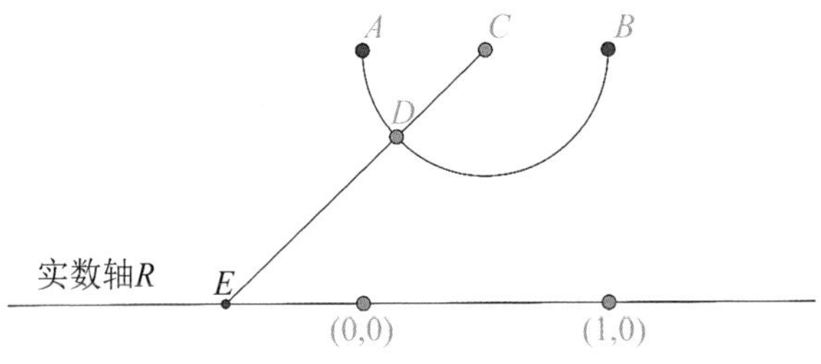

图15-3 半圆AB除去端点与实数轴R一一对应

就是可数的，因为该集合与(0,1)开区间相比多了一个“1”。康托尔把这些正实数都写成无限小数的形式。既然(0,1)区间内的全体实数是可数的，这些无限小数就可以一个个排列出来。

$$r_1 = 0.b_{1,1}b_{1,2}b_{1,3}b_{1,4}\cdots$$
$$r_2 = 0.b_{2,1}b_{2,2}b_{2,3}b_{2,4}\cdots$$
$$r_3 = 0.b_{3,1}b_{3,2}b_{3,3}b_{3,4}\cdots$$
$$\vdots$$

康托尔发现这个列表不可能把[0,1]闭区间内的正实数完全覆盖，原因是他能够轻易地构造出一个大于零的无限小数

$$r = 0.b_1b_2b_3b_4\cdots$$

这个小数满足对任意的正整数i有$b_i > 0$但$b_i \neq b_{i,i}$，显然$r \in [0,1]$但r并不等于上面列表中的任何一个，如果r等于某个r_k，那么必有$b_k = b_{k,k}$，这与r的构造方式矛盾。因此，我们一开始的假设并不正确，实数集R是不可数的。

这个证明妙不可言，同样包含了无穷多个元素，实数集与整数集的确有着本质上的不同。若干年后，大数学家希尔伯特(Hilbert)用一个“无穷旅馆”的例子，很好地描述了实数集R这种不可数的特性。

故事是这样的：有位老板在城里开了一家旅馆，这家旅馆有个非常奇特的地方，它有无穷多个房间，每个房间匹配了唯一一个正整数作为它的编号。某天夜里，风雨大作，一位旅客走进旅馆要住宿，不巧的是所有房间都已经满了，没有空房。

那就走吧？可是这位旅客并不想离开，他拜托老板想办法。老板想了想，于是他请1号房的住客搬到2号房，2号房的住客搬到3号房，3号房的住客搬到4号房。以此类推，所有住客的房间都往后挪了一间，而1号房被腾了出来。这样旅客顺利入住，老板露出了得意的笑容。

没过多久，一位导游带着庞大的旅行团走了进来，导游告诉老板，这个旅行团有全体整数那么多个团员。老板看了导游一眼，心想你难不倒我！他随后请1号房的住客搬到2号房，2号房的住客搬到4号房，3号房的住客搬到6号房。以此类推，第n号房的住客搬到第$2n$号房。这样，所有奇数

号的房都被腾了出来，旅行团的团员得以依次入住，老板又露出了得意的笑容。

最后，康托尔走了进来：老板我有一个旅行团，有全体实数那么多个团员，请你想想办法吧。老板一听直接怒了：你自己想办法！

虽然希尔伯特的例子被我改编成了一个故事，但很明确，困扰了人类数千年的“潜无穷”和“实无穷”终于得到了澄清，“无穷”正式成为现代数学研究不可忽视的主角。这一发现令所有致力于完善数学理论体系的数学家兴奋不已，因为数学的基础即将被改写，进而展现出全新的样貌。

顺便提一句，康托尔关于实数集不可数的证明，后世称之为“对角线方法”，此方法还被广泛应用到其他定理的证明，成为数学研究的重要工具。

15.4 迟到的荣耀

康托尔用“可数”与“不可数”区分了有理数集与实数集，这是人类理性的一次巨大飞跃。不仅如此，他关于无穷集合的研究达到登峰造极的地步，他指出不可数集合不仅存在，而且有无穷多种，可以像自然数那样一一排列得到“无穷谱系”。这一极具想象力的“超穷数”理论，颠覆了人类数千年来对无穷集合的固有认知。

由于康托尔的理论过于超前，从一开始，他的许多方法和结论就受到了广泛的质疑。康托尔无法在知名大学找到教职，无法在权威杂志发表文章，加上集合论的基础问题长时间萦绕心头得不到解决，他很快陷入了精神崩溃的边缘。康托尔的晚年饱受抑郁症的折磨，最终在哈雷大学附属精神病院里度过了余生。

康托尔的一生跌宕起伏，充满了传奇和励志。他像一个勇猛的斗士，始终捍卫自己创立的数学理论；又像一盏暗夜中的明灯，指引着现代数学的前进方向。康托尔对数学的贡献足够世人消化良久，越来越多的数学家开始认识到他工作的重要性。例如，他的“超穷数”理论给分析学的研究带来了新的思路，而且在测度论和拓扑学的研究中也产生了深远影响，集合论也逐渐成为整个现代数学的基础。

康托尔在数学上的成就最终得到了应有的肯定，他的工作被希尔伯特盛赞为“数学天才最优秀的作品”“人类纯粹智力活动的最高成就之一”，著名哲学家罗素也评价道：“这可能是这个时代所能夸耀的最巨大的工作。”

如今，当我们翻开高中数学课本的第一页就能看到康托尔的画像，这无疑是对他卓越成就的最好褒奖。

思考题

如果无穷集合之间也存在大小关系，并且可以像自然数那样一一排列，得到一个没有尽头的“无穷谱系”，你认为这种设定会引发矛盾吗？

第16章

给长度一个交代

有了极限概念之后，圆周率的定义终于不再遮遮掩掩了，我们可以大方地宣布，圆周率就是圆周长与直径的比值，而圆周长就是圆内接正多边形周长的极限。不过我们仍有一个概念没有澄清，即“长度”，在实数已经被数学家严谨地用有理数的柯西列表达之后，“长度”在数学中的抽象含义却还不那么清晰。

一方面，数学上的长度必须符合人们的物理直观，一条线段的长度表达的是这条线段两个端点之间的距离。例如，北京到上海大约1080千米，如果把北京和上海看成比例尺为1厘米比100千米的平面地图上的两个点，则以这两个点为端点的线段长度大约是10.8厘米，端点重合的线段长度为零。

另一方面，数学上的长度又必须与点集元素的个数进行清楚地区分。一个点的长度是零，包含无穷多个点的线段长度却未必是零。如果不加以区分，“一一对应”原则可能会误导我们得出所有线段都一样长的荒谬结论。

那么，数学家能否在这一领域取得突破，进一步澄清“长度”的概念呢？

16.1 长度的数学本质

坦率地说,这并非一件难事。

首先,我们在数轴与实数集R之间建立一一对应。取定一个单位长度,对应整数“1”,然后将所有整数在数轴上标注出来。一旦整数的位置确定,有理数在数轴上的位置也可以确定,因为每个有理数都是某两个整数的商。

接下来,利用有理数集在数轴上的稠密性,把数轴上的每个点都用一个有理数的柯西列来表示。这样,我们就得到一个从数轴到实数集R的映射。并且容易证明这个映射是单射,因为任何两个不同的点所对应的有理数柯西列一定不等价。同时,由于数轴作为直线满足“连续性”公理,这个映射也是满射。因此,我们在数轴与实数集R之间建立了一一对应关系。

有了这个一一对应,以数轴上任意两点A、B为端点的线段(见图16-1)就对应了实数集R中的一个区间$[a,b]$,我们定义线段AB的长度为$b-a$。

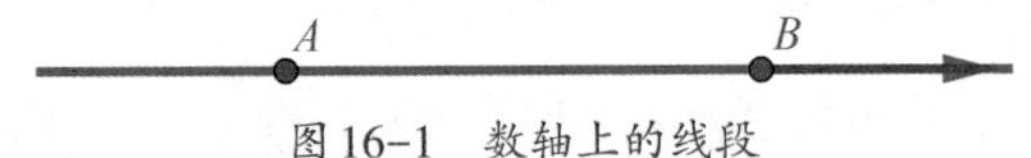

图16-1 数轴上的线段

这个定义符合我们对“长度”概念的一系列直观理解。

(1)长度总是一个非负的值,当且仅当两个端点A、B重合,线段AB的长度为0。

(2)平移不会改变线段的长度。

(3)由两条线段AB、BC首尾相接而成的线段AC的长度等于线段AB与BC的长度之和。进而,可数无穷多条线段首尾相接,如果组成一条新的线段,则其长度等于组成它的所有线段长度之和。

如果只是满足于实数轴上一元函数的经典分析,那么这样定义“长度”已经足够大家使用了。可数学家并非普通人,他们拥有敏锐的洞察力和无尽的探索欲望,就像一群嗅觉异常灵敏的鲨鱼,只要闻到一丝诱人的气味,就会朝着新的“猎物”迅猛扑去。

16.2 升级版长度

现在，我们已经对实数集R中的闭区间定义了“长度”概念，即对每个闭区间$[a,b]$，我们定义其长度为$b-a$。然而，闭区间仅是实数集中一类非常特殊的子集，除了闭区间，实数集还涵盖了开区间、半开半闭区间、有理数集、无理数集、代数数集、超越数集等子集。如果能将长度的定义范围扩大到R的所有子集，以便我们能用更直观的方法比较R中任意两个子集的大小，那么对数学家来说，可是太有吸引力了。

这一升级版的“长度”概念，可以看成R的所有子集组成的集合到R及无穷大(∞)的一个映射，我们应该如何定义它呢?

我们先来看看，如果这样一个映射存在，那它应该满足什么条件。

首先，空集的“长度”是零。

其次，“长度”的取值总是大于或者等于零，闭区间$[a,b]$的长度是$b-a$。

再次，平移不改变“长度”，对任意子集C和任意实数r，C的长度等于$C+r$的长度。

最后，对至多可数个两两不相交的子集C_1、C_2、C_3、…，它们的并集的长度等于所有C_1、C_2、C_3、…的长度之和。

为了与升级之前的“长度”概念相容，这些条件设置得非常合理，已经不能再少了。但数学家们却遭到了当头棒喝。要想在R的所有子集组成的集合与R并上无穷大(∞)之间构造出一个满足上述4个条件的映射，一定会遇到无法克服的困难。确切地说，人们能构造出一个R的子集，使我们无法为它赋予一个确定的“长度”。

16.3 勒贝格测度

因此，为R中的每个子集都定义“长度”的梦想破灭了，数学家只能退而求其次，从众多子集中挑选出合适推广长度定义的子集。非常幸运的是，这些子集的范围很广，几乎涵盖了人们能想到的所有集合，如今它们被称为勒贝格可测集，而勒贝格可测集上的“长度”被定义为勒贝格测度。

勒贝格是活跃在20世纪初的一位杰出法国数学家。他在若尔当和波莱尔等法国前辈的工作基础上,为实数集的一大类子集建立了测度和可测函数的概念,并开创了一种全新的积分方法。这种方法不仅极大改造和扩充了经典分析中的黎曼积分,在相当范围内回答了前人无法回答的分析学难题,更是为数学的发展带来了深远的影响。如今,勒贝格积分已经成为实变函数理论的核心内容,而测度理论也为现代概率论提供了基本的语言和框架。如果你继续深入学习高等数学,那么一定会为勒贝格等众多数学家的奇思妙想所折服。

当然,我们暂时不会那么深入。如今,我们理解了“无穷”和“极限”,跨过了初等数学与高等数学的分水岭。接下来,我们就要正式踏上微积分的奇妙旅程了,希望大家继续跟随,一路思考,一路收获。

思考题

你能用“长度”的可数可加性证明“长度”满足“整体大于部分”的性质吗?

Part 03

第 3 篇

从局部到整体，微积分的华彩乐章

第17章

分析学的三条路径和一种范式

我手中有一套同济大学编撰的《高等数学》教材，现已更新至第七版。这是目前国内高校普遍使用的一套教材，上下两册共700多页。然而，我经常听到“高数”学习者抱怨：书中的每个字我都认识，但连在一起完全不能理解。这当然是一句玩笑话，不可能真的什么都不懂。我们或许都有过这样的经历：学完一门课程后，脑袋里很难形成完整的知识体系，只剩下一些凌乱的概念和知识点，只能依靠一些机械刷题来维持成绩上的“体面”。

好的体系一定是生长出来的，它有根系、主干、枝叶、丰富的脉络和细节。对于“高数”而言，要让低年级大学生总结出一套完整的知识体系，即使能做，也不够成熟和深入，就像我们多年后才更好地理解圆周率一样，往往在学习了更多数学之后，才能对过去的知识有一个更好的理解。

当然，这本书的目的并非要带大家建立一套完整的微积分知识体系，而是旨在帮助大家在学习微积分的时候，把握住主干，厘清头绪。如果要用最精练的语言概括微积分理论的核心要义，我认为可以归纳为四组关键词：从有限到无穷、从局部到整体、以简单代替复杂、极值原理。前三组分别代表了分析学发展的三条路径，最后一组代表了解答分析学问题的一种典型范式。

17.1 从有限到无穷

我们专门用一个板块来深入探讨如何从有限走向无穷，在我看来，这是初等数学与高等数学的分水岭。很多同学在《高等数学》这门课程中折戟沉沙，根源是一开始没有建立起用动态的眼光来观察"极限"的观念，而这种动态观察是极其自然且必要的。我们在中学时学过五点作图法：在数轴上取正弦或余弦函数一个周期内的5个等分点，求出它们的函数值，并在坐标系中描出相应的点，然后用一条圆滑的曲线连接这5个点，就得到了正弦或余弦函数的函数图像。这一过程中，有两组词很关键，即"5个等分点"和"圆滑的曲线"。我曾经非常困惑：为什么5个点能够决定整个函数的图像？为什么不是4个点、8个点或126个点；"圆滑"是什么意思？为什么连接这5个点的曲线一定要"圆滑"？如果我用放大镜仔细观察，在肉眼无法分辨的地方，函数图像会不会布满了各种暗坑和断点？这种困惑让我倍感沮丧，明明写出了函数关系，也画出了函数图像，却连"sin 1等于多少"都无法说清楚（见图17–1）。

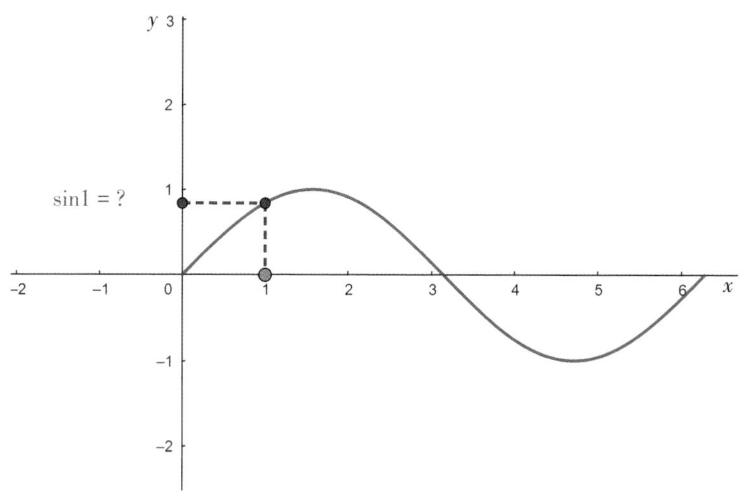

图17–1 正弦函数的图像

这些看似天真的问题，唯有“极限”以及分析学的算术基础才能给出解答。否则，人们可能会在某些地方产生错觉。例如，下面这个由无穷多个正弦函数累加而成的函数项级数

$$f(x)=\sum_{n=0}^{\infty}(-1)^{n}\frac{1}{n+1}\sin[(n+1)x]$$

你说它的图像是连续变化的吗？求和号后面每个函数的图像都是连续变化的，都可以用五点作图法作出来。直觉上，我们可能认为$f(x)$的图像也应该如此，但事实上$f(x)$的图像并不总是连续变化，而是存在着间歇性的跳跃。对任意一个从x轴正向趋近于π的点列$\{x_n\}$，数列$\{f(x_n)\}$总是收敛到$\frac{\pi}{2}$，然而$f(\pi)$的取值却是明白无误的0（见图17-2）。这说明从有限过渡到无穷时，会发生令人意想不到的变化。

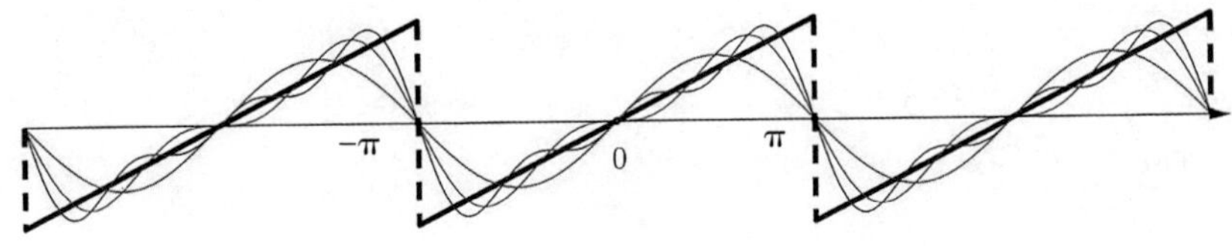

图17-2 $f(x)$的图像为齿状折线

在德国数学家狄利克雷提出了现代意义上的函数概念后，这种情况就变得更加普遍了。狄利克雷所指的函数是从实数轴R的一个子集D到实数轴R的一个映射。这里的子集D称为函数的定义域，D在R中的像集称为函数的值域。

这个定义摒弃了映射具体的构造方式，旨在纳入尽可能多的研究对象。它的出现打破了函数必须具有解析表达式的限制，使分析学的世界变得精彩纷呈。

在狄利克雷之前，数学家眼中的函数几乎“天然”地具有连续性的特质，但在狄利克雷之后，函数的连续性不再是理所当然的选项。因此，在学习微积分的过程中，首先要打破这一固有印象。

17.2 从局部到整体

学习微积分要建立的第二个思维就是从局部走向整体。局部就是某个个体的附近,它是一个微观意义上的概念,例如,数轴上的一个区间是其中点的局部,平面上的一个圆是其圆心的局部,一个离散集合中的每个元素都是其自身的局部。而整体则是一个宏观概念,它指一个特定范围内包含的全部对象。

初学者往往在实际应用中对局部和整体的概念感到困惑。例如,数轴上的(0,1)区间,当其作为中点1/2的邻域时是一个局部,而当其作为某个函数积分区域时又毫无疑问是一个整体。我们应该如何区分呢?

注意,与“极限”一样,理解分析学中的局部,我们也应该采用一种动态变化的观点。当一个函数在点x_0处满足局部性质P时,是指该函数在x_0的一个微小邻域内满足性质P。这个邻域并不是唯一的,它既可能是$(x_0 - 2, x_0 + 2)$,也可能是$(x_0 - 1, x_0 + 1)$,只要存在一个大于0的实数ε,使函数在$(x_0 - \varepsilon, x_0 + \varepsilon)$内满足性质P,所有包含在$(x_0 - \varepsilon, x_0 + \varepsilon)$内的$x_0$的邻域就都是可行的选择。但函数的整体性质则不同,它不能脱离函数的全局性状而只在每点的微小邻域内讨论。因此,“连续性”和“可微性”是局部性质,“有界性”和“可积性”是整体性质。微积分中最重要的定理“牛顿-莱布尼兹公式”就是沟通局部和整体的工具。

除了区分局部性质和整体性质,我们还需要建立另一个重要观念:数学问题可以在局部和整体上同时进行讨论,但它们差异巨大,许多结论从局部过渡到整体时并不理所当然。例如,我们在求解一个数学问题的时候,局部上的最优解并不意味着整体最优。这句话有以下两层含义。

一是针对同一个优化目标,局部上的最优解不一定是整体上的最优解(见图17-3)。

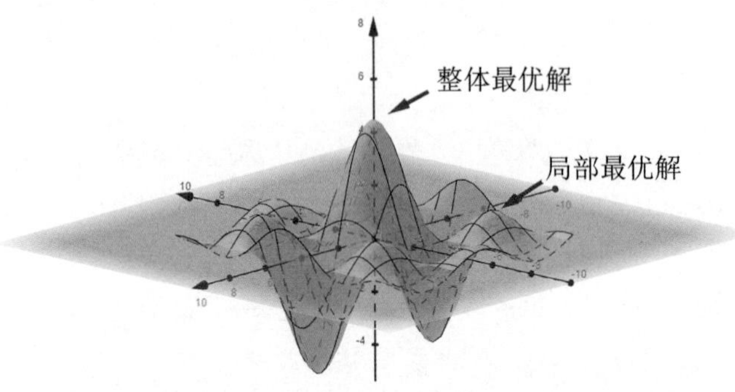

图 17-3　局部最优解未必是整体最优解

二是以局部最优为目标的优化不一定导致整体最优。经典的例子是“囚徒困境”(见表17-1)。在这个场景中,两个匪徒被警察抓住,为了防止串供,将他们分开审问,如果两人都不认罪,则会因为证据不足各判刑1年;如果两人同时认罪,则各判刑3年;然而,当一人认罪而另一人不认罪时,认罪者因为坦白从宽立刻获释,拒不认罪者则被从重处罚,判刑7年。

表 17-1　囚徒困境

	匪徒A认罪	匪徒A不认罪
匪徒B认罪	A、B各判刑3年	A判刑7年,B立刻获释
匪徒B不认罪	A立刻获释,B判刑7年	A、B各判刑1年

对匪徒A而言,不管匪徒B如何选择,局部最优策略都是选择认罪。同理,匪徒B的局部最优策略同样如此。然而,这两个局部上的最优选择将会导致A、B两人各被判刑3年,明显不是整体最优。不仅局部最优不能推出整体最优,局部有解也不能保证整体有解。图17-4展示了一个立体三角形的三个局部构造。

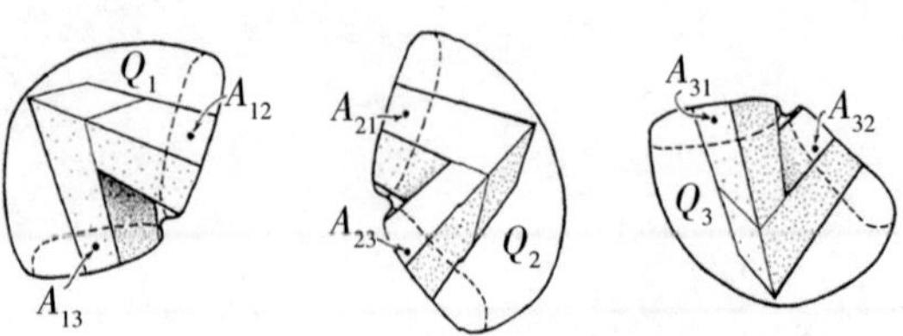

图 17-4　立体三角形的三个局部构造

单从局部上看，这个立体三角形的每个角落都是和谐、完美的。但把它们拼在一起会如何呢？很遗憾，这是一个在现实世界中不可能存在的整体——彭罗斯三角（见图17-5）。

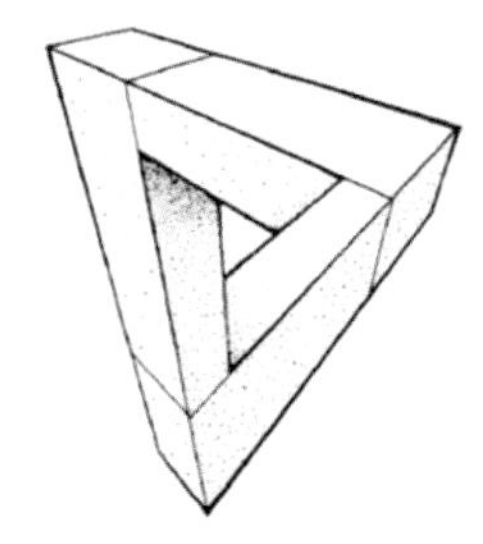
图17-5 彭罗斯三角

所以局部和整体之间往往有着巨大的差异，为了控制从局部走向整体时出现的各种不确定性，数学家们创造出了相应的刻画全局一致性的条件，如“一致连续”“一致有界”“一致收敛”等。这些条件在分析学中扮演了非常重要的角色，是高等数学课程中的重要内容。满足这些条件的函数，从整体性状上看不会显得特别怪异。例如，一个由连续函数组成的函数列，即便它处处收敛到一个极限函数，这个极限函数就一定连续吗？很遗憾，处处收敛是不能保证连续函数列的极限函数一定连续的，必须加上一致收敛的条件才行。上文出现的函数项级数

$$\sum_{n=0}^{\infty}(-1)^n \frac{1}{n+1}\sin[(n+1)x]$$

就不是一个连续函数，虽然它在定义域内的每个点处都是收敛的，但不是一致收敛。不少同学在学习“一致连续”“一致有界”“一致收敛”这些复杂概念的时候，只会生硬地记忆它们的定义，而不去了解它们被创造出来的初衷和背后的动机，当然只会越学越吃力。

17.3 以简单代替复杂

大家可能都听过下面这个笑话：一位数学家想转行成为消防员，消防队长看了看他，对他说：“您看上去不错，但我要先对您进行一个测试。”

消防队长把数学家带到后院小巷，巷子里有一个货栈、一只消防栓和一卷软管。消防队长问：“假设货栈起火，该怎么办？”数学家回答：“我把消防栓接到软管上，打开水龙头，把火浇灭。”

消防队长说：“很好！下一个问题，假设您走进小巷，然而货栈并没有起火，您怎么办？”

数学家疑惑地思索半天,最后答道:“那我就把货栈点着。”

消防队长大叫起来:“什么?太可怕了!你为什么要把货栈点着呢?”数学家回答:“这样我就把问题化归为一个我已经解决过的问题了。”

这个笑话常常被用来揶揄数学家的迂腐和刻板。但我认为这样的标签对数学家不公平。虽然数学界也不排除这种“没有困难创造困难也要上”的投机现象,但绝大部分数学工作还是有学术价值和进步意义的。很多人认为数学发展只需要依靠少数天才就可以了,但事实并非如此。天才的灵光乍现为数学发展提供了部分驱动,更多时候还是要依靠数学家们在拓展知识世界时,借助“已知”连接“未知”的那一步步微小的努力,其背后的逻辑就是“以简单代替复杂”。

微积分中包含了大量这样的例子:泰勒展开(以多项式函数逼近可微函数)、傅里叶展开(以三角函数逼近周期函数)、指数函数的欧拉表达

$$e^x = \lim_{n \to \infty}\left(1 + \frac{x}{n}\right)^n$$

以及实数的柯西列定义、换元积分和分部积分等。我们学习微积分时,不仅要熟悉那些简单的对象,还要掌握从简单出发连接复杂的一整套严密规则。只有做到这一点,学习才能事半功倍。

思考题

你能再举一个局部和整体展现出巨大差异的例子吗?

第18章

归结原则和两个重要极限

在深入探讨局部和整体的关系之前,有一个重要的理论方法是我们必须要解释的,那就是“归结原则”。我们已经熟悉了数列极限的思想和方法,接下来,就要开启动态的眼光去研究函数的性质。归结原则描述了相对容易处理的数列极限与相对不容易处理的函数极限之间的关系,是微积分教学从数列过渡到函数的关键。

归结原则的源起很简单。在我们考虑函数$f(x)$当$x \to x_0$时的极限时,我们只需要考虑$f(x)$在x_0的一个空心邻域$U^{\circ}(x_0, r)$内的性状①。假如存在一个固定的数A,只要x与x_0充分接近时,函数值$f(x)$与A的差距足够小,我们就称$f(x)$当$x \to x_0$时的极限是A,记为

$$\lim_{x \to x_0} f(x) = A$$

形象地讲,就好像一根绳上串蚂蚱,$f(x)$在点x_0附近的取值被A给锁住了,没办法“蹦跶”得太远(见图18-1)。

①$f(x)$在x_0处未必要有定义。

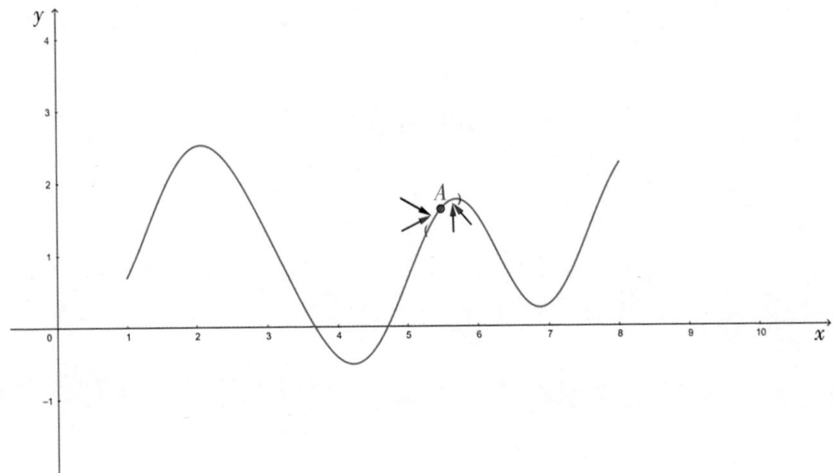

图 18-1　函数极限

教科书里，函数极限的定义为：若对任意大于0的实数ε，都存在$0 < \delta < r$，使当$x \in U^{\circ}\left(x_0, \delta\right)$时，就有$\left|f(x) - A\right| < \varepsilon$，则称$x \to x_0$时函数$f(x)$的极限为$A$。作为样例，我们可以很快证明

$$\lim_{x \to 0} \sin x = 0$$

因为x从数轴正向充分接近于0时，半径为1的单位圆中大小为$2x$的圆心角所对应的弦长($2\sin x$)小于其所对应的弧长($2x$)，从而

$$\left|\sin x - 0\right| < \left|x - 0\right|$$

这是一个非常重要的函数极限，结合上三角函数的和差化积公式

$$\sin x - \sin x_0 = 2\cos\frac{x + x_0}{2}\sin\frac{x - x_0}{2}$$

$$\cos x - \cos x_0 = -2\sin\frac{x + x_0}{2}\sin\frac{x - x_0}{2}$$

可以推知正弦函数和余弦函数都是连续函数①。

需要注意，函数极限的定义中“$x \to x_0$”这个表述是不够贴切的，因为它并没有像字面上说的那样规定x趋向于x_0的具体路径，事实上在空心邻

① 函数$f(x)$在点x_0处连续是指$\lim\limits_{x \to x_0} f(x) = f(x_0)$。

域$U^{\circ}\left(x_0, r\right)$中，$x$有无数种方式一步步走向$x_0$。

从$n=1$开始，我们可以取$\left\{x_n = x_0 + \left(-\frac{1}{2}\right)^n r\right\}$，也可以取$\left\{y_n = x_0 - \frac{r}{2n}\right\}$或$\left\{z_n = x_0 + \frac{r}{2n}\right\}$这样的点列。这些点列所对应的函数值生成了一系列的数列$\{f(x_n)\}$、$\{f(y_n)\}$、$\{f(z_n)\}$、…，归结原则说函数$f(x)$当$x \to x_0$时极限存在的充分必要条件是所有上面这些数列当$n \to \infty$时的极限都存在且相等。简而言之，$\lim\limits_{x \to x_0} f(x) = A$当且仅当对任何$x_n \to x_0\ (n \to \infty)$都有$\lim\limits_{n \to \infty} f(x_n) = A$。

归结原则将函数极限与我们熟知的数列极限联系起来，有两个核心作用：一是在确定函数极限存在的情况下求极限，只需要构造出一个趋向于目标点的点列并求相应函数值数列的极限；二是证明函数极限不存在，只需要构造出一个趋向于目标点的点列其对应函数值数列的极限不存在，或是构造出两个趋向于目标点的点列其对应函数值数列的极限存在但不相等。当把x_0换成$\pm\infty$时，归结原则仍然成立，只需要对命题中的相应表述作一些微小的改动。

最经典的例子来自函数$\sin\frac{1}{x}(x \neq 0)$，当$x \to 0$时，$\sin\frac{1}{x}$的极限不存在（见图18-2）。事实上，取$\left\{x_n = \frac{1}{2n\pi}\right\}$、$\left\{y_n = \frac{1}{2n\pi + \frac{\pi}{2}}\right\}$，数列$\left\{\sin\frac{1}{x_n}\right\}$的每项都是0（极限自然是0），$\left\{\sin\frac{1}{y_n}\right\}$的每项都是1（极限是1），两者并不相等。

这个例子在今后会经常用到，特别是在引入连续性概念后，你会发现不可能通过补充定义$\sin\frac{1}{x}$在$x=0$处的取值，使其成为整个实数轴上的连续函数。归结原则将“连续型”的函数极限问题转化为“离散型”的数列极限问题，函数极限的诸多性质就可以通过数列极限来刻画了。

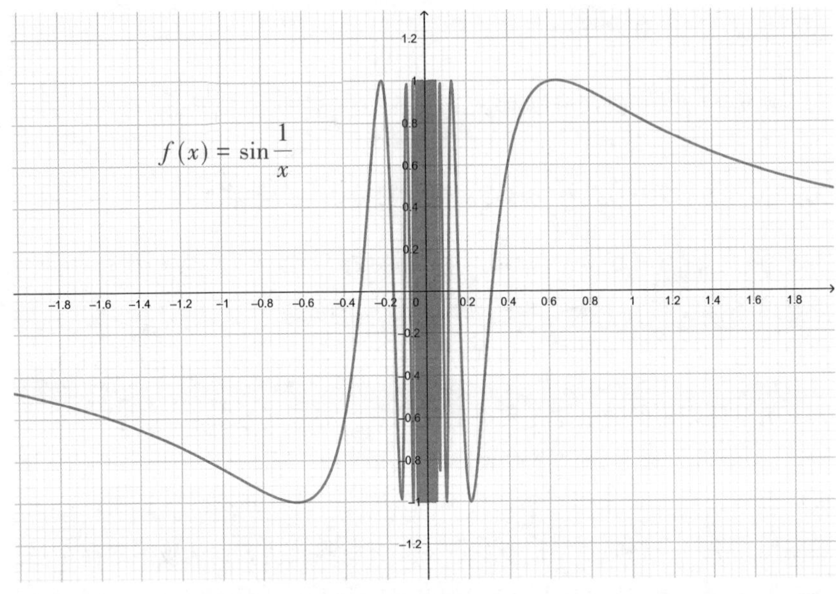

图 18-2 $\sin\frac{1}{x}$的图像在靠近0的区域内振荡

18.1 第一个重要极限：$\lim_{x \to \infty}\left(1 + \frac{1}{x}\right)^x = \mathrm{e}$

在金融数学领域，你经常会碰到形如$f(t) = \mathrm{e}^{rt}$的资产增值计算公式，公式中的t代表时间，r代表投资回报率，其来源就是我们要介绍的第一个重要极限$\lim_{x \to \infty}\left(1 + \frac{1}{x}\right)^x = \mathrm{e}$。

自然底数e出现在计算资产增值的数学公式中并不令人意外，事实上，早在1683年，来自瑞士伯努利家族的雅各布·伯努利（Jacob Bernoulli）在研究复利计算的问题时首次发现了它。

让我们先从一个日常案例开始：银行一年期存款的收益问题。

相信大家都有在银行存钱的经历，我们把钱存到银行是一种常见的理财方式，银行需要给我们支付一定的利息。我们在银行的资产总额计算公式非常简单：资产总额 = 本金 + 本金 × 存款利率。

比如我到银行存1元钱,假设利息水平达到年利率100%,一年之后我的资产总额就是

$$a_1 = 1 + 1 \times 100\% = 2(\text{元})$$

这多出的1元钱就是我的利息收入。现在大家思考一个问题:如果银行愿意每半年给我记一次利息,资产总额会发生怎样的变化呢?

通过一个简单的计算我们发现,此时

$$a_2 = (1 + 1 \times 50\%) + (1 + 1 \times 50\%) \times 50\% = \left(1 + \frac{1}{2}\right)^2 = 2.25(\text{元})$$

资产的增幅变大了。与第一种计息方式相比,多出来0.25元是因为上半年计息时产生的利息,被计入下半年起息的本金中,它被重复计息了。

那要是每个季度计一次息呢?结果将会更好,一年之后我的资产总额将变成

$$a_4 = (1 + 1 \times 25\%)^4 = \left(1 + \frac{1}{4}\right)^4 = 2.44140625(\text{元})$$

资产的增幅比起半年计一次利息又多了将近0.2元。

这时候你会想:计息越频繁,资产的增幅就越大,那银行要是每分每秒都计息,我们岂不是花费1元钱就能在一年内实现"先赚它一个亿"的小目标了。

可惜,虽然你的直觉十分敏锐,但你的梦想却绝对无法实现。尽管计息越频繁,一年之后本息合计的资产总额越高,但它有一个无法逾越的"天花板"。即使银行的工作人员给你计息计到手抽筋,也不可能突破它(见表18-1)。

表18-1 一年内计息次数对应的资产总额

一年内计息次数	资产总额(元)
1	2
2	2.25
4	2.4414···

续表

一年内计息次数	资产总额(元)
10	2.5937…
100	2.7048…
1000	2.7169…
10000	2.7181…
100000	2.7182…

这个“天花板”就是自然底数e,单调有界数列

$$a_n = \left(1 + \frac{1}{n}\right)^n$$

的极限。

18.2 从数列过渡到函数

接下来,我们看看如何利用归结原则证明 $\lim\limits_{x \to \infty}\left(1 + \frac{1}{x}\right)^x = \mathrm{e}$。

考虑第一种情况,当x趋向于$+\infty$时,$f(x) = \left(1 + \frac{1}{x}\right)^x$的极限是否存在?对任意的实数$x > 0$,我们一定能找到自然数$n$,使$n \leqslant x < n + 1$,于是

$$\left(1 + \frac{1}{n+1}\right)^n < \left(1 + \frac{1}{x}\right)^x < \left(1 + \frac{1}{n}\right)^{n+1}。$$

单独考虑这个不等式两端的数列极限,我们有

$$\lim_{n \to \infty}\left(1 + \frac{1}{n+1}\right)^n = \lim_{n \to \infty}\frac{\left(1 + \frac{1}{n+1}\right)^{n+1}}{1 + \frac{1}{n+1}} = \mathrm{e}$$

和

$$\lim_{n \to \infty}\left(1 + \frac{1}{n}\right)^{n+1} = \lim_{n \to \infty}\left(1 + \frac{1}{n}\right)^n \cdot \left(1 + \frac{1}{n}\right) = \mathrm{e}$$

两个极限都存在,并且都等于e,因此它们的任何子列都收敛,极限也都是e,应用数列极限的“夹逼准则”,我们可以得到:对任何趋向于$+\infty$且单调递增的点列$\{x_n\}$,都有

$$\lim_{n \to \infty}\left(1+\frac{1}{x_n}\right)^{x_n}=\mathrm{e}$$

注意在使用单边极限(如$x_0=+\infty$)的归结原则时,函数$f(x)$当$x\to+\infty$时极限存在的充分必要条件是可以弱化的,只要对任意趋向于$+\infty$且单调递增的点列$\{x_n\}$,数列$f(x_n)$的极限都存在且相等就可以了[①]。

因此我们上面的讨论已经说明

$$\lim_{x \to +\infty}\left(1+\frac{1}{x}\right)^{x}=\mathrm{e}$$

再考虑第二种情况:x趋向于$-\infty$,作变量替换$t=-x-1$,则$t\to+\infty$。这是十分常见的方法,以便把未知情形转换成已知情形来处理,此时

$$\begin{aligned}\lim_{x \to -\infty}\left(1+\frac{1}{x}\right)^{x}&=\lim_{t \to +\infty}\left(1-\frac{1}{t+1}\right)^{-(t+1)}\\&=\lim_{t \to +\infty}\left(\frac{t}{t+1}\right)^{-(t+1)}\\&=\lim_{t \to +\infty}\left(1+\frac{1}{t}\right)^{t}\cdot\left(1+\frac{1}{t}\right)\\&=\mathrm{e}\end{aligned}$$

综合两种情况,我们最终证明了

$$\lim_{x \to \infty}\left(1+\frac{1}{x}\right)^{x}=\mathrm{e}$$

这是一个非常重要的函数极限例子,在我们一开始提到的金融资产增值计算公式中,假设年化的投资回报率为r,计息的频率是x(连续取值),则每1元投资在t时刻(单位为年)的资产累积总额为

① 证明归结原则的充分性可以采用反证法,由于考虑的是单边极限,趋向于目标点的单调点列一定能取到。

$$f(t) = \lim_{x \to +\infty}\left(1 + \frac{r}{x}\right)^{xt} = \lim_{x \to +\infty}\left[\left(1 + \frac{r}{x}\right)^{\frac{x}{r}}\right]^{rt} = \mathrm{e}^{rt}(\text{元})$$

尽管e起源于复利计算，并在经济生活中遍地开花，但这并非它被称为“自然底数”的全部原因。像e^{rt}这样以e为底的指数函数不仅在数学上展现出众多优美的法则，而且与大自然间的万物生长有着千丝万缕的联系。我们在讲述导数与微分之后，还会回过头来看一看这幅奇妙的画卷。

18.3 第二个重要极限：$\lim\limits_{x \to 0}\dfrac{\sin x}{x} = 1$

这个极限之所以重要，是因为它引入了无穷小之间的比较。我们强调应该用一种“动态”的眼光观察极限，因此仅仅关注函数极限的值是远远不够的。事实上，两个在某点处具有相同极限的函数，尽管极限的值相同，却可以有完全不同的收敛速度。以函数$f(x) = x$为例，其在直角坐标系中的图像是一条斜率为1的直线（见图18-3）。

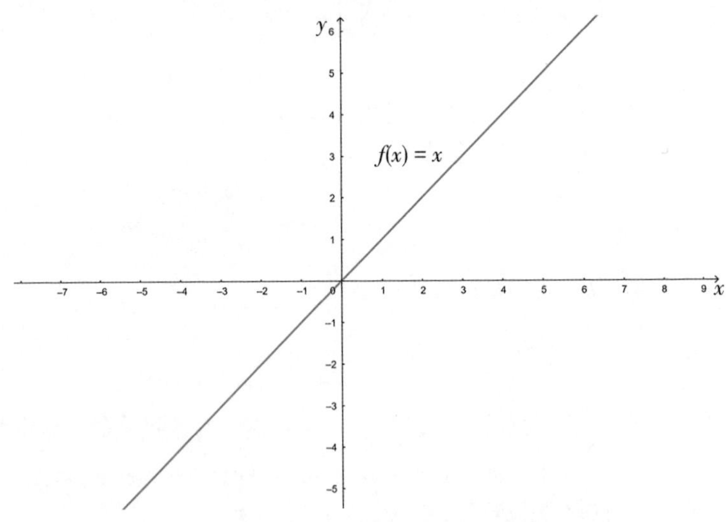

图18-3　函数$f(x) = x$的图像

取一个逐渐靠近原点的点列$\{x_n\}$，函数值$f(x_n)$将沿着这条直线“整齐划一”地收缩到0。这里“整齐划一”是一个形象化的描述，它指函数$f(x)$的“收敛速度”是1，x_n向原点靠近多少比例，函数值$f(x_n)$就向0靠近多少比例（见表18-2）。

表18-2 函数$f(x)$的“收敛速度”

自变量x的取值	1	0.1	0.01	0.001	…
函数$f(x)$的值	1	0.1	0.01	0.001	…

注意，与通常的“速度”概念相比，我在此处引入了“比例”这个词。这里非常容易产生混淆，因为函数极限$\lim\limits_{x \to x_0} f(x) = A$的“收敛速度”不能通过把$f(x)$的图像当成中学课本里的位移-时间图来解算。详细来说，如果我们把x轴想象成“时间”，把函数值$f(x)$想象成质点在时刻x所处的“位置”，假设x位于x_0的右侧，一个质点从时刻x出发沿着y轴向时刻x_0运动$\Delta x(>0)$时间的位移就是$\left|f(x-\Delta x)-f(x)\right|$，而速度就是位移除以时间$\dfrac{\left|f(x-\Delta x)-f(x)\right|}{\Delta x}$。可能与你想象的不同，这个量并不能反映当$x \to x_0$时，$f(x)$趋向于$A$的快慢。

举个例子，令$g(x)=x^2$，考虑函数极限$\lim\limits_{x \to 0} g(x) = 0$（见图18-4）。

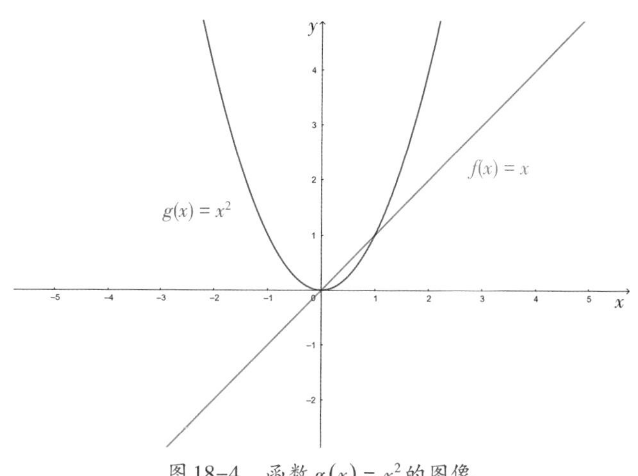

图18-4 函数$g(x)=x^2$的图像

同样是从 $x=0.1$ 运动到0.01，再从0.01运动到0.001，质点在 $f(x)$ 上的位移依次是0.09和0.009，在 $g(x)$ 上的位移依次是0.0099和0.000099（见表18-3），按照速度等于位移除以时间的计算公式，质点在 $f(x)$ 上的运动速度明显更快，但我们是否能说当 $x\to 0$ 时，$f(x)$ 趋向于0的速度更快呢？

表18-3　函数 $g(x)=x^2$ 的“收敛速度”

自变量 x 的取值	1	0.1	0.01	0.001	…
函数 $f(x)=x$ 的值	1	0.1	0.01	0.001	…
函数 $g(x)=x^2$ 的值	1	0.01	0.0001	0.000001	…

这显然不符合我们的直觉。因为不管 x 取何值，$g(x)$ 永远是 $f(x)$ 的平方，在 $f(x)$ 的误差精度还在千分之一时，$g(x)$ 的误差精度已经奔向了百万分之一。换句话说，在取定收敛点列 $\{x_n\to 0\}$ 的情况下，要达到相同的误差精度，$g(x)$ 所需要的步数其实更少。

通常，我们利用极限

$$\lim_{x\to x_0}\frac{f(x)-A}{g(x)-A}$$

来比较两个函数极限收敛速度的“快慢”。如果 $\lim\limits_{x\to x_0}\dfrac{f(x)-A}{g(x)-A}=0$，也即 $f(x)-A$ 是 $g(x)-A$ 的高阶无穷小，则认为 $x\to x_0$ 时 $f(x)$ 收敛到 A 的速度比 $g(x)$ 收敛到 A 的速度快；如果存在实数 $M>0$ 和 $r>0$ 使对任意 $x\in U^{\circ}(x_0,r)$ 都有 $\left|\dfrac{f(x)-A}{g(x)-A}\right|\leqslant M$，则认为 $x\to x_0$ 时 $f(x)$ 收敛到 A 的速度不低于 $g(x)$ 收敛到 A 的速度；特别地，如果 $\lim\limits_{x\to x_0}\dfrac{f(x)-A}{g(x)-A}=C$ 是一个不等于0的常数，则认为 $x\to x_0$ 时 $f(x)$ 收敛到 A 的速度与 $g(x)$ 收敛到 A 的速度处于同一水平。

对函数极限 $\lim\limits_{x\to 0}x=0$ 和 $\lim\limits_{x\to 0}x^2=0$ 而言，x^2 是 x 当 $x\to 0$ 时的高阶无穷小，因此其收敛的速度更快。而第二个重要极限

$$\lim_{x\to 0}\frac{\sin x}{x}=1$$

的意思其实是说：当$x \to 0$时，$\sin x$与x的收敛速度处于同一水平。事实上，在表18-4中可以看到，当$x \to 0$时$\sin x$与x的收敛状况非常相似。

表18-4 $\sin x$与x的收敛状况

自变量x的取值	1	0.1	0.01	…
函数$f(x)=\sin x$的值	0.8414…	0.099833…	0.00999983…	…
函数$g(x)=x$的值	1	0.1	0.01	…

18.4 “收敛速度”可以求出来吗

通过比较无穷小之间的大小关系，我们可以比较出某个函数极限的收敛速度比另一个更快，但我们并不能从这个比较中直观感受到这种快的程度。因此，一个很自然的问题是：我们能构建出一个合理的数学量来表征函数极限的“收敛速度”吗？从18.3节的分析可以看到，如果这样一个表征函数极限“收敛速度”的数学量存在，它不应该依赖误差的绝对变化，而应该与误差的相对变化关联。

于是，对收敛数列$\{a_k \to A\}$，我们尝试用极限

$$\lim_{k \to \infty} \frac{|a_{k+1} - A|}{|a_k - A|}$$

来刻画它的收敛速度，这个值越低，数列收敛的速度就越快。

例如，同样是以“0”为极限，数列$\{e^{-e^k}\}$的收敛速度就比$\{10^{-k}\}$快，而$\{10^{-k}\}$的收敛速度比$\{e^{-k}\}$快，$\{e^{-k}\}$的收敛速度比$\left\{\frac{1}{x}\right\}$快(见图18-5)。

在讨论函数极限的“收敛速度”时，也可以类比地考虑极限

$$\lim_{k \to \infty} \frac{|f(x_{k+1}) - A|}{|f(x_k) - A|}$$

只不过这里的问题更加复杂，因为需要同时考虑所有收敛点列$\{x_k \to x_0\}$的情况，而不同收敛速度的点列$\{x_k \to x_0\}$，会导致$\{f(x_k) \to A\}$的收敛速度大不相同。

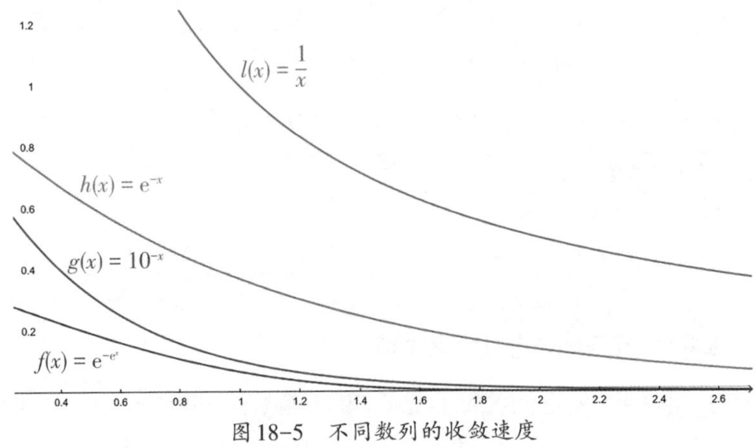

图 18-5　不同数列的收敛速度

让我们仍以 $\lim\limits_{x\to 0} x=0$ 和 $\lim\limits_{x\to 0} x^2=0$ 为例。

取收敛到0的点列$\left\{x_k=\left(\frac{1}{10}\right)^k\right\}$，按照数列收敛速度的定义，它的收敛速度是$\frac{1}{10}$。

对于函数$f(x)=x$，数列$\left\{f(x_k)=\left(\frac{1}{10}\right)^k\right\}$的收敛速度是$\frac{1}{10}$；对于函数$g(x)=x^2$，数列$\left\{g(x_k)=\left(\frac{1}{10}\right)^{2k}\right\}$的收敛速度是$\frac{1}{100}$，数列$\{g(x_k)\}$确实收敛得更快。

但如果选取收敛速度慢一些的点列$\left\{x_k=\frac{1}{k}\right\}$，由相应函数值构成的数列$\left\{f(x_k)=\frac{1}{k}\right\}$和$\left\{g(x_k)=\left(\frac{1}{k}\right)^2\right\}$的收敛速度都是1，就无法进行比较了。

这说明通过某个特殊点列来计算函数极限"收敛速度"的想法是不合理的。

下面我们转换思路，考虑用函数$f(x)$对点列$\{x_k\to x_0\}$收敛速度的"加成"程度来表征 $\lim\limits_{x\to x_0} f(x)=A$ 的收敛速度。在数学上，这是一个累次极限

$$S_{x\to x_0}(f):=\lim_{x\to x_0}\lim_{\Delta x\to 0}\log_{\frac{|x-\Delta x-x_0|}{|x-x_0|}}\frac{|f(x-\Delta x)-A|}{|f(x)-A|}$$

这个极限看着很复杂，但计算起来很方便，如无穷小x^n $(x \to 0)$所对应的极限值$S_{x \to 0}\left(x^n\right)$等于$n$，确实直观地反映了它的收敛快慢。

如果$f(x)$在x_0的一个空心领域内具有连续的导函数，$S_{x \to x_0}(f)$就有更简便的表达。此时

$$
\begin{aligned}
&\lim_{\Delta x \to 0} \log_{\frac{|x-\Delta x-x_0|}{|x-x_0|}} \frac{|f(x-\Delta x)-A|}{|f(x)-A|} \\
&= \lim_{\Delta x \to 0} \frac{\ln \dfrac{|f(x-\Delta x)-A|}{|f(x)-A|}}{\ln \dfrac{|x-\Delta x-x_0|}{|x-x_0|}} \\
&= \lim_{\Delta x \to 0} \frac{\ln \dfrac{\left(f(x-\Delta x)-A\right)^2}{\left(f(x)-A\right)^2}}{\ln \dfrac{\left(x-\Delta x-x_0\right)^2}{\left(x-x_0\right)^2}} \\
&= \lim_{\Delta x \to 0}\left[\frac{\left(f(x)-A\right)^2}{\left(f(x-\Delta x)-A\right)^2} \cdot \frac{-f'(x-\Delta x)}{\left(f(x)-A\right)^2} \cdot 2\left(f(x-\Delta x)-A\right) \cdot\right. \\
&\quad \left.\frac{\left(x-\Delta x-x_0\right)^2}{\left(x-x_0\right)^2} \cdot \frac{\left(x-x_0\right)^2}{-1} \cdot \frac{1}{2\left(x-\Delta x-x_0\right)}\right] \\
&= \lim_{\Delta x \to 0}\left[\frac{\left(x-\Delta x-x_0\right)}{\left(f(x-\Delta x)-A\right)} \cdot f'(x-\Delta x)\right] \\
&= \frac{x-x_0}{f(x)-A} f'(x)^{①}
\end{aligned}
$$

---

① 此处推导中的第一个等号用的是对数函数的换底公式，第三个等号用的是洛必达法则，洛必达法则参见本书附录。

因此

$$S_{x\to x_0}(f)=\lim_{x\to x_0}\frac{x-x_0}{f(x)-A}f'(x)。$$

特别地，如果$f(x)$在x_0的一个领域内具有连续的导函数且$f'(x_0)\neq 0$，$S_{x\to x_0}(f)$的值就总是1。例如，

$$S_{x\to 0}(x)=S_{x\to 0}(\sin x)=S_{x\to 0}(\ln(x+1))=1$$

这3个无穷小的收敛速度处于同一水平。

事实上，我们能对一大类的函数①证明：$S_{x\to x_0}(\cdot)$是正整数，且$S_{x\to x_0}(f)=S_{x\to x_0}(g)$能够推出当$x\to x_0$时函数$f(x)-A$与$g(x)-A$是同阶无穷小。这说明我们用$S_{x\to x_0}(\cdot)$来表征函数极限的收敛速度是合理的。

当然，也不是对所有的函数都能计算$S_{x\to x_0}(\cdot)$，我们知道当$x\to 0$时$x^2\cdot\sin\frac{1}{x}$是x的高阶无穷小，但极限$S_{x\to x_0}\left(x^2\cdot\sin\frac{1}{x}\right)$并不存在。

18.5 怎样跑赢通货膨胀

与无穷小类似，我们也可以比较无穷大之间的大小。考虑两个在$x\to x_0$时趋向于无穷大的函数$f(x)$和$g(x)$，如果

$$\lim_{x\to x_0}\frac{f(x)}{g(x)}=\infty$$

我们就称$f(x)$是$g(x)$在$x\to x_0$时的高阶无穷大，这表明在$x\to x_0$时$f(x)$趋向于无穷大的速度比$g(x)$快。

区分不同的无穷小或无穷大并不是数学家们自娱自乐的小游戏，而是有着非常明确的现实意义。举个例子，我国的载人航天飞船已经能够实现与轨道空间站的自动交会对接。在飞船与空间站进行交会对接的过程中，计算机控制系统会不断对目标误差进行修正，通过一次次的迭代使误差朝着无穷小的方向行进。如果一种控制方法是以

① 存在x_0的一个开邻域U和正整数m，$f(x)$在U上有直到m阶的连续导函数且$f^{(m)}(x_0)\neq 0$。

$$1, \frac{1}{2}, \frac{1}{3}, \cdots, \frac{1}{1000}$$

的速度修正误差的，而另一种控制方法是以

$$1, \frac{1}{10}, \frac{1}{100}, \frac{1}{1000}, \cdots$$

的速度修正误差的，你会选择哪种？

当然是第二种，要使误差精度达到千分之一，第二种方法迭代4步就实现了，而第一种方法则需要迭代1000步。两个比子弹速度快约8倍的高速飞行器在轨道上进行捕获和对准，执行各项操作指令的时机是非常宝贵的，要是迭代1000步才能达到目的，最佳时机恐怕就错过了。

在经济生活中，我们经常听到“通货膨胀”这个词，一个国家的经济运行如果出现通货膨胀，就意味着国民手里的货币发生贬值，购买力下降，本来1元就能购买的商品或服务，现在需要2元。因此，通货膨胀最直观的表现就是物价上涨，经济学家通常用反映物价上涨水平的居民消费价格指数(CPI)来表征通货膨胀率，CPI越高，通货膨胀就越严重。

我们常听人说要“跑赢通货膨胀”，在数学上是什么意思呢？

2022年7月份，全国CPI同比上涨2.7%，这指的是与2021年7月份相比，我国居民主要消费品价格上涨了2.7个百分点。假设这一数值持续稳定下去，那么时间t(单位：年)之后，我国居民主要消费品价格将变为原来的$e^{0.027t}$倍，这是一个随着时间推移趋向于无穷大的函数。

CPI的小幅上涨是不足为虑的，因为正常情况下我们的收入水平也在不断增长，只要收入的增幅超过了物价的涨幅，我们的财富就依然在积累。从数学上看，假设我们的收入年化增幅为r，只要$r > 0.027$，就有

$$\lim_{t \to \infty} \frac{e^{rt}}{e^{0.027t}} = \infty$$

也即e^{rt}是$e^{0.027t}$的高阶无穷大，我们就说自己跑赢了通货膨胀。

如果CPI的涨幅太高，一般>5%视为严重的通货膨胀，情况就不太妙了，因为大多数人每年的收入增幅很难达到5%的水平，其中银行1年期存款利率不过2%，活期存款利率只有0.3%。这时$e^{0.05t}$与e^{rt}相比是高阶无穷

大。大家辛苦一年，财富不仅没有增长，反而贬值了。更要命的是，财富贬值的速度远超我们想象，假设我们拼命工作终于使每年的收入增幅达到2%，但只要5%的CPI涨幅维持10年，我们的财富仍将缩水为原来的七成。

18.6 第二个重要极限的证明

现在让我们回到第二个重要极限的证明。

在单位圆中，设圆心角$\angle AOB = x\left(0 < x < \frac{\pi}{2}\right)$，过点$A$作圆的切线与$OB$的延长线交于点$D$，过点$B$作$OA$的垂线与$OA$交于点$C$。那么$\sin x$等于线段$CB$的长度，$x$等于弧$AB$的长度，$\tan x$等于线段$AD$的长度（见图18–6）。

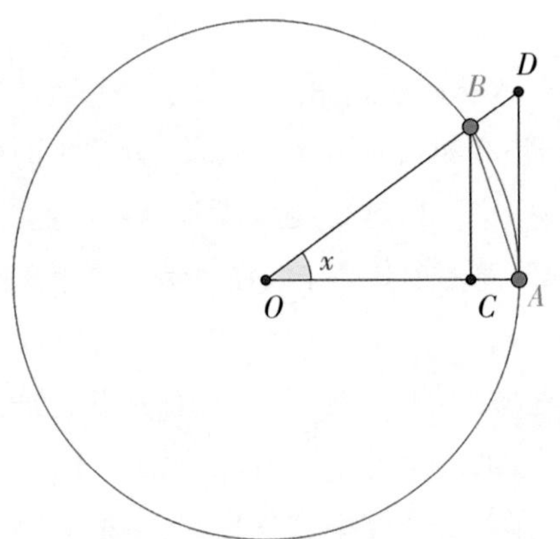

图18–6 利用单位圆证明第二个重要极限

注意到

$$\Delta AOB\text{的面积} < \text{扇形}AOB\text{的面积} < \Delta AOD\text{的面积}$$

我们有

$$\frac{1}{2}\sin x < \frac{1}{2}x < \frac{1}{2}\tan x$$

不等号各端同时除以$\sin x$并取倒数，得到

$$\cos x < \frac{\sin x}{x} < 1$$

当我们用 $-x$ 去代替 x 时，$\cos x$ 和 $\frac{\sin x}{x}$ 的值都不发生变化，所以上面的不等式对开区间 $\left(-\frac{\pi}{2}, 0\right)$ 内的一切 x 也成立，进而由函数极限的“夹逼准则”推知

$$\lim_{x \to 0} \frac{\sin x}{x} = 1$$

思考题

如何为“无穷大”设计一个表征其收敛速度的数学量？

第19章

连续性的陷阱

在理解了函数极限的概念之后，函数的“连续性”就自然而然地引入了。当我们谈论连续函数时，总觉得特别亲切，因为连续函数的图像如同那些可以在纸上一笔画完的曲线，俗称“一笔画”。无论是用五点作图法画一个正弦函数，还是用圆规画一段圆弧，这些曲线没有断点，光滑平顺，并且在每个点的微小局部内也是如此，至少看起来是这样的。然而，恰恰是这样的经验和直觉把我们带到一个危险的境地，高等数学中的“连续性”其实有很多微妙的陷阱。

本章我们来谈论四个陷阱。

第一个陷阱：函数的连续点可以特别孤立，“连续性”条件不具有延展性。这是什么意思呢？我们都知道，如果一个函数$f(x)$在某点x_0处连续，那么一定存在x_0的一个邻域使$f(x)$在该邻域内有界且在该邻域内每点处函数值的符号都与$f(x_0)$相同[①]。这就是所谓的连续函数具有局部有界性和局部保号性。换句话说，如果一个函数$f(x)$在某点x_0处连续，那么$f(x_0)$的某些性质可以延展到x_0的一个邻域上。但“连续性”条件本身是不具有此类延展性的，我们要说明的是：函数$f(x)$在某点x_0处连续，不能确保存在x_0的一个邻域使$f(x)$在该邻域内的每点都连续。

---

① 前提是$f(x_0) \neq 0$。

19.1 狄利克雷函数

仔细想想这句话意味着什么,它意味着存在这样的函数:尽管在某点处是连续的,我们却无法在这个连续点的附近用“一笔画”的方式描绘出这个函数的图像,哪怕这个“附近”范围非常小。这看似不可思议,却很好地反映了“连续性”条件的特性。

这样的反例当然不是普通的函数可以提供的,我们必须去探寻那些怪异的函数。对“连续性”而言,下面这个由狄利克雷给出的函数就足够怪异。狄利克雷函数的定义是

$$G(x)=\begin{cases}1, \text{如果}x\text{是有理数}\\0, \text{如果}x\text{是无理数}\end{cases}$$

这个函数在整个实数轴上处处不连续①,虽然是个周期函数,但是没有最小正周期并且在任意长度不为0的区间上黎曼不可积,这在微积分刚刚发展起来的时候简直就是一个怪物。

狄利克雷函数本身并没有连续点,但我们可以利用它轻松地构造出一个只有单一连续点的函数,这个技巧使用频率很高,请大家务必记住。令

$$f(x)=x\cdot G(x)$$

容易看出$f(x)$在$x_0=0$处是连续的。事实上,当$x\to 0$时,x是无穷小,而$G(x)$有界,所以$\lim\limits_{x\to 0}f(x)$存在且等于$f(0)=0$。但因为有理数集和无理数集在实数集中均稠密,当$x_0\neq 0$时,不管x_0是有理数还是无理数,在x_0的任何邻域内,$f(x)$的上、下确界之差都不会低于一个固定的正数$\frac{|x_0|}{2}$,$\lim\limits_{x\to x_0}f(x)$不存在,所以$f(x)$在除0之外的任何点都不连续。这说明$f(x)$在$x_0=0$处的连续性没有办法延展到0所在的任何邻域上。这是大家在研究函数的连续性问题时切记不要踩进去的第一个坑。

“连续性”的第二个陷阱:并非所有有限长度闭区间上的连续函数都只

① 因为有理数集和无理数集均在实数集中稠密。

有有限个取严格极大或极小值的点。

这个结论有何特别之处呢？如果连续函数的图像都像我们经验中的曲线那样，可以一笔不间断地画出来，那么这种情形或许并不会出现。试想一下，从一个有限长度闭区间的端点出发，曲线上下波动，形成不同的波峰和波谷，对应不同的极大值和极小值。因为区间的长度是有限的，直觉上这样的波峰和波谷也是有限的，否则曲线不可能连续，而会像狄利克雷函数那样有很多个断点。但事实上，具有无穷多个波峰和波谷的连续曲线不仅存在，而且可以完全容纳在一个有限长度的闭区间中。

19.2 无穷振荡曲线

最容易想到的例子就是$f(x)=\sin\frac{1}{x}$（见图 19-1）。

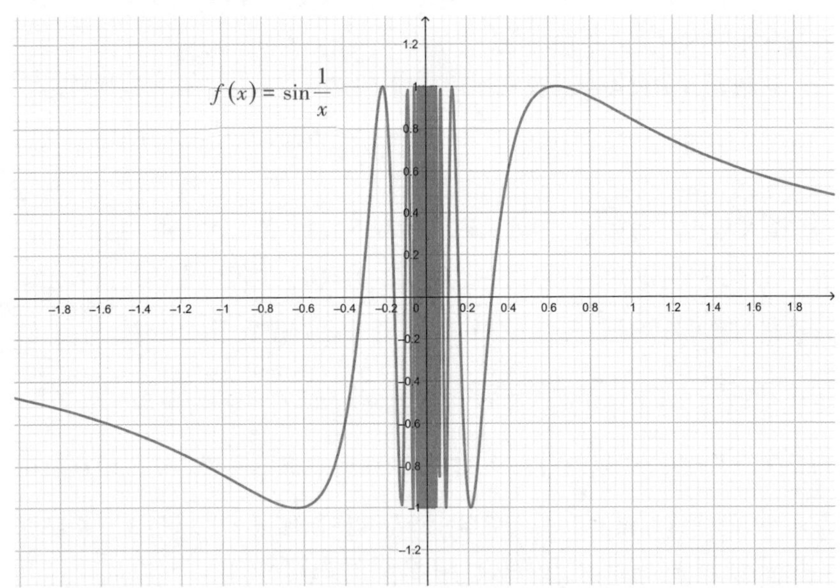

图 19-1 无穷振荡曲线示例

它的图像在闭区间[-1,1]内就有无穷多个波峰、波谷。但这个函数离我们的要求还有一定距离，因为 $\sin\frac{1}{x}$ 在 $x_0 = 0$ 处没有定义，而且我们也无法通过补充定义 $f(x)$ 在 $x_0 = 0$ 处的取值，使它成为一个连续函数[①]。这时我们再次想到了在19.1节中使用的技巧：给 $f(x)$ 乘上一个 x。这使目标函数 $x\cdot f(x)$ 在 $x_0 = 0$ 处的左、右极限均为0，这样我们就能通过补充定义 $x\cdot f(x)$ 在 $x_0 = 0$ 处的取值使它成为一个连续函数。令

$$g(x) = \begin{cases} 0, & x = 0 \\ x\cdot f(x), & x \neq 0 \end{cases}$$

这是一个连续函数，虽然为了保证其在 $x_0 = 0$ 处的连续性，在闭区间[−1,1]内函数图像的振幅在越靠近0的地方越小，但它仍然有无穷多个波峰和波谷（见图19−2）。

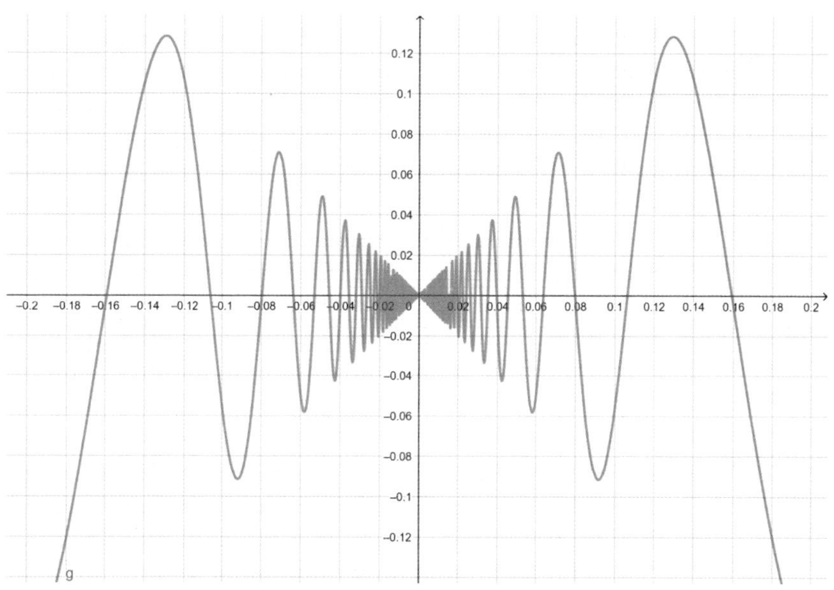

图19−2　无穷振荡连续曲线示例

这个性质或许可以忽视，即便连续函数的函数图像在闭区间内可以有

①$f(x)$ 在 $x_0 = 0$ 处的左、右极限均不存在。

无穷多个拐点,但只要图像的长度是有限的,我们就能够一笔画完。如同“芝诺悖论”所描述的那样,假设在函数图像上放一只小乌龟,只要距离有限,它总能从头爬到尾。

然而,我们必须承认,这同样存在例外情况。

相比于在有限长度的闭区间内拥有无穷多个极值,“连续性”还存在更令人不可思议的第三个陷阱:一个有限长度闭区间上的连续函数,其曲线长度也可以是无穷的。这样一来,试图通过“一笔画”方式画出连续函数图像的想法就被完全推翻了。

19.3 不可求长曲线

19.2节所构造的无穷振荡曲线就是一条不可求长曲线,它的图像在闭区间[-1,1]上的曲线长度为无穷。下面我们严谨地证明这一点。

利用定积分求曲线的弧长,我们有

$$
\begin{aligned}
l_{[-1,1]}(g) = \int_{-1}^{1}\sqrt{1+g'(x)^2}\,\mathrm{d}x &= 2\int_0^1\sqrt{1+\left(\sin\frac{1}{x}-\frac{1}{x}\cdot\cos\frac{1}{x}\right)^2}\,\mathrm{d}x \\
&= 2\int_1^{\infty}\sqrt{1+(\sin t-t\cdot\cos t)^2}\,\frac{\mathrm{d}t}{t^2} \\
&= 2\int_1^{\infty}\sqrt{1+\sin^2 t+t^2\cos^2 t-t\sin 2t}\,\frac{\mathrm{d}t}{t^2} \geqslant \\
&\quad 2\sum_{k=1}^{\infty}\int_{2k\pi+\frac{5}{8}\pi}^{2k\pi+\pi}\sqrt{1+\sin^2 t+t^2\cos^2 t}\,\frac{\mathrm{d}t}{t^2} \geqslant \\
&\quad 2\sum_{k=1}^{\infty}\int_{2k\pi+\frac{5}{8}\pi}^{2k\pi+\pi}\frac{|\cos t|}{t}\,\mathrm{d}t \geqslant \\
&\quad 2\sum_{k=1}^{\infty}\frac{-\cos\frac{5}{8}\pi}{(2k+1)\pi}\int_{2k\pi+\frac{5}{8}\pi}^{2k\pi+\pi}\mathrm{d}t \\
&= -\frac{3}{4}\cos\frac{5}{8}\pi\sum_{k=1}^{\infty}\frac{1}{2k+1}
\end{aligned}
$$

由于

$$\sum_{k=1}^{\infty}\frac{1}{2k+1}$$

是一个发散级数，$l_{[-1,1]}(g)$的值是不可能存在的，从而$g(x)$的图像在闭区间$[-1,1]$上的曲线长度为无穷。

不熟悉上述数学内容的读者，可以先把证明放在一边。有相关基础的读者可以细细品味证明中使用的不等式放缩技巧，这是一个处理三角函数类似问题时普遍采用的精巧构造，值得好好揣摩。此外，我想提醒大家，并非所有在闭区间上具有无穷多个极值点的曲线都是不可求长曲线。

"连续性"的第四个陷阱与曲线的"圆滑"程度有关。我们都知道，如果一个连续函数在某点处存在切线，则说明这个函数的图像在该点过渡自然，走向可预测，变化不突兀。

如同图19-3给出的齿状函数，

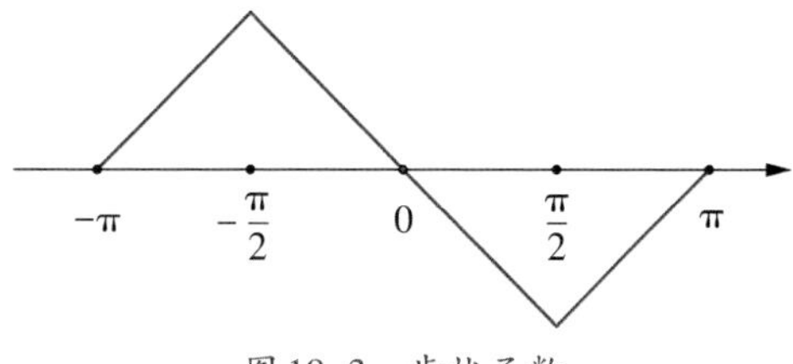

图19-3 齿状函数

连续函数并非在所有的点都存在切线，然而，人们直觉上认为：一条连续函数所定义的曲线上，存在切线的点应该占据绝大多数，否则连续函数的图像不仅不能一笔画完，甚至连画都没法画。真实情况再次颠覆了人们的认知。确实存在这样的连续函数，在其定义域内的每点都不存在切线。

19.4 魏尔斯特拉斯函数

我们选取魏尔斯特拉斯在1861年左右①找到的函数作为例子。尽管它可能不是数学家发现的第一个处处连续但处处不可求导的函数，却是最著名的一个。

①《高观点下的初等数学(第三卷)》，菲利克斯·克莱因。

魏尔斯特拉斯函数是由一个无穷级数给出的(见图 19-4)。

$$f(x) = \sum_{n=0}^{\infty} a^n \cos(b^n \pi x)$$

其中 $0 < a < 1$,b 是正奇数,且 $ab > 1 + \frac{3}{2}\pi$。

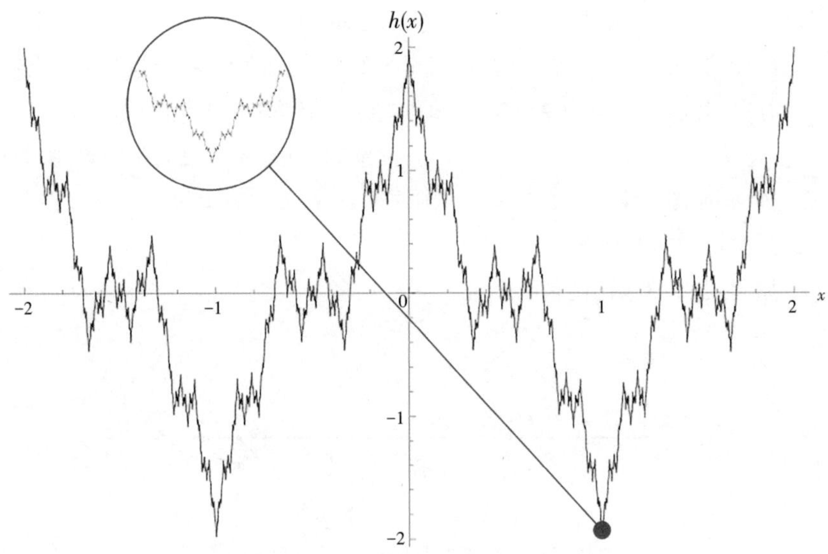

图 19-4　魏尔斯特拉斯函数的图像

虽然我不想给出魏尔斯特拉斯函数处处不可求导的严格证明,但我可以结合函数图像做一个简单的说明。魏尔斯特拉斯函数的图像是一种在数学上被称为“分形”的几何图形。我们将它在任一点处的局部放大,得到的图形都与整体图形相似,具有无限生长的“锯齿”,而不像可导函数那样越来越接近一条直线。因此,试图手工绘制这样的图形,确实无从下手。

我们从四个侧面介绍了函数的“连续性”条件可能带来的错觉。这并不是想让大家在学习的时候变得谨小慎微。相反,连续函数可能是微积分中最具备直观性的一个概念。我们学习相关内容时可以大量地借助几何直观性。只不过,在这样做的时候,我们必须明确“数学上的严谨”与“生活中的经验”之间的边界。

思考题

你还能再找出一个“连续性”的陷阱吗?

第20章

微分的前世今生

微积分是高等数学的核心内容,也是我们这一板块预备重点讲解的概念。结合当时的历史背景看,微积分的发明主要是解决以下四类问题。

一是已知物体的位移随时间变化的函数,求速度和加速度,反过来,已知速度和加速度,求位移随时间变化的函数;

二是基于纯几何研究及光学研究的需要,求已知曲线的切线;

三是求函数的最大值和最小值;

四是求曲线的长度、曲线围成的面积、曲面围成的体积等与几何相关的量。

这些问题在17世纪曾经被几十位数学家仔细地研究过,然而,他们的努力都未能宣告微积分的创立,直到牛顿和莱布尼兹的出现。与其他数学家不同,牛顿与莱布尼兹不仅系统地给出了上述问题的答案,而且敏锐地察觉到解答这些问题时所使用的两套重要方法,在实际应用中是一对互逆的工具,即我们所熟知的微分和积分。

微分是个局部工具,它只应用于一个点的微小邻域内,与如何求曲线的切线密切相关。

其实"求曲线的切线"这个问题本身提得并不严谨。因为在微积分创立之前,什么是"切线",还没有一个严格的数学定义。从直观上看,所谓

“切线”,是让直线与曲线相离,然后慢慢靠近,直到仅在一点上接触为止。对椭圆、抛物线和双曲线(其中一个分支)这样的圆锥曲线而言,古希腊人将切线定义为“和曲线相交于一点且位于曲线一侧的直线”,这一定义对它们而言是合适的。但对更一般的曲线而言,这样的定义显然并不成立(见图20-1),因为“相切”本质上是一个局部特性,不能用一个整体性的条件来刻画。

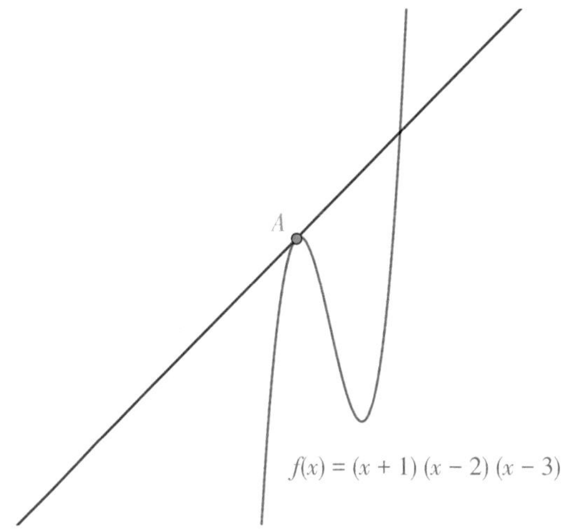

图20-1 与曲线有两个交点的切线

历史上还有一种流行的切线定义方式:假如一条曲线是一个质点运动产生的轨迹,那么曲线上某一点的切线方向,就是质点运动到此处时水平速度和垂直速度的合速度的方向。这个定义新奇的地方是将几何与物理建立了关联,但对于更多与运动无关的曲线就无能为力了。切线的真正定义,必须回到精准的数学语言上。

20.1 切线与微分

给定已知曲线上的一个点,要想定义过这个点的曲线的切线,关键是确定切线的斜率,在这个点的微小邻域内,我们可以取曲线上的另外一个点,然后用对应的割线来近似地代替切线。当所取的额外点越来越靠近给定的点时，割线的斜率也会越来越靠近切线的斜率（见图20-2）。费马、巴罗、莱布尼兹等人求切线的方法，本质上采用的都是这种思路。

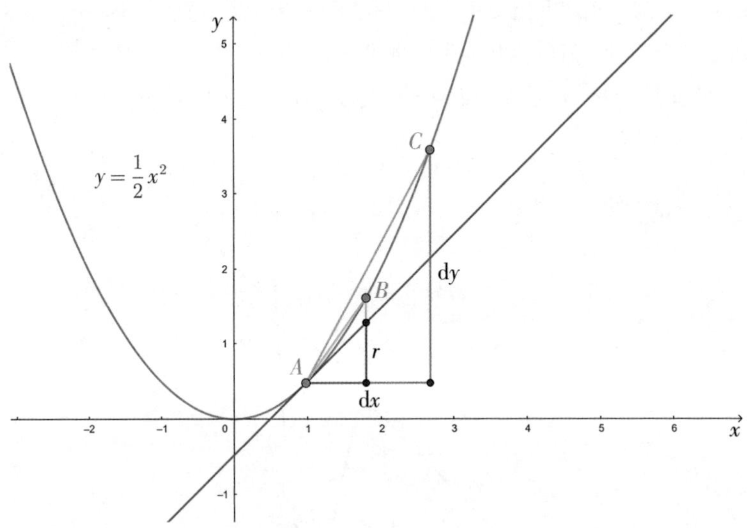

图20-2　切线的构造

以函数$y=\frac{1}{2}x^2$的图像为例，我们要确定（或是定义）过A点的切线，可以假设A的横坐标x有一个微小的增量dx，此时x + dx对应曲线上的点C，相应的纵坐标增量为dy。若我们用割线AC近似地代替过A点的切线，所求切线的斜率就是$\frac{\mathrm{d}y}{\mathrm{d}x}$。问题是我们并不想要一个近似值，只好让点$C$沿着曲线不断向$A$点靠近，这意味着d$x$和d$y$都是趋于0的可以任意小的量。

莱布尼兹等人处理这两个可以任意小的量的方式引发了巨大的争议，他们先将dx和dy代入函数关系式中，得到

$$y+\mathrm{d}y=\frac{1}{2}(x+\mathrm{d}x)^2=\frac{1}{2}x^2+x\cdot\mathrm{d}x+\frac{1}{2}(\mathrm{d}x)^2$$

然后减去$y=\frac{1}{2}x^2$，将等式化简为

$$\mathrm{d}y=x\cdot\mathrm{d}x+\frac{1}{2}(\mathrm{d}x)^2$$

接下来,等式两边同时除以 $\mathrm{d}x$,得到

$$\frac{\mathrm{d}y}{\mathrm{d}x} = x + \frac{1}{2}\mathrm{d}x$$

莱布尼兹指出,因为 $\mathrm{d}x$ 是一个可以任意小的量,所以等式右边的第二项可以舍去,从而过 A 点切线的斜率就是 x。

引发争议的地方是莱布尼兹对待 $\mathrm{d}x$ 的态度前后矛盾。$\mathrm{d}x$ 究竟是否为 0? 如果 $\mathrm{d}x$ 等于 0,得到 $\mathrm{d}y = x\cdot\mathrm{d}x + \frac{1}{2}(\mathrm{d}x)^2$ 之后,等式两边不能同时除以一个等于 0 的量;而如果 $\mathrm{d}x$ 不等于 0,凭什么可以舍去 $\frac{1}{2}\mathrm{d}x$ 来得到一个正确的答案呢? 英国著名哲学家贝克莱对微积分中广泛使用的"无穷小"概念大为不满。他把这种时而会被代入计算,时而又被随意抛弃的"无穷小"称为"一个消失了量的鬼魂"。

20.2 导数:差商的极限

莱布尼兹把 $\mathrm{d}x$ 和 $\mathrm{d}y$ 这两个可以任意小的量称为横坐标 x 和纵坐标 y 的"微分",它们的商 $\frac{\mathrm{d}y}{\mathrm{d}x}$ 称为"微商"。在莱布尼兹的眼中,切线的斜率和"微商"是一致的。尽管微分概念的含义在今天已经有了很大的不同,莱布尼兹仍然推导出了微分两个函数的和、差、积、商及幂和方根的一系列正确的运算法则。

以现代数学语言来表达,增量 $\mathrm{d}x$ 应该记为 Δx,$\mathrm{d}y$ 应该记为 Δy,莱布尼兹求出的切线斜率事实上是差商 $\frac{\Delta y}{\Delta x}$ 在 Δx 趋向于 0 时的极限

$$\lim_{\Delta x \to 0}\frac{\Delta y}{\Delta x} = \lim_{\Delta x \to 0}\frac{y(x+\Delta x) - y(x)}{\Delta x}$$

如果这个极限存在,那么正好就是函数 $y(x)$ 在点 x 处的导数,导数值越大,意味着函数值的变化率越大。

导数除了能够定量地给出切线的斜率,还能够定性描述函数在一点处的局部性状(见图 20-3):若 $y'(x_0) > 0 (< 0)$,则存在 x_0 的一个邻域使在该

邻域内$y(x)$的取值满足

$$\begin{cases} y(x) > (<)\, y(x_0), & x > x_0 \\ y(x) < (>)\, y(x_0), & x < x_0 \end{cases}$$

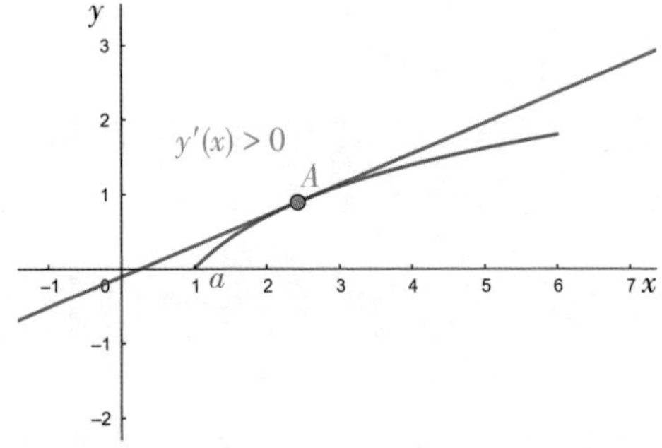

图 20-3　导数描述函数在一点处的局部性状

这引出了著名的费马定理：如果函数$y(x)$在点x_0处可导，且x_0是$y(x)$的极值点，则$y'(x_0) = 0$，也即$y(x)$的图像在点x_0处的切线平行于x轴。

20.3　微分在今天的含义

今天我们所理解的微分，已经不再是莱布尼兹所指那个“可以任意小的量”，而是有了全新的含义。

让我们固定一个点x_0，并假定函数$y(x)$在点x_0处连续，考察点x_0的附近函数值随自变量改变而改变的情况

$$\Delta y = y(x_0 + \Delta x) - y(x_0)$$

显然Δy的值随着Δx的变化而变化，这说明我们可以把Δy看成Δx的函数。特别地，因为$y(x)$在点x_0处连续，Δy是Δx趋向于0时的无穷小。我们拿$y = \frac{1}{2}x^2$举例，看看Δy与Δx的函数关系是怎样的

$$\Delta y = \frac{1}{2}(x_0 + \Delta x)^2 - \frac{1}{2}x_0^2 = x_0 \cdot \Delta x + \frac{1}{2}(\Delta x)^2$$

可以看到，由于$(\Delta x)^2$是Δx的高阶无穷小，当Δx趋向于0时，$\frac{1}{2}(\Delta x)^2$将以比$x_0\cdot\Delta x$快得多的速度趋向于0（参见第18章）。因此，相较于$x_0\cdot\Delta x$的线性变化关系，$\frac{1}{2}(\Delta x)^2$对Δy的贡献在Δx趋向于0时是微不足道的。这时，我们称$y(x)$在点x_0处可微，$x_0\cdot\Delta x$是它在点x_0处的微分。

一般地，对在点x_0处连续的函数$y(x)$而言，如果Δy与Δx的函数关系可以表示成

$$\Delta y = A\cdot\Delta x + o(\Delta x)$$

其中，A是一个由x_0确定的常数，$o(\Delta x)$代表一个Δx的高阶无穷小，我们就称$y(x)$在点x_0处可微，$A\cdot\Delta x$是它在点x_0处的微分，记作

$$\mathrm{d}y\Big|_{x=x_0} = A\cdot\Delta x$$

如果$y(x)$是一个区间上的连续函数并且在这个区间内的每个点都可微，我们就能把A看成x的函数，从而把$y(x)$的微分写成

$$\mathrm{d}y = A(x)\cdot\Delta x$$

微分从莱布尼兹时代的“可以任意小的量”变成了函数值随自变量变化的线性主部。

关于函数的微分，有以下几点需要说明。

（1）函数$y = x$是可微的，且$\mathrm{d}x = \Delta x$，因此人们也习惯把函数的微分写成$\mathrm{d}y = A(x)\cdot\mathrm{d}x$。

（2）由于（1）中的习惯性写法，微分符号是很容易引起混淆的，求函数的微分时，一定要明确是对哪个变量微分。

（3）对一元函数而言，可微与可导是等价的。此时，$A(x)$就是$y(x)$的导函数$y'(x)$。

（4）当x是自变量t的函数时，由复合函数求导的链式法则知

$$\mathrm{d}_t y = y'(t)\cdot\mathrm{d}_t t = y'(x)\cdot x'(t)\cdot\mathrm{d}_t t = y'(x)\cdot\mathrm{d}_t x$$

从而一阶微分具有形式不变性，这里我们加上脚标以表示我们对哪个变量微分。

(5)由函数乘积求导的莱布尼兹法则知

$$d(uv) = \left[u'(x)v(x) + u(x)v'(x)\right]\cdot dx = du\cdot v + u\cdot dv$$

这是函数乘积求微分的莱布尼兹法则。

20.4 导数等于微商吗

从表面来看,现在所讲的微分已经和切线没有任何关系了,但由于 $dy = y'(x)\cdot dx$,因此我们可以形式上将导数写成微分的商

$$y'(x) = \frac{dy}{dx}$$

似乎在错进错出之后,莱布尼兹关于"导数等于微商"的论断仍然是正确的。那么,导数真的等于微商吗?

我个人并不推荐将导数理解为微商,虽然对一阶微分而言这样理解没有错误,甚至还有很多便利性,如通过

$$\frac{dy}{dt} = \frac{dy}{dx}\cdot\frac{dx}{dt}$$

可以很方便地得到复合函数求导的链式法则

$$y'(t) = y'(x)\cdot x'(t)$$

但如果上升到高阶导数和高阶微分,这样理解就会增加非常多的风险。

所谓高阶微分,是指微分的微分 $d^n y = d(d^{n-1}y)$,由函数乘积求微分的莱布尼兹法则我们知道

$$\begin{aligned} d^2 y &= d(dy) = d\big(y'(x)\cdot dx\big) = y''(x)\cdot dx\cdot dx + y'(x)\cdot d(dx) \\ &= y''(x)\cdot(dx)^2 + y'(x)\cdot d^2 x \end{aligned}$$

注意,我们是对自变量 x 求微分,而 $dx = \Delta x$ 与 x 无关,所以此时

$$d^2 x = d(dx) = 0$$

在不会引发歧义的情况下,我们通常也将 $(dx)^2$ 中的括号省略,写成 dx^2,这样我们最终得到关于自变量 x 的二阶微分

$$d^2 y = y''(x)\cdot dx^2$$

与一阶微分不同的是,高阶微分没有形式不变性。当 x 是自变量 t 的函

数时，如果高阶微分也有形式不变性，那么就会有

$$\mathrm{d}_t^2 y = y''(x)\cdot \mathrm{d}_t x^2,$$

然而

$$\begin{aligned}\mathrm{d}_t^2 y &= \mathrm{d}_t(\mathrm{d}_t y) = \mathrm{d}_t\big(y'(x)\cdot x'(t)\cdot \mathrm{d}_t t\big)\\ &= y''(x)\cdot x'(t)^2\cdot \mathrm{d}_t t^2 + y'(x)\cdot x''(t)\cdot \mathrm{d}_t t^2\\ &= y''(x)\cdot \mathrm{d}_t x^2 + y'(x)\cdot \mathrm{d}_t^2 x\end{aligned}$$

与我们期望中的公式相比，多了一项 $y'(x)\cdot \mathrm{d}_t^2 x$，一般来讲 $\mathrm{d}_t^2 x$ 并不恒等于0。

在高阶微分没有形式不变性的情况下，将导数理解为微商是很有风险的，稍不留神就会犯错误。例如，下面这个看似完美的公式

$$\frac{\mathrm{d}^2 y}{\mathrm{d}t^2} = \frac{\mathrm{d}^2 y}{\mathrm{d}x^2}\cdot\frac{\mathrm{d}x^2}{\mathrm{d}t^2} = \frac{\mathrm{d}^2 y}{\mathrm{d}x^2}\cdot\left(\frac{\mathrm{d}x}{\mathrm{d}t}\right)^2$$

就会给出一个错误的等式

$$y''(t) = y''\big(x(t)\big)\cdot x'(t)^2$$

思考题

你能说出上面的推导错在哪里并给出修正吗？

第21章 自然的数学法则

对微分而言,指数函数是一类非常特别的函数,尤其在微分方程的求解过程中,它发挥着重要的作用。人类很早就意识到指数函数 a^x 的威力,当底数 $a > 1$ 时,随着 x 的增长,a^x 的取值将以一个非常快的速度趋向于正无穷。

一个非常有名的故事,被收录进教科书。故事是这样说的:古印度有位国王叫舍罕王,他打算重赏国际象棋的发明者,即王国的宰相班·达伊尔。聪明的宰相并没有要贵重的金银珠宝或土地,而是请求国王按照他所发明的棋盘赏赐足够数量的小麦。规则是在棋盘的第一个格子里放上一粒麦子,第二个格子里放上两粒,第三个格子里放上四粒,此后每个格子都放上前一个格子中麦子数量的2倍,直到64个格子都放满。

就这么简单?

没错,宰相先生自信地点了点头。

故事的结果你们都清楚了。单纯的舍罕王很快答应了这个看似微不足道的要求。起初,填放麦子的速度很快,格子一个个被迅速掠过,国王的脸上甚至露出了轻蔑的笑容。但随着格子数逐渐增加,国王开始意识到问题的严重性,他下令搬来的一袋袋麦子很快用完,甚至好几袋麦子都不够填满一个格子,局面逐渐失控,国王为他的决定后悔了。

事实上宰相班·达伊尔所求的赏赐真的是一个天文数字，如果真的如他所愿用麦子将整个棋盘填满，那麦子的总数将是

$$1+2+2^2+\cdots+2^{63}=2^{64}-1=18\,446\,744\,073\,709\,551\,615$$

大体上相当于人类2000多年来生产的所有小麦的总和。①

舍罕王的数学水平的确有待提高，他若能预见宰相先生的胃口如此之大，估计砍了他的心都有。

还有一个例子也很出名，号称史上最励志的公式。这个公式试图传达一个理念：只要每天比前一天多努力一点（如1%），一年之后，你就会把别人远远甩开，变得无比强大。

这个公式的出发点是好的，但它明显低估了指数函数的威力。假设我们从每天学习微积分1小时开始，此后每天所投入的学习时间都比前一天多1%，那么一年之后，我们每天学习微积分的时间将超过$1.01^{365}\approx 37.7834$小时，这显然是不可能完成的任务，就算是不吃不喝不睡觉也没有办法实现。

当然，你要是想偷懒，那倒是很容易。同样从每天学习微积分1小时开始，此后每天所投入的学习时间都比前一天少1%，那么365天之后你每天学习微积分的时间就只剩下了大约1.5分钟，这基本上就算是躺平了。

21.1 函数e^x的特性

刚才提到的古印度国王的例子，仅是以2为底的指数函数，区区64个方幂就已经令人瞠目结舌。然而，以e为底的指数函数e^x趋向于无穷的速度就更加生猛，它在直角坐标系中的图像，如同一架推力十足的战斗机，短暂的爬升之后一飞冲天。

然而e^x带给数学家们的震撼远不止一飞冲天的函数图像，而是一个与导函数有关的独特性质：在相差一个常数倍的意义下，e^x是实数轴上唯一一个导函数等于其自身的函数。

通常情况下，导函数$f'(x)$的图像与原函数$f(x)$的图像相比，都大为不

① 《从一到无穷大》，乔治·伽莫夫。

同。例如，幂函数 x^n 的导函数是 $n \cdot x^{n-1}$，不仅函数的奇偶性发生了变化，当 x 沿着坐标轴正向趋向于无穷大时，函数值趋向于无穷大的速度也明显放缓。对数函数 $\ln x$ 的导函数是 $\frac{1}{x}$，从一个无界函数变成了一个有下界的函数，从一个增函数变成了一个减函数。三角函数则是个例外，$\sin x$ 的导函数是 $\cos x$，其图像为自身函数图像平移 $\frac{\pi}{2}$ 个单位而来，完整地保持了函数图像的形状。在函数的世界里，这种情况已经颇为难得，像 e^x 这样任你千万次求导，我自岿然不动的函数必定要令人刮目相看。

大家知道，如果函数 $f(x)$ 在点 x_0 处可导，其导数的计算归结为求极限

$$\lim_{\Delta x \to 0} \frac{\left[f\left(x_0 + \Delta x\right) - f\left(x_0\right)\right]}{\Delta x}$$

其中，Δx 代表一个可以任意小的改变量。例如，在知道对数函数 $\ln x$ 是一个连续函数的前提下计算它的导函数：

$$\begin{aligned}
\lim_{\Delta x \to 0} \frac{\left[\ln(x + \Delta x) - \ln(x)\right]}{\Delta x} &= \lim_{\Delta x \to 0} \frac{1}{\Delta x} \ln\left(1 + \frac{\Delta x}{x}\right) \\
&= \lim_{\Delta x \to 0} \frac{1}{x} \ln\left(1 + \frac{\Delta x}{x}\right)^{\frac{x}{\Delta x}} \\
&= \frac{1}{x} \ln\left[\lim_{\Delta x \to 0}\left(1 + \frac{\Delta x}{x}\right)^{\frac{x}{\Delta x}}\right] \\
&= \frac{1}{x} \ln e = \frac{1}{x}
\end{aligned}$$

再利用复合函数得求导法则

$$\left[f\left(g(x)\right)\right]' = f'\left(g(x)\right) \cdot g'(x)$$

即有恒等式

$$1 = x' = \left[\ln\left(e^x\right)\right]' = \frac{1}{e^x} \cdot \left(e^x\right)'$$

从而 $\frac{de^x}{dx} = e^x$。

在相差一个常数倍的情况下，e^x 是唯一一个具有这种特性的一元函

数。如果还有另外一个函数$f(x)$也满足

$$f'(x)=f(x)$$

那么$\frac{f'(x)}{f(x)}=1$,从而$\frac{f'(x)}{f(x)}$的原函数$\ln f(x)$与1的原函数x只相差一个常数c,也即

$$\ln f(x)=x+c$$

这说明$f(x)=\mathrm{e}^{x+c}=\mathrm{e}^{c}\cdot\mathrm{e}^{x}$。

21.2 指数函数与等角螺线

在另一种常见的坐标系(极坐标系)中,e^{x}的这种特性将会反映一个非常重要的性质:等角性。这种等角性使极坐标下以e为底的指数函数的图像看起来就像一条由内而外不断旋转延长的螺线。

自然界中,到处都能发现它的踪影(见图21-1)。

图21-1 鹦鹉螺——自然界中的等角螺线[①]

极坐标系下,平面中的任意一点仍然可以用两个独立的坐标来表示。这两个坐标中,一个代表着连接极点与此点向量的长度,另一个代表着此

① 图片来自维基百科,由Chris 73上传,版权许可:Creative Commons Attribution-Share Alike 3.0 Unported License。

向量与极轴的夹角，记为(r,θ)。极坐标与直角坐标之间的转换公式为

$$\begin{cases}x = r\cos\theta \\ y = r\sin\theta\end{cases}$$

现在，在极坐标系中，让我们看看指数函数$r = ae^{b\theta}$，$(a > 0)$的神奇之处。把

$$\begin{cases}x = r(\theta)\cos\theta \\ y = r(\theta)\sin\theta\end{cases}$$

看成关于θ的参数方程，它的切线方程（导函数）由下面的含参导数决定（$\frac{dy}{dx} = \frac{dy}{d\theta}\cdot\frac{d\theta}{dx} = \frac{y'}{x'}$）：

$$\begin{cases}x' = r'(\theta)\cos\theta - r(\theta)\sin\theta \\ y' = r'(\theta)\sin\theta + r(\theta)\cos\theta\end{cases}$$

在每个夹角θ处，(x',y')定义的向量$\overrightarrow{(x',y')}$与原函数(x,y)定义的向量$\overrightarrow{(x,y)}$之间的夹角可以通过数量积（内积）来进行计算。

设此夹角为α，则

$$\cos\alpha = \frac{x\cdot x' + y\cdot y'}{\sqrt{x^2 + y^2}\cdot\sqrt{x'^2 + y'^2}}$$

将参数方程的求导结果代入，我们有

$$\begin{aligned}x\cdot x' + y\cdot y' &= r\cdot r'\cos^2\theta - r^2\cos\theta\sin\theta + r\cdot r'\sin^2\theta + r^2\cos\theta\sin\theta \\ &= r\cdot r'\end{aligned}$$

同时$\sqrt{x^2 + y^2} = r$，$\sqrt{x'^2 + y'^2} = \sqrt{r^2 + r'^2}$，因此

$$\cos\alpha = \frac{1}{\sqrt{\left(\frac{r}{r'}\right)^2 + 1}}$$

注意，$r(\theta) = ae^{b\theta}$，从而$r'(\theta) = abe^{b\theta}$。我们最终得到$\frac{r}{r'} = \frac{1}{b}$，$\alpha = \arccos\frac{1}{\sqrt{\left(\frac{1}{b}\right)^2 + 1}}$。

这说明向量$\overrightarrow{(x', y')}$与$\overrightarrow{(x, y)}$之间的夹角是一个只与$b$有关,而与$\theta$无关的常数。函数$r = ae^{b\theta}$在极坐标下的图像始终与过极点的射线成固定的夹角,因此画出来的效果自然就像一条由内而外不断旋转延长的螺线了。

由于$r = ae^{b\theta}$中出现了由对数运算诱导而来的自然底数e,它的图像因此被称为对数螺线,也称为等角螺线(见图21-2)。

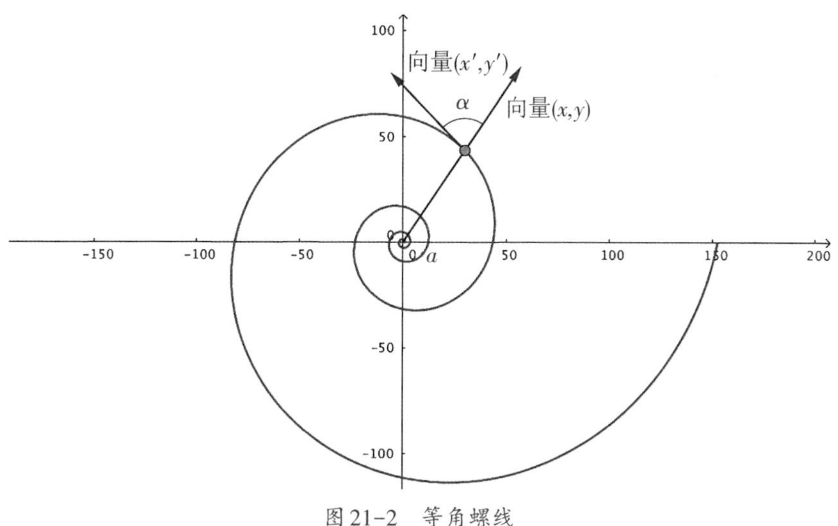

图21-2 等角螺线

21.3 自然界中的等角螺线

对数螺线因为等角的特性深受大自然的青睐,许多动植物都以此为标准,规划它们的运动和生活。

其中,声名远播的“螺线动物”当属鹦鹉螺。由于自身特殊的生长机制,鹦鹉螺的螺壳均匀地向外延长,其外圈始终与以中心为起点的射线成固定的夹角,呈现出优美的对数螺线结构。换句话说,你可以用方程$r = ae^{b\theta}$来描述鹦鹉螺的生长曲线。

这个方程不仅数学上简洁,还具有深刻的美学意义。假如我们用放大镜把一只鹦鹉螺放大一倍,它的螺线方程将变为$r = 2ae^{b\theta}$。令

$$\delta = \frac{1}{b}\ln 2$$

那么$2 = e^{b\delta}$，也即

$$r = ae^{b(\theta+\delta)}$$

这说明放大镜下鹦鹉螺的每段螺壳曲线与原螺线多绕$\frac{\delta}{2\pi}$圈之后的部分完全一致。由于自变量$\theta+\delta$与θ一一对应，从图像上看，这两条曲线没有任何区别。这种特性被称为自相似性。大自然中还有许多物种像鹦鹉螺这样，因为均匀生长的需要而具有自我复制的属性，如同分形那样，无论放大或缩小，我们所看到的依然是同一个图形。

显然，鹦鹉螺的生长速度，被螺线与极轴所夹之固定角度控制。根据前面的分析，这个角度α由方程$r = ae^{b\theta}$中的b唯一决定。科学家们研究了大量鹦鹉螺的实例，发现它们的b值惊人的一致，大约等于0.3063489。如此，每隔四分之一个圆周($\frac{\pi}{2}$)，鹦鹉螺螺壳曲线的增长比值大约为

$$\frac{ae^{b(\theta+\frac{\pi}{2})}}{ae^{b\theta}} = e^{\frac{\pi}{2}b} \approx 1.618$$

这是著名的“黄金分割率”的倒数。

此后，b值为0.3063489的对数螺线又被称为“黄金螺线”，从视觉效果上看，它是最具美感的等角螺线。

植物界同样受到等角螺线的深刻影响，如松果、菠萝、仙人掌、菊花、向日葵等，在众多人们熟悉的花、叶、种子的排列结构上，我们都能发现等角螺线的身影。

产生这种现象的根本原因是植物在发芽、生长和结果的过程中，会按照固定角度旋转展开，以保证每片叶子和种子都能够尽可能多地享受到阳光和生长激素的滋润。按照这样的生长方式，叶子和种子一层层地向外延长，它们的边缘连接在一起，自然而然地形成了等角螺线。

那么问题来了，植物如何选择叶片或种子之间的间隔角度呢？

我们不妨来模拟一下植物的生长过程。假设第一片叶子位于一个确定的方向上，那么第二片叶子应该选哪里？它当然可以选与第一片叶子相同的方向，可以位于第一片叶子的正上方。但如此一来，它将会把第一片叶子的阳光完全挡住，同时还要争抢同一个位置的生长激素，这显然不是明智之选。

选在第一片叶子的正对面，如何？

看起来相当不错，两片叶子间隔最远，互相干扰的可能性被降到最低。但如果真的按照这种选法，两片叶子间相隔180°，那么第三片叶子又会来到第一片叶子的正上方，第四片叶子来到第二片叶子的正上方，互相干扰的问题依然存在，同时还要浪费大量的空间。

所以对于植物来说，叶片之间的相隔角度α最好不要让$\frac{360°}{\alpha}$成为一个有理数，否则在有限圈之后，叶片总会重合。

那随便为α选取一个无理数，可以吗？

科学家们研究了大量的实例，发现植物对此居然达成了惊人的共识，α并不是一个随心所欲的无理数。例如，向日葵，又称太阳花，花盘上的种子就按照大约$\alpha = 222.5°$的间隔角度层叠排列。1979年，德国学者沃格尔(Vogel)曾用计算机模拟了角度α对太阳花种子分布的影响，发现但凡α偏离222.5°一点，种子分布就会变得很不经济，只有大约222.5°时，太阳花的花盘才会如大自然所呈现的那样，精妙美丽。

为什么会是222.5°呢？因为

$$\frac{360°}{222.5°} \approx 1.618$$

又是“黄金分割率”的倒数。

21.4 等角螺线与地图投影

假如你拿出一张世界地图，询问路人从洛杉矶到巴黎的最快飞行路线？多数人的第一反应可能是在地图上画出一条连接两个城市的线段，然后一脸天真地望着你，这还用问吗？两点之间，线段最短啊！

很遗憾，事实并非如此。地图有很多种，它们是通过各种不同的方式将地球上的点投影到二维平面上绘制而成的。例如，非常古老且至今仍十分常见的墨卡托地图，它是由一个圆柱面包裹住地球，然后假设在地球球心放置一个光源，光线穿过地球表面投影到圆柱面上得到的地图。

墨卡托地图最大的特点是所有的经线反映在地图上是相互平行的直线，它是一幅著名的保角地图。当你沿着这幅地图上的直线飞行时，实际航线与所有的经线保持固定的夹角。如果我们采用地球在平面上的球极投影，在地球南极点放置一个光源，让光线穿过地球表面投影到地球北极点所在位置的切平面，你的飞行轨迹事实上就是一条美妙的等角螺线，只不过美则美矣，距离却不是最短的。

现代市场上，无论是飞机还是邮轮，在设计长距离航线时，基本会遵照球面上两点间的最短路径，即连接这两点的唯一一个大圆的圆弧。这样的路线在数学上有专业的名称：测地线。

那么，我们连接地球表面上任意两点的大圆航线进行球极投影后，它们会呈现怎样的形状呢？江苏卫视《最强大脑》节目就设计了这样一个项目：任意给出地球上五座城市的经纬度，要求选手正确选择连接这五座城市的大圆航线在球极投影后的曲线形状。

从数学角度来看，这不需要特别多的知识。作为现实生活中航线规划问题的数学模型，我们可以利用空间解析几何研究各种投影的解析式求解方法，从而得到大圆航线经过投影后的曲线方程。对此感兴趣的读者可以自己试一试。

思考题

你还能再举出一些生活中的“等角螺线”例子吗？

第22章

分割的艺术

聊完微分这个用于研究局部的工具，我们该深入探讨积分了。作为研究整体问题的数学工具，积分的源头是求各种几何图形所围成区域的面积。在这一领域，有许多数学家做出过惊艳的尝试，尤其是我们在前面提到的“穷竭法”，它可以被看成整个积分学思想的启蒙。

阿基米德使用“穷竭法”求圆的面积，我们用积分的思想将其重新演绎一遍，推导圆的面积公式$S = \pi \cdot r^2$。

如图22-1所示，先将一个半径为r的圆分割成一个内接正三角形和三个同样大小的弓形，圆的面积等于三角形的面积加上三个弓形的面积。三角形的面积我们是熟悉的，但弓形的面积不好求，于是再将每个弓形区域分割成一个等腰三角形和两个全等的小弓形，小弓形再分割成一个等腰三角形和两个全等的面积更小的弓形。按照积分学的思想，这样的小弓形可以持续不断地分割下去，直到与整个圆的面积相比，它们的大小可以忽略

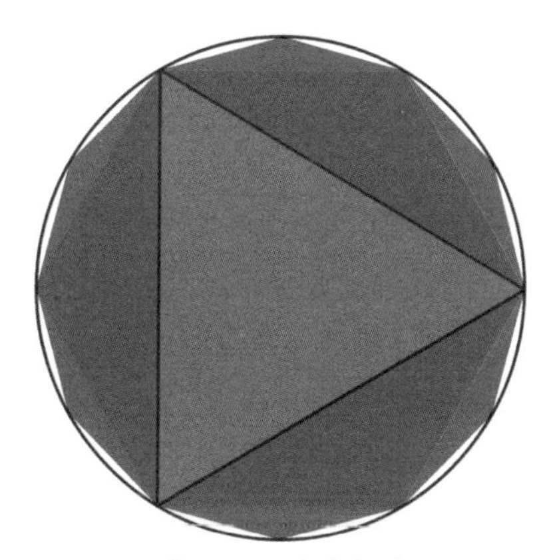

图22-1　圆的分割

不计。求圆的面积转化为求“一堆”三角形的面积之和：

$$S = S_{\Delta褐色} + S_{\Delta蓝色} + S_{\Delta红色} + \cdots$$

这些三角形的面积之和如何求呢？注意，我们的分割方式非常巧妙，最大的褐色三角形加上三个蓝色三角形正好是圆的内接正六边形，再加上六个红色三角形正好是圆的内接正十二边形，以此类推可知级数

$$S = S_{\Delta褐色} + S_{\Delta蓝色} + S_{\Delta红色} + \cdots$$

的部分和等于圆的内接正多边形的面积。

对大于或等于3的自然数n，圆的内接正n边形的面积为

$$n\cdot\left(\frac{1}{2}r^2\sin\frac{2\pi}{n}\right)$$

只要算出n趋向于无穷时它的极限，圆的面积公式就得到了。利用归结原则和第二个重要极限（参见第18章）

$$\lim_{x\to 0}\frac{\sin x}{x} = 1$$

计算得到

$$\lim_{n\to\infty} n\cdot\left(\frac{1}{2}r^2\sin\frac{2\pi}{n}\right) = \lim_{n\to\infty}\pi\cdot r^2\frac{\sin\frac{2\pi}{n}}{\frac{2\pi}{n}} = \pi\cdot r^2$$

这样我们就通过一种特殊的“分割”，将圆的面积给“积”了出来。

下一个问题自然就是：这种方法具有普适性吗？显而易见，对于那些形状不规则的图形（见图22-2），要想通过同样的方法把面积给计算出来几乎是不可能的。数学家们迫切希望找到一种统一的方法，求出曲线所围区域的面积。

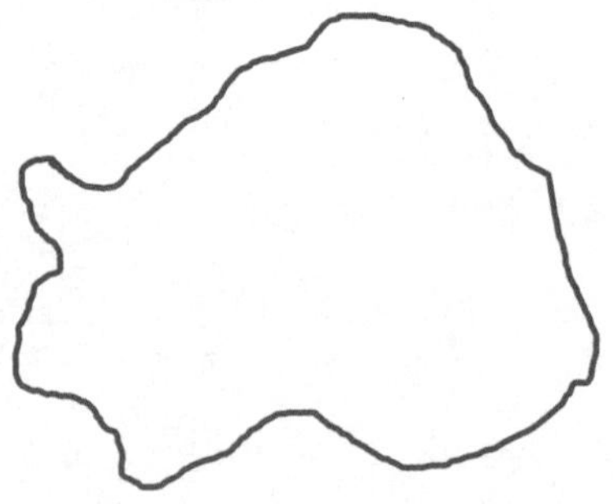

图22-2　形状不规则的图形

22.1 黎曼积分

先从一个简单的例子开始，我们试着求函数$y=\frac{1}{2}x^2$的图像位于区间$[1,2]$内的部分与坐标轴所围成区域的面积（见图22-3的阴影部分）。

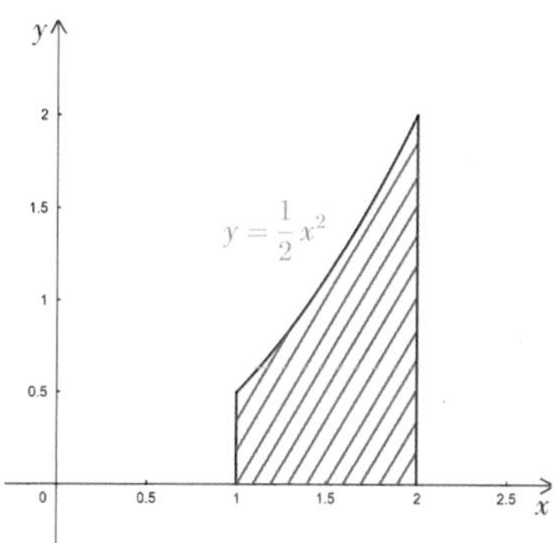

图22-3　函数$y=\frac{1}{2}x^2$的图像位于区间$[1,2]$内的部分与坐标轴所围成的区域

比较自然的想法是，我们像切蛋糕那样用平行于y轴的直线将闭区间$[1,2]$均匀地分成若干份，然后从每份的左端点对应的函数值出发，构造一系列的小长方形（见图22-4）。

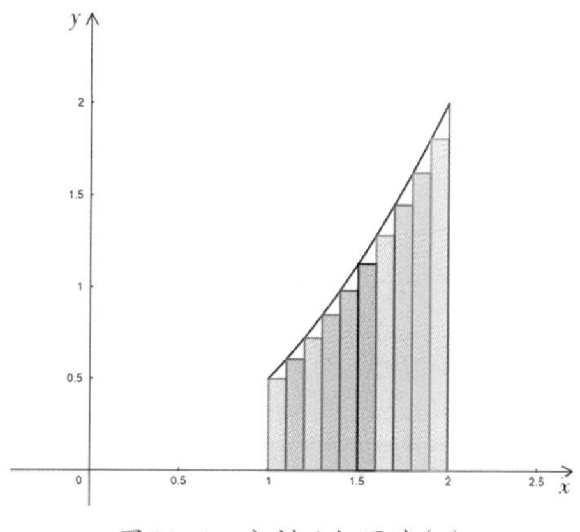

图22-4　分割目标区域(1)

由于$y=\frac{1}{2}x^2$在闭区间[1, 2]内是一个严格单调递增的函数，这些小长方形严格地包含在函数图像与坐标轴所围成的区域中，若记所求区域的面积为S，小长方形的个数为n，我们有

$$\sum_{i=0}^{n-1}\frac{1}{2}\left(1+\frac{(2-1)}{n}\cdot i\right)^2\cdot\frac{(2-1)}{n}<S$$

也即

$$\frac{1}{2}+\frac{1}{n^2}\sum_{i=0}^{n-1}i+\frac{1}{2n^3}\sum_{i=0}^{n-1}i^2=\frac{1}{2}+\frac{n-1}{2n}+\frac{(n-1)(2n-1)}{12n^2}<S$$

直觉上，当分割的小长方形个数，也就是n越来越大的时候，长方形与曲边梯形之间所缺失的面积会越来越小，直至0。S应该等于上式左边当n趋向于无穷时的极限$\frac{7}{6}$。但在数学上，直觉永远是不可靠的，人们必须找到严密的方式证明这一点。

我们转向小长方形的另一种构造方式：从每份的左端点所对应的函数值出发，变为从每份的右端点所对应的函数值出发（见图22-5）。

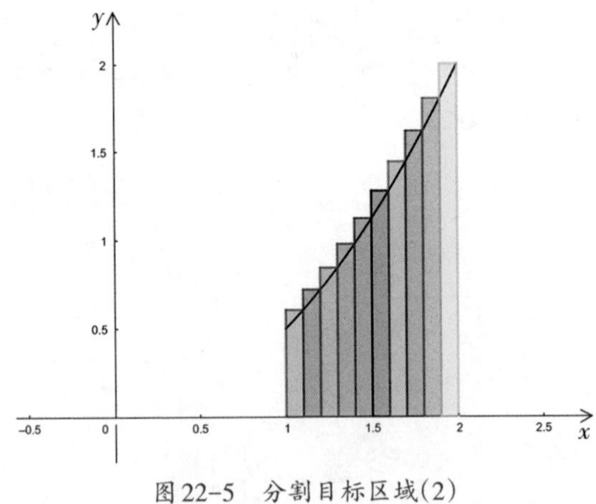

图22-5　分割目标区域(2)

因为$y=\frac{1}{2}x^2$在闭区间[1, 2]内是一个严格单调递增的函数，这些小长方形被严格地包含在函数图像与坐标轴所围成的区域中，从而

$$S < \sum_{i=1}^{n}\frac{1}{2}\left(1 + \frac{(2-1)}{n}\cdot i\right)^2 \cdot \frac{(2-1)}{n}$$

也即

$$S < \frac{1}{2} + \frac{1}{n^2}\sum_{i=1}^{n} i + \frac{1}{2n^3}\sum_{i=1}^{n} i^2 = \frac{1}{2} + \frac{n+1}{2n} + \frac{(n+1)(2n+1)}{12n^2}$$

当n趋向于无穷时,我们有

$$\begin{aligned}\frac{7}{6} = \lim_{n\to\infty}\left[\frac{1}{2} + \frac{n-1}{2n} + \frac{(n-1)(2n-1)}{12n^2}\right] \leqslant S \leqslant \\ \lim_{n\to\infty}\left[\frac{1}{2} + \frac{n+1}{2n} + \frac{(n+1)(2n+1)}{12n^2}\right] \\ = \frac{7}{6}\end{aligned}$$

这从理论上保证了我们的猜测是正确的。

这种将函数图像与坐标轴所围区域的大小通过纵向分割、求“积”计算出来的方法就是黎曼积分。它非常适合推广到一般的函数。在具体的数学理论中,黎曼对于函数$f(x)$,是按照如下方式定义它在一个闭区间$[a,b]$上的积分的:设$a = x_0 < x_1 < \cdots < x_{n-1} < x_n = b$为闭区间中的$n+1$个点,将$[a,b]$分成$n$个小区间

$$\Delta_i = \left[x_{i-1}, x_i\right],\ i = 1,2,\cdots,n$$

这些分点构成了区间$[a,b]$的一个分割$T = \{x_0, x_1, \cdots, x_n\}$,每个小区间的长度记为$\Delta x_i = x_i - x_{i-1}$。在每个小区间中任取点$\theta_i \in \Delta_i$,黎曼用求和式

$$\sum_{i=1}^{n} f\left(\theta_i\right)\Delta x_i$$

近似表达$f(x)$的图像与坐标轴所围区域的面积,事实上这是以$f\left(\theta_i\right)$为高、Δx_i为宽的一系列小长方形的面积之和。显然,这个求和式,既与分割T有关,也与点集$\{\theta_i\}$的选取有关。按照黎曼的定义,当分割越来越细时,如果和式$\sum_{i=1}^{n} f\left(\theta_i\right)\Delta x_i$与一个固定的数$S$越来越接近,就说$f(x)$在区间$[a,b]$上可积,积分值为$S$,记作

$$S = \int_a^b f(x)\,\mathrm{d}x$$

这个记法沿用了莱布尼兹发明的符号,非常形象。

分割的细密程度也可以用数学语言精准刻画,令

$$\|T\| := \max_{1 \leqslant i \leqslant n} \{\Delta x_i\}$$

称为分割T的模,分割的模越小,分割出的小区间的长度就越小,反映出分割的程度越细密。黎曼关于函数可积的定义可以描述成:若对任意给的正数ε,总存在$\delta > 0$,使对任意的分割T,以及分割上任意选取的点集$\{\theta_i\}$,只要$\|T\| < \delta$,就有

$$\left|\sum_{i=1}^{n} f\left(\theta_i\right)\Delta x_i - S\right| < \varepsilon$$

则称函数$f(x)$在区间$[a,b]$上可积,积分值为S。数学家们也时常用极限符号来表达黎曼积分:

$$S = \lim_{\|T\| \to 0} \sum_{i=1}^{n} f\left(\theta_i\right)\Delta x_i = \int_a^b f(x)\,\mathrm{d}x$$

注意,这与通常的函数极限是不同的,因为每个$\|T\|$并不唯一对应求和式(黎曼和)的一个值,$\sum\limits_{i=1}^{n} f\left(\theta_i\right)\Delta x_i$并不是$\|T\|$的函数。

在学习微积分的过程中,你可能会产生这样的疑问:黎曼积分的定义中有两个“任意”:一是分割的选择可以是任意的,二是每个小区间里点的选择也可以是任意的。这使函数是否可积的判定非常不方便,要考虑的情形几乎没有限制,很难找到合适的切入点。像求函数$y = \frac{1}{2}x^2$在区间$[1,2]$内与坐标轴所围区域的面积那样采用等分分割,然后选择每个小区间里函数值的最大值或最小值,不好吗? 这样的话一切就都是确定的,不管是$\sum\limits_{i=1}^{n} \sup\limits_{x \in \Delta_i} f(x)\Delta x_i$还是$\sum\limits_{i=1}^{n} \inf\limits_{x \in \Delta_i} f(x)\Delta x_i$都可以看成模$\|T\|$的函数,为什么要自讨苦吃搞出两个“任意”呢?

这里就涉及定义数学概念时一种精妙的平衡艺术。

22.2 性质与实用的平衡

数学家在定义概念的时候，总是希望它满足尽可能多的好的性质。从直观上来看，似乎附加的条件越严格，这个概念满足的性质就越多、越好。但这是以牺牲概念的实用性为代价的，条件越严格，满足条件的数学对象可能就越少，在极端情况下，可能没有对象满足定义所列出的条件，这个数学概念就失去了存在的意义。同时，定义概念时使用过于苛刻的条件，也会增加概念判定本身的难度。

以“连续函数”和“一致连续函数”这两个概念为例。“连续函数”并不对函数在区域内的整体性状做要求，仅要求函数在区域内的每点都连续。我们知道，函数$f(x)$在点x_0连续的条件是对任意给定的正实数ε，都能找到x_0附近的一个邻域$U(x_0,\delta)$，使邻域内所有点的函数值与$f(x_0)$的差的绝对值小于ε。通常情况下，δ不仅依赖ε，还与x_0的位置有关。这意味着，要想被同样的误差ε控制，δ可能会依x_0的位置不同发生很大的变化，从而使某些连续函数在区域整体上呈现一种“病态”的性状。例如，无穷振荡函数$f(x)=\sin\dfrac{1}{x}$（见图22-6）。

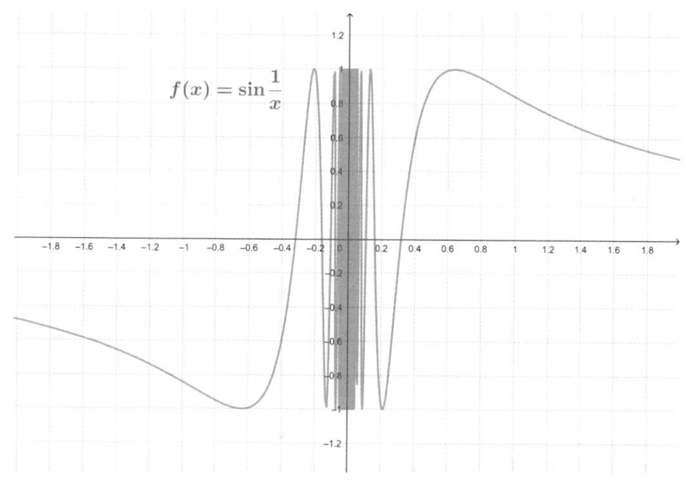

图22-6 无穷振荡函数$f(x)=\sin\dfrac{1}{x}$

$f(x)=\sin\frac{1}{x}$是$(0,+\infty)$上的连续函数，但越接近0的地方，函数图像就振荡得越快，整个图像在y轴附近被无限挤压，有限的区间堆积了无数波峰、波谷。这从函数分析的角度来看，显然不够美好。

为了避免无穷振荡函数所呈现出的病态性状，数学家尝试将连续函数的条件增强，δ的选取被要求与x_0的位置无关，而只能依赖ε的大小。这就衍生出了"一致连续"概念，一致连续函数在区域整体上较为"平缓"，做函数分析的时候非常容易控制。但代价也是显而易见的，一致连续函数比连续函数少很多，像$y=\frac{1}{x}$和$y=\ln x$这样常见的连续函数在其定义域内都不是一致连续的。

幸运的是，数学家在两种定义方式之间找到了一种平衡，对于闭区间上的函数，"连续"与"一致连续"等价。

22.3 黎曼积分的性质

让我们回到对黎曼积分定义的讨论。我们有两种可能的方式去定义积分，一种是黎曼的方式：函数$f(x)$在区间$[a,b]$上可积，积分值为S，如果对任意给的正数ε，总存在$\delta>0$，使对任意的分割T，以及分割上任意选取的点集$\{\theta_i\}$，只要$\|T\|<\delta$，就有

$$\left|\sum_{i=1}^{n}f\left(\theta_i\right)\Delta x_i-S\right|<\varepsilon$$

另一种是去掉"任意选择分割和点集"的方式：函数$f(x)$在区间$[a,b]$上可积，积分值为S，如果对$[a,b]$的n等分分割，有

$$\lim_{n\to\infty}\sum_{i=1}^{n}\sup_{x\in\Delta_i}f(x)\Delta x_i=\lim_{n\to\infty}\sum_{i=1}^{n}\inf_{x\in\Delta_i}f(x)\Delta x_i=S。$$

两种定义方式的差别是显而易见的，黎曼的定义条件更强，而第二种定义方式在判定具体函数的可积性和计算积分时操作性更强。

应该采用哪种方式定义积分呢？

来看一个简单的例子。我们定义积分的初衷是希望它表征函数图像

与坐标轴所围区域的面积[1]，那积分就应该满足一个最基本的“可加性”性质：如果函数$f(x)$在区间$[a,c]$和$[c,b]$上可积，那么$f(x)$就应该在区间$[a,b]$上可积，并且积分值满足

$$\int_a^b f(x)\,\mathrm{d}x = \int_a^c f(x)\,\mathrm{d}x + \int_c^b f(x)\,\mathrm{d}x$$

从几何直观上来看，整个大区间$[a,b]$所围区域的面积总是等于两个紧连的部分区间所围区域的面积之和(见图22-7)。

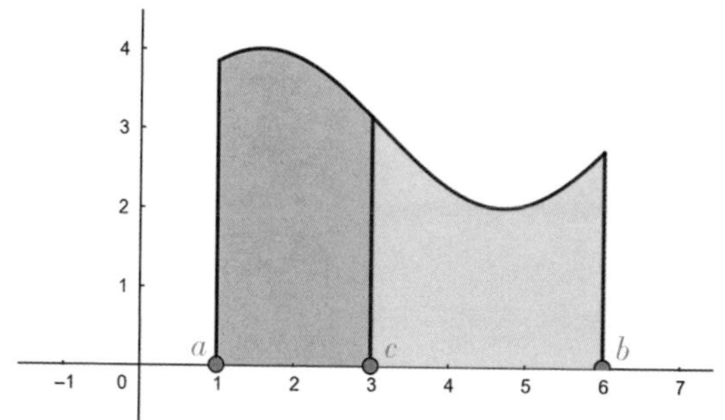

图22-7　积分可加性

如果采用缺乏弹性的第二种方式定义积分，这一性质就很不好证明。因为区间$[a,b]$的一个等分分割限制在$[a,c]$和$[c,b]$上，一般而言不再提供等分分割，这使得难以用$f(x)$在$[a,c]$和$[c,b]$上的可积性推出$f(x)$在$[a,b]$上的可积性。而黎曼的定义则不然，区间$[a,b]$的任意一个分割限制在$[a,c]$和$[c,b]$上，都可以提供相应部分区间的一个分割(必要时增加c为分点)。只要分析清楚包含点c的小区间上的函数性状，我们就有可能迅速证明$f(x)$在整个区间$[a,b]$上的可积性。

从这一角度来看，采用黎曼的方式定义积分是更好的选择。但这是否意味着我们在判定具体函数的可积性和计算积分时，就要放弃等分的分割方式呢?

① x轴以下的面积取负值。

22.4 可积性判定准则

非常幸运,数学家能够证明,上一小节所说的两种定义方式其实是等价的,我们既不需要放弃积分的美好性质,也不需要牺牲可积性判定和积分计算时的可操作性。

我们可分三步解释这一事实。

第一步,如果函数$f(x)$在区间$[a,b]$上无界,那么不管采用哪种定义方式,$f(x)$在区间$[a,b]$上都是不可积的。因为$f(x)$在区间$[a,b]$上无界,所以对$[a,b]$的任意分割$T=\{x_0,x_1,\cdots,x_n\}$,至少存在一个小区间$\Delta_i=\left[x_{i-1},x_i\right]$,$f(x)$在$\Delta_i$上无界。对第二种定义而言,这个小区间上函数值的上确界或下确界不是有限值;对黎曼的定义而言,不管$\|T\|$多小,总能在Δ_i上找到一个充分大的函数值,使相应的黎曼和的绝对值大于一个预先给定的正数。[①]

接下来,我们就假定所考虑的函数是有界的,这样它在任意小区间上都存在有限的上确界和下确界。

第二步,先去掉一个"任意性",仍然允许任意选择分割,但在每个小区间上选择函数值的上/下确界构建积分和,分别记为

$$S(T)=\sum_{i=1}^{n}\sup_{x\in\Delta_i}f(x)\Delta x_i$$

和

$$s(T)=\sum_{i=1}^{n}\inf_{x\in\Delta_i}f(x)\Delta x_i$$

也就是通常说的达布上和与达布下和。

我们将会看到,$f(x)$在区间$[a,b]$上黎曼可积且积分值为S的充分必要条件是

$$\lim_{\|T\|\to 0}s(T)=\lim_{\|T\|\to 0}S(T)=S$$

① 有界性是函数黎曼可积的必要条件,其证明可以在任何一本微积分教材上都能找到,此处不再细述。

事实上,如果$f(x)$在区间$[a,b]$上黎曼可积且积分值为S,那么对任意的$\varepsilon>0$,总存在$\delta>0$,使对满足$\|T\|<\delta$的任意分割T,以及分割上任意选取的点集$\{\theta_i\}$成立

$$\left|\sum_{i=1}^{n} f\left(\theta_i\right)\Delta x_i - S\right| < \varepsilon$$

当固定一个满足$\|T\|<\delta$的分割T时,考虑所有可能的选点$\{\theta_i\}$,我们从上、下确界的性质推知

$$\left|\sup_{\{\theta_i\}}\sum_{i=1}^{n} f\left(\theta_i\right)\Delta x_i - S\right| \leqslant \varepsilon,\ \left|\inf_{\{\theta_i\}}\sum_{i=1}^{n} f\left(\theta_i\right)\Delta x_i - S\right| \leqslant \varepsilon$$

由于分割固定,对任意的$\mu>0$,我们可以在每个小区间内找到一个点σ_i满足

$$\sup_{x\in\Delta_i} f(x) - \frac{\mu}{b-a} < f\left(\sigma_i\right)$$

从而

$$\sum_{i=1}^{n}\sup_{x\in\Delta_i} f(x)\Delta x_i - \mu = \sum_{i=1}^{n}\left[\sup_{x\in\Delta_i} f(x) - \frac{\mu}{b-a}\right]\Delta x_i < \sum_{i=1}^{n} f\left(\sigma_i\right)\Delta x_i \leqslant$$
$$\sup_{\{\theta_i\}}\sum_{i=1}^{n} f\left(\theta_i\right)\Delta x_i \leqslant \sum_{i=1}^{n}\sup_{x\in\Delta_i} f(x)\Delta x_i$$

正数μ可以任意小,这说明

$$S(T) = \sum_{i=1}^{n}\sup_{x\in\Delta_i} f(x)\Delta x_i = \sup_{\{\theta_i\}}\sum_{i=1}^{n} f\left(\theta_i\right)\Delta x_i$$

类似地,可以证明

$$s(T) = \inf_{\{\theta_i\}}\sum_{i=1}^{n} f\left(\theta_i\right)\Delta x_i$$

因此

$$\lim_{\|T\|\to 0} s(T) = \lim_{\|T\|\to 0} S(T) = S$$

另外,我们总有

$$s(T) \leqslant \sum_{i=1}^{n} f\left(\theta_i\right)\Delta x_i \leqslant S(T)$$

如果$S(T)$与$s(T)$有相同的极限S，由夹逼法则知$\sum_{i=1}^{n} f\left(\theta_i\right)\Delta x_i$的极限也存在，也等于$S$。到这里，分割上选点的任意性被去掉了。

第三步，把分割选择的任意性也去掉，选择n等分分割T_n，并且在分割的每个小区间上选择函数值的上确界和下确界，得到特殊的达布上和$S\left(T_n\right)$及达布下和$s\left(T_n\right)$，我们将要证明：

$$\lim_{\|T\|\to 0} s(T) = \lim_{\|T\|\to 0} S(T) = S$$

当且仅当

$$\lim_{n\to\infty} s\left(T_n\right) = \lim_{n\to\infty} S\left(T_n\right) = S$$

其中一个方向是显然的，因为等分分割构成所有分割的一个子集，达布上和$S(T)$与达布下和$s(T)$有相同的极限S，蕴含着$S\left(T_n\right)$与$s\left(T_n\right)$有相同的极限S。

反过来，由于函数在积分区间上有界，达布和关于分割的上确界和下确界总是存在的，我们有

$$S = \lim_{n\to\infty} s\left(T_n\right) \leqslant \sup_{T_n} s\left(T_n\right) \leqslant \sup_{T} s(T) \leqslant \inf_{T} S(T) \leqslant \inf_{T_n} S\left(T_n\right) \leqslant \lim_{n\to\infty} S\left(T_n\right) = S$$

这说明

$$\sup_{T} s(T) = \inf_{T} S(T) = S$$

根据达布定理

$$\lim_{\|T\|\to 0} s(T) = \sup_{T} s(T),\ \lim_{\|T\|\to 0} S(T) = \inf_{T} S(T)$$

我们最终得到

$$\lim_{\|T\|\to 0} s(T) = \lim_{\|T\|\to 0} S(T) = S$$

达布上和关于分割的下确界和达布下和关于分割的上确界分别称为函数的上积分和下积分。其重要性是不管一个函数是否黎曼可积，它的上积分和下积分总是存在的，可积当且仅当上积分和下积分相等。可以看到，达布定理为判断一个函数是否黎曼可积提供了至关重要的理论工具。

22.5 勒贝格积分

现在，我们已经有了判断函数是否黎曼可积的利器。如果达布上和与达布下和的差距可以任意小（对任意的 $\varepsilon > 0$，都存在分割 T，使 $S(T) - s(T) < \varepsilon$），那么函数就是可积的[①]，否则函数不可积。

作为最重要的例子，我们能迅速证明闭区间上的连续函数黎曼可积。假设 $f(x)$ 是区间 $[a,b]$ 上的连续函数，它也是一致连续的，那么对任意的 $\varepsilon > 0$，我们都能找到一个只依赖 ε 的正实数 δ，使 $[a,b]$ 中的任意两点 x_1 和 x_2 只要满足 $\left|x_1 - x_2\right| < \delta$，就有

$$\left|f\left(x_1\right) - f\left(x_2\right)\right| < \frac{\varepsilon}{b - a}$$

现在，我们取一个模小于 δ 的分割 T（如分割份数大于 $(b-a)/\delta$ 的等分分割），该分割每个小区间里的任意两点之间距离都小于 δ，于是相应的达布上和与达部下和满足

$$S(T) - s(T) = \sum_{i=1}^{n} \sup_{x \in \Delta_i} f(x) \Delta x_i - \sum_{i=1}^{n} \inf_{x \in \Delta_i} f(x) \Delta x_i =$$

$$\sum_{i=1}^{n}\left[\max_{x \in \Delta_i} f(x) - \min_{x \in \Delta_i} f(x)\right]\Delta x_i < \sum_{i=1}^{n} \frac{\varepsilon}{b - a} \Delta x_i = \frac{\varepsilon}{b - a} \sum_{i=1}^{n} \Delta x_i = \varepsilon$$

如此一来，闭区间上黎曼不可积函数的例子，就要到非连续函数里去找了，著名的狄利克雷函数就是这样一个例子。狄利克雷函数的定义是

$$G(x) = \begin{cases} 1, & x\text{是有理数} \\ 0, & x\text{是无理数} \end{cases}$$

我们知道有理数集在实数集中是稠密的，在闭区间 $[a,b]$ 上，不管分割取得多细，每个小区间中既包含有理数也包含无理数，这导致 $G(x)$ 在 $[a,b]$ 上的上积分是 $b - a$，而下积分是 0，当 $a \neq b$ 时，二者不可能相等，因此狄利克雷函数在 $[a,b]$ 上黎曼不可积。

不可积函数的存在说明黎曼积分的定义还不够强大。尽管狄利克雷

---

① 此时上积分和下积分相等。

函数在数学家眼中看似并不复杂,与常值函数$f(x)=0$相比,其图像只是在可数多个点上发生了“突变”。在数学家已经掌握了充分多的工具处理无穷集合的时候,积分理论不能处理这样的函数,还是让人感到非常遗憾的。

这时法国数学家勒贝格横空出世了。

勒贝格创造性地改变了黎曼积分的求积方式。如果我们用“切蛋糕”来比作对一个函数的图像与坐标轴所围区域进行分割,那么黎曼积分是按照自变量取值范围$[a,b]$的分割方式,“一刀一刀”地照着分点切,而勒贝格积分则是把切蛋糕的“刀”变成了“耙子”,“一耙一耙”地往下刨。具体而言,勒贝格对函数$f(x)$在$[a,b]$上的值域进行划分,对划分后的每个小区间$\Delta_i=\left[y_{i-1},y_i\right]$,勒贝格考虑$[a,b]$的子集$f^{-1}(\Delta_i)$,$f^{-1}(\Delta_i)$中互不相交的部分构成了“耙子”上的齿,勒贝格用$f^{-1}(\Delta_i)$的“大小”乘以$\Delta_i$中一个任意选取的值来近似代替这一耙所刨掉的面积(见图22-8)。当对函数值域的划分越来越细时,如果所有被刨掉的面积之和越来越接近一个固定的数S,则称函数$f(x)$在$[a,b]$上勒贝格可积,积分值为S。

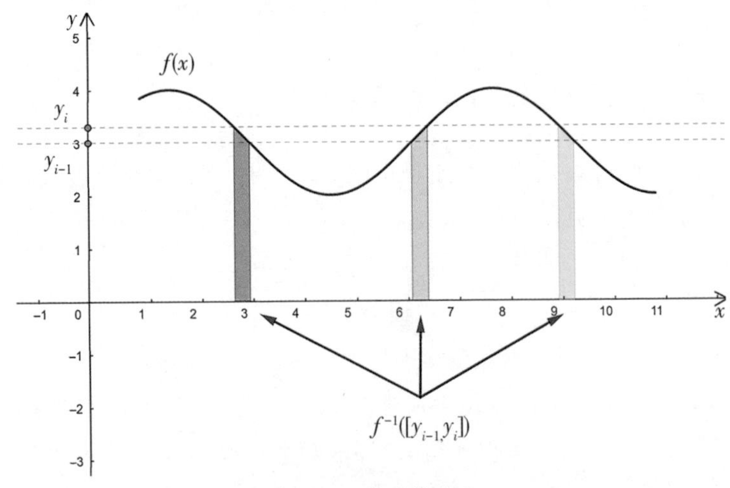

图22-8 勒贝格积分

勒贝格形象地描述过自己的积分方法:假如我必须偿还一笔钱,若我从口袋中随意摸出不同面值的钞票,逐一还给债主直到债务全部还清,这就是黎曼积分法。假如我把钱全部拿出来，并把相同面值的钞票放在一起，然后再一次性支付应还的金额，这就是我的积分法。

在勒贝格积分理论中，$f^{-1}(\Delta_i)$的“大小”就是勒贝格测度。对至多包含可数多个点的集合而言，其勒贝格测度总是0，所以狄利克雷函数在任意闭区间上都是勒贝格可积的，积分值为0。当然，勒贝格积分被创造出来，不单单是为了解决狄利克雷函数的积分问题。在处理积分与求极限交换顺序等复杂的分析学问题时，勒贝格积分大大优于黎曼积分。同时，可以证明黎曼可积的函数都是勒贝格可积的，勒贝格积分是黎曼积分的完美推广。

思考题

补充定义无穷振荡函数$f(x)=\sin\frac{1}{x}$在$x=0$处的值为0，请问它在区间$[0,1]$上黎曼可积吗？

第23章 微分与积分的统一

我们曾提及，作为微分理论与积分理论的源头，即求已知曲线的切线、曲线的长度、曲线围成的面积、曲面围成的体积等问题，在牛顿和莱布尼兹之前，已经被多位数学家仔细研究过，并且取得了可观的成果。但这些成果的出现并不足以宣告微积分的创立，因为“微积分”并非微分和积分简单合并，而是代表了一整套紧密联系、和谐统一的理论体系及其方法。

牛顿和莱布尼兹敏锐地察觉到微分和积分是一对互逆的工具。在多数情况下，一个函数既可以视为其导函数的积分，也可以视为其积分的导函数，微分和积分的结果可以互相翻译。他们还总结出系统性的积分计算方法，这一结果便是如今被称为微积分基本定理的牛顿-莱布尼兹公式，它是沟通局部与整体的桥梁。

23.1 面积如何求导

牛顿考虑过这样一个问题：假设 $y=f(x)$ 定义了 xOy 平面上的一条连续曲线，在平面上放置一根平行于 y 轴的滑杆，并让它以速度 v 沿着 x 轴的正向匀速运动（见图23-1）。记曲线与滑杆、坐标轴所围成区域的面积为 S，那么 S 随时间的变化率是多少呢？

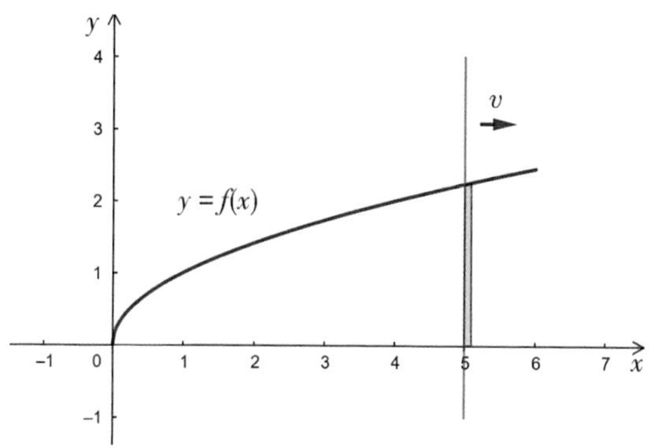

图 23-1 面积随时间的变化率

面积的变化率等于滑杆移动所带来的面积增量除以滑杆移动用的时间。由于曲线$f(x)$不是平行于x轴的直线，面积的变化率不是固定的，所以它随时间变化而变化。类似于物体运动的瞬时速度，我们希望求出在任意时刻面积随时间的瞬时变化率。

假设从t时刻开始，滑杆从点x处出发向右移动了Δt时间，那么可以用一个宽为$v\cdot\Delta t$、长为$f(x+v\cdot\Delta t)$的矩形（上图中阴影部分）的面积近似地代替S的变化。于是，S在t时刻的瞬时变化率为

$$\lim_{\Delta t\to 0}\frac{f(x+v\cdot\Delta t)\cdot v\cdot\Delta t}{\Delta t}=f(x)\cdot v$$

注意到速度v是位移x随时间的变化率，牛顿得到

$$\frac{\mathrm{d}S/\mathrm{d}t}{\mathrm{d}x/\mathrm{d}t}=f(x)$$

由于一阶微分具有形式不变性，牛顿的结果事实上等价于

$$\frac{\mathrm{d}S}{\mathrm{d}x}=f(x)$$

这是一个伟大的时刻，历史上首次以明确的形式展现了微积分基本定理。它可以推知以下两个事实间的互逆关系：纵坐标为$\dfrac{x^{n+1}}{n+1}$的曲线的切

线斜率为x^n;纵坐标为x^n的曲线下的面积是$\frac{x^{n+1}}{n+1}$。①

作为应用,求$f(x)=\frac{1}{2}x^2$在闭区间$[1, 2]$上与坐标轴所围区域的面积时,不需要使用黎曼积分法,只需要把区间端点代入函数$\frac{1}{6}x^3$,两个数值一减就得到了答案:$\frac{1}{6}\times 2^3-\frac{1}{6}\times 1^3=\frac{7}{6}$,这与黎曼积分得到的结果是一致的。

23.2 变限积分:连续函数的原函数

接下来,我们就一起探寻微积分理论中最为深刻的定理:牛顿–莱布尼兹公式。

首先引入原函数的概念,对函数$f(x)$而言,其原函数是指一个连续函数$F(x)$,满足

$$F'(x)=f(x)$$

随意给定一个函数$f(x)$,它的原函数一般来说并不好求,甚至有可能根本不存在。由于常值函数的导数恒为0,一个函数的原函数如果存在,就一定不是唯一的,两个不同的原函数之间相差了一个常值函数。

从几何上来看,求原函数是求切线(斜率)的逆向操作,所以微分和积分的互逆关系

$$\frac{\mathrm{d}S}{\mathrm{d}x}=f(x)$$

提示我们可以通过积分构造原函数。

对区间$[a,b]$上的可积函数$f(x)$,定义它的“变限积分”函数为

$$F(x)=\int_a^x f(t)\mathrm{d}t$$

我们首先说明$F(x)$是$[a,b]$上的连续函数。

---

① 牛顿总是考虑通过原点的曲线,从而忽略了“积分常数”。

事实上，对$[a,b]$中的任意一个点x，只要$x+\Delta x\in[a,b]$，就有

$$F(x+\Delta x)-F(x)=\int_a^{x+\Delta x}f(t)\,\mathrm{d}t-\int_a^x f(t)\,\mathrm{d}t=\int_x^{x+\Delta x}f(t)\,\mathrm{d}t$$

由$f(x)$可积进而有界知，存在正数M，使$|f(t)|\leqslant M$。于是，当$\Delta x>0$时，我们有

$$\left|F(x+\Delta x)-F(x)\right|\leqslant\int_x^{x+\Delta x}\left|f(t)\right|\mathrm{d}t\leqslant M\cdot\Delta x$$

当$\Delta x<0$时，则有$\left|F(x+\Delta x)-F(x)\right|\leqslant M\cdot|\Delta x|$。这说明$\Delta x$趋向于0时$F(x+\Delta x)$与$F(x)$充分接近，$F(x)$在点$x$处连续。

如果$f(x)$在$[a,b]$上还是连续的，那么“变限积分”函数$F(x)$在$[a,b]$上处处可导，且对任意$x\in[a,b]$有

$$F'(x)=\frac{\mathrm{d}}{\mathrm{d}x}\int_a^x f(t)\mathrm{d}t=f(x)$$

这说明“变限积分”函数$F(x)$是$f(x)$在$[a,b]$上的一个原函数[①]。

证明过程用到了积分中值定理：若$f(x)$在$[a,b]$上连续，则至少存在一点$\theta\in[a,b]$，使$\int_a^b f(x)\mathrm{d}x=f(\theta)(b-a)$。

这一定理告诉我们不管Δx有多小，总存在$\theta\in[x,x+\Delta x]$满足

$$\frac{F(x+\Delta x)-F(x)}{\Delta x}=\frac{1}{\Delta x}\int_x^{x+\Delta x}f(t)\,\mathrm{d}t=f(\theta)$$

由于$f(x)$是连续的，当$\Delta x\to 0$时，$f(\theta)$就会趋向于$f(x)$，因此

$$F'(x)=\lim_{\Delta x\to 0}\frac{F(x+\Delta x)-F(x)}{\Delta x}=\lim_{\Delta x\to 0}f(\theta)=f(x)$$

如果$G(x)$也是$f(x)$的一个原函数，那么存在常数C，使

$$G(x)=F(x)+C=\int_a^x f(t)\mathrm{d}t+C$$

$f(x)$在$[a,b]$上的原函数就被全部写出来了。

---

① 区间端点处考虑单边导数。

23.3 牛顿-莱布尼兹公式

用$C[a,b]$表示闭区间$[a,b]$上全体连续函数组成的集合，$C'[a,b]$表示$C[a,b]$的一个子集，包含那些在$[a,b]$上具有连续的一阶导函数的函数。由于连续函数的求和与数乘运算的结果依然是连续函数，所以$C[a,b]$和$C'[a,b]$都是所谓的线性空间。①

定理：（微积分基本定理）变限积分$\int_a^x(\cdot):C[a,b]\to C'[a,b]$和函数求导$\frac{\mathrm{d}}{\mathrm{d}x}(\cdot):C'[a,b]\to C[a,b]$都是线性空间之间的线性映射②，并且满足

$$\frac{\mathrm{d}}{\mathrm{d}x}\left(\int_a^x(\cdot)\right)=\mathrm{id}_{C[a,b]}(\cdot)$$

和

$$\int_a^x\left(\frac{\mathrm{d}}{\mathrm{d}x}(\cdot)\right)=\mathrm{id}_{C'[a,b]}(\cdot)+C(\cdot)$$

其中$C(F)$是一个由函数F决定的常数，将$x=a$代入，我们得到

$$C(F)=-F(a)。$$

这应该是本书中唯一严格按照教科书标准写下的定理，它清晰地描述了微分与积分之间的互逆关系，触及了微积分理论的灵魂。如果学习微积分不了解这一点，那么将是一个巨大的遗憾。作为该定理的直接推论，我们可以得到牛顿-莱布尼兹公式。

推论：（牛顿-莱布尼兹公式）设$f(x)$是闭区间$[a,b]$上的连续函数，$F(x)$是$f(x)$的一个原函数，则

$$\int_a^b f(x)\mathrm{d}x=F(b)-F(a)$$

现在，假设有一个函数$x=\varphi(t)$满足$\varphi(\alpha)=a$、$\varphi(\beta)=b$，在$[\alpha,\beta]$（或

---

① 关于线性空间的概念，可以参见本书第26章中关于正交投影法的内容。

② 两个实系数线性空间之间的映射f称为线性的，如果对任意a、$b\in R$，有$f(ax+by)=af(x)+bf(y)$。

$[\beta,\alpha]$)上具有连续一阶导函数，并且$\varphi([\alpha,\beta])=[a,b]$。根据复合函数求导法，我们知道如果$F(x)$是$f(x)$的一个原函数，则

$$\frac{\mathrm{d}}{\mathrm{d}t}F(\varphi(t))=F'(\varphi(t))\varphi'(t)=f(\varphi(t))\varphi'(t)$$

也即$F(\varphi(t))$是$f(\varphi(t))\varphi'(t)$的一个原函数。那么牛顿–莱布尼兹公式很容易给出黎曼积分的换元公式

$$\int_a^b f(x)\mathrm{d}x=F(b)-F(a)=F(\varphi(\beta))-F(\varphi(\alpha))=\int_\alpha^\beta f(\varphi(t))\varphi'(t)\mathrm{d}t$$

这说明我们可以把积分记号中的dx当成微分来对待。

23.4 增强版微积分基本定理

细心的同学可以发现，在23.3节所叙述的牛顿–莱布尼兹公式中，“原函数存在”是一个多余的条件，因为$f(x)$的连续性保证了变限积分$\int_a^x f(t)\mathrm{d}t$就是$f(x)$的一个原函数。如果我们想放宽连续性条件的限制，那么“原函数存在”就是一个必不可少的条件了。

设$f(x)$是闭区间$[a,b]$上的可积函数，且存在原函数$F(x)$，则牛顿–莱布尼兹公式成立，即$\int_a^b f(x)\mathrm{d}x=F(b)-F(a)$。

注意，“可积+原函数存在”是一个比“连续”更弱的条件，因此在数学上，这可以看成牛顿–莱布尼兹公式的增强版，其证明要用到连接函数局部性质与整体性质的另一个重要工具：微分中值定理。

微分中值定理有很多版本，我们以拉格朗日(Lagrange)中值定理为例，若$f(x)$在闭区间$[a,b]$上连续且在开区间(a,b)内可导，则在(a,b)上至少存在一点θ，使

$$f'(\theta)=\frac{f(b)-f(a)}{b-a}$$

拉格朗日中值定理的几何意义是：闭区间上一条连续的可求切线曲线，其内部至少存在一点，曲线在该点处的切线与连接曲线两端点的割线

平行（见图23-2）。

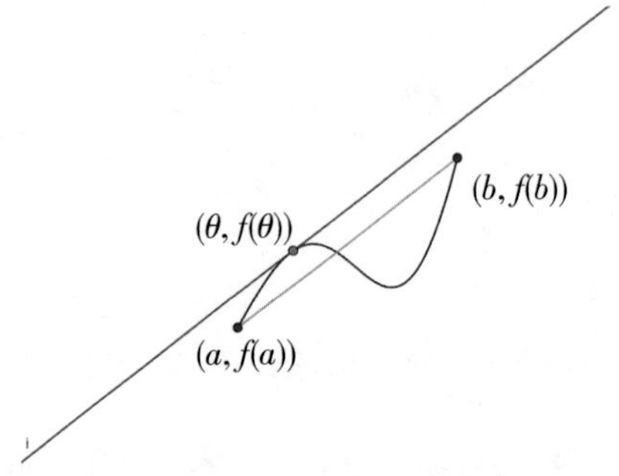

图23-2　拉格朗日中值定理的几何意义

现在，我们就来看看拉格朗日中值定理是如何推出增强版牛顿-莱布尼兹公式的。

假设$f(x)$在闭区间$[a,b]$上可积且存在原函数$F(x)$，任取$[a,b]$的分割$T: a = x_0 < x_1 < \cdots < x_{n-1} < x_n = b$，在每个小区间$[x_{i-1}, x_i]$上任取点$\theta_i$，由黎曼积分的定义我们知道

$$\lim_{\|T\| \to 0} \sum_{i=1}^{n} f\left(\theta_i\right) \Delta x_i = \int_a^b f(x)\,\mathrm{d}x$$

与此同时，$F(b) - F(a)$可以写成

$$F(b) - F(a) = \sum_{i=1}^{n} \left[F\left(x_i\right) - F\left(x_{i-1}\right) \right]$$

对$F(x)$在每个小区间$[x_{i-1}, x_i]$上应用拉格朗日中值定理

$$F\left(x_i\right) - F\left(x_{i-1}\right) = f\left(\rho_i\right) \Delta x_i$$

我们有

$$F(b) - F(a) = \sum_{i=1}^{n} \left[F\left(x_i\right) - F\left(x_{i-1}\right) \right] = \sum_{i=1}^{n} f\left(\rho_i\right) \Delta x_i$$

由于上式左边与分割无关，我们可以加上对分割取极限，从而得到

$$F(b) - F(a) = \lim_{\|T\| \to 0} \sum_{i=1}^{n} f\left(\rho_i\right) \Delta x_i = \int_a^b f(x)\,\mathrm{d}x$$

这就是牛顿-莱布尼兹公式。

有了增强版的牛顿-莱布尼兹公式,微积分基本定理也可以得到增强,因为根据牛顿-莱布尼兹公式,给定一个存在原函数$F(x)$的可积函数$f(x)$,其变限积分函数

$$\int_a^x f(t)\,\mathrm{d}t = F(x) - F(a)$$

也是一个原函数。

由此,我们用$L[a,b]$表示闭区间$[a,b]$上存在原函数的可积函数全体,这是一个比$C[a,b]$更大的集合。用$L'[a,b]$表示$[a,b]$上可导且导函数可积的函数全体,这是一个比$C'[a,b]$更大的集合。$L[a,b]$和$L'[a,b]$依然都是线性空间。

微积分基本定理(增强版):变限积分$\int_a^x(\cdot):L[a,b]\to L'[a,b]$和函数求导$\frac{\mathrm{d}}{\mathrm{d}x}(\cdot):L'[a,b]\to L[a,b]$都是线性空间之间的线性映射,并且满足

$$\frac{\mathrm{d}}{\mathrm{d}x}\left(\int_a^x(\cdot)\right) = \mathrm{id}_{L[a,b]}(\cdot)$$

和

$$\int_a^x\left(\frac{\mathrm{d}}{\mathrm{d}x}(\cdot)\right) = \mathrm{id}_{L'[a,b]}(\cdot) + C(\cdot)$$

其中$C(F)$是由函数F决定的常数,将$x = a$代入知$C(F) = -F(a)$。

23.5 微分中值定理与积分中值定理的统一

微分与积分在牛顿-莱布尼兹公式的框架下实现了统一,共同成为连接函数局部性质和整体性质的重要工具。微分中值定理和积分中值定理也可以统一起来。通过前面的分析,我们知道微分中值定理和积分中值定理给出了证明牛顿-莱布尼兹公式的两条不同的路径,使用微分中值定理得到的版本更强,因此可以合理猜测:微分中值定理能够推出一个增强版的积分中值定理。

这一直觉是正确的。

事实上,在假设微分中值定理成立的前提下,积分中值定理中函数的

连续性条件可以放宽为可积+原函数存在。

积分中值定理(增强版):若函数$f(x)$在$[a,b]$上可积且原函数存在,则至少存在一点$\theta \in [a,b]$,使$\int_a^b f(x)\mathrm{d}x = f(\theta)(b-a)$。

记$f(x)$在$[a,b]$上的原函数为$F(x)$,由牛顿–莱布尼兹公式(通过微分中值定理证明)知

$$\int_a^b f(x)\mathrm{d}x = F(b) - F(a)$$

再对$F(x)$应用微分中值定理,至少存在一点$\theta \in [a,b]$,使

$$\int_a^b f(x)\mathrm{d}x = F'(\theta)(b-a) = f(\theta)(b-a)$$

积分中值定理是"算术平均"概念的推广,其几何意义是:曲线与坐标轴所围曲边梯形的面积与一个同底的矩形面积相同。

既然微分中值定理能推出增强版的积分中值定理,那么积分中值定理就不能推出微分中值定理了。事实上,积分中值定理只能推出微分中值定理的一个弱化版本。定理中对函数的可导性要求需进一步严格为导函数连续。

微分中值定理(弱化版):若$f(x)$在闭区间$[a,b]$上连续且存在连续的一阶导函数,则在$[a,b]$上至少存在一点θ,使

$$f'(\theta) = \frac{f(b)-f(a)}{b-a}$$

对连续函数$f'(x)$使用积分中值定理,我们有

$$\int_a^b f'(x)\mathrm{d}x = f'(\theta)(b-a)$$

其中$\theta \in [a,b]$。而牛顿–莱布尼兹公式(通过积分中值定理证明)告诉我们

$$\int_a^b f'(x)\mathrm{d}x = f(b) - f(a)$$

从而

$$f(b) - f(a) = f'(\theta)(b-a)$$

我们费力梳理两种不同类型中值定理的关系,不只是为了使微积分理论的讲述更具一般性,还有很明确的应用目的,在后面讨论泰勒展开式的

余项时,大家就能清楚地看到这一点。

思考题

你能举出一个例子,它是闭区间上的可积函数且存在原函数,但不是连续函数吗?

第24章
多元函数的世界

牛顿-莱布尼兹公式虽已讲解完毕，我们似乎掌握了微积分理论的全部精髓，但对于试图真正理解世界运行背后数学法则的人而言，这仅仅是一个开始，因为客观世界中，绝大多数复杂现象是多个因素综合作用的结果，只有一个变元的单变量函数很难有真正的用武之地。

然而，当我们把变元的个数变为2个或3个时，世界好像突然不成比例的复杂起来。偏导数、方向导数、全微分、曲线积分、曲面积分、重积分、累次积分、梯度、散度、旋度，我们的大脑与一大堆时而属于数学，时而属于物理的概念猛然相撞，很容易淹没在对定义的机械记忆和对解题技巧的无限制追求中。

虽然多元函数的微积分理论涉及很多不同的概念，但我认为核心要义只有一个，即“方向”。

24.1 方向导数

对一元函数的分析，方向的重要性并不那么显著。从直线上的一个点出发，我们仅有两个可能的方向进行延展。但平面中的点却不同，我们有无数个可以延展的方向，这些方向处于同样的地位，没有哪个方向在本质上更重要(见图24-1)。这一关键的差别，导致在考虑二元函数在一个点附近的变化率时，必须认真区分函数值的变化是沿着哪个方向产生的，这就很自然地引出了方向导数的概念。

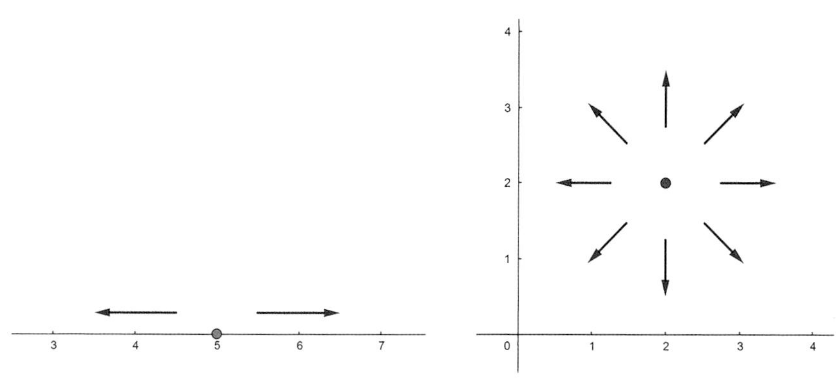

图24-1 从一个点出发进行延展的不同方向

比如我们手里有一个二元函数$f(x,y)$，我们可以把函数值$z=f(x,y)$当作空间坐标系中第三个坐标轴（z轴）上的坐标分量，从而$(x,y,f(x,y))$定义了空间中的一张曲面。如果我们要分析$f(x,y)$在某点(x_0,y_0)附近的变化率，就需要考察(x_0,y_0)沿着任意一个方向进行延展时函数值的变化情况。直观上看，就是用一个过点$A(x_0,y_0,f\left(x_0,y_0\right))$，垂直于$xOy$平面并且平行于给定方向的平面与曲面$(x,y,f\left(x,y\right))$相截。然后考察截出来的曲线在点$A$附近的变化。这就回到我们所熟悉的对曲线切线的考察，当我们旋转这个平面时，就摸清楚了不同方向上函数在点A附近的变化率。

为了研究这种沿着某一特定方向l的变化率，我们把该方向与x轴正向和y轴正向的夹角分别记为α和β。于是，以(x_0,y_0)为端点，以l为方向的射线上的点的坐标为

$$\begin{cases} x = x_0 + t\cdot\cos\alpha \\ y = y_0 + t\cdot\cos\beta \end{cases}, t>0$$

其中t代表了点(x,y)到点$\left(x_0,y_0\right)$的距离。

比照一元函数导数的定义，极限

$$\lim_{t \to 0^+} \frac{f\left(x_0 + t \cdot \cos\alpha, y_0 + t \cdot \cos\beta\right) - f(x_0, y_0)}{t}$$

若存在，则称其为函数 $f(x,y)$ 在点 $\left(x_0, y_0\right)$ 沿方向 l 的方向导数，用记号 $f_l(x_0, y_0)$ 来表示。

可以看出，如图 24-2 所示，垂直于 xOy 平面并且平行于方向 l 的平面与曲面 $(x, y, f\left(x, y\right))$ 相截，所截得的曲线在点 $A(x_0, y_0, f\left(x_0, y_0\right))$ 处存在切线当且仅当

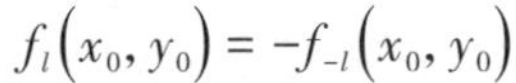

$$f_l\left(x_0, y_0\right) = -f_{-l}\left(x_0, y_0\right)$$

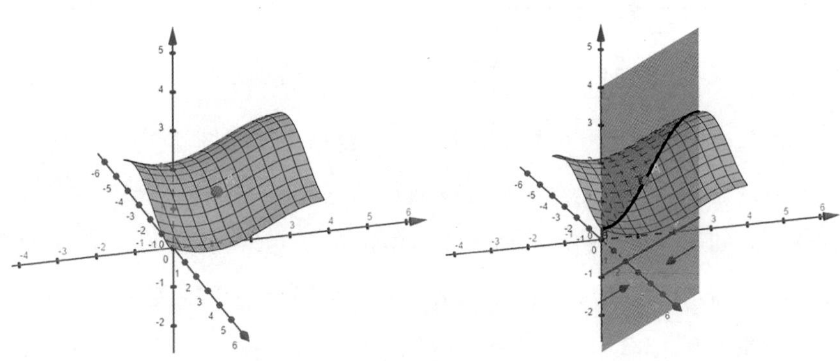

图 24-2　方向导数示意图

24.2　空间直线有斜率吗

一个自然的问题：当所截得的曲线在点 A 处确实存在切线的时候，我们能谈论这条切线的斜率吗？

答案：并不能。

问题出在“方向”这个概念上。我们知道直线的斜率刻画了直线相对于坐标轴的倾斜程度，数学上是用直线与坐标轴夹角的正切值来定义斜率的。然而一条直线与坐标轴有两个夹角，它们的正切值互为相反数，我们应该选哪个呢？（见图 24-3）

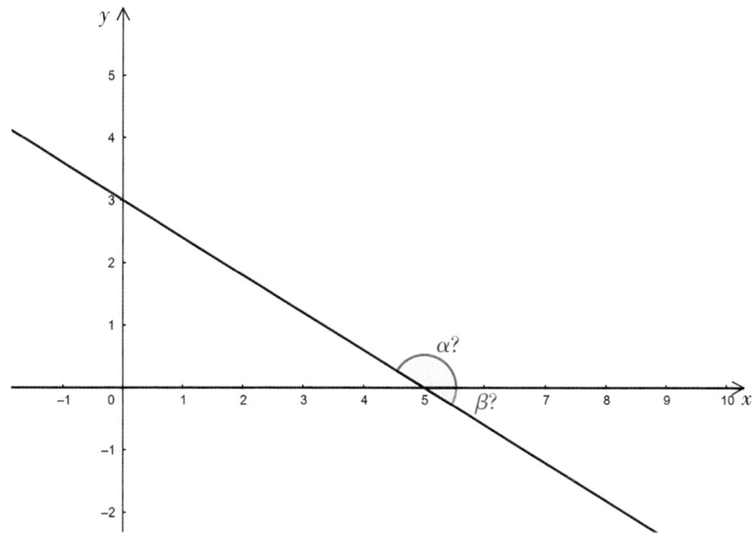

图 24-3 平面直线与坐标轴的夹角

我们选择的是 x 轴正向沿逆时针方向旋转与直线重合时所扫过的角度，即上图中的钝角。选择逆时针方向是因为这与我们所选择的坐标系本身的定向是一致的。在这种“一致性”下，直线的斜率能由其上任意两点的坐标通过公式

$$k = \frac{y_2 - y_1}{x_2 - x_1}$$

确定，不需要补一个额外的负号，形式上非常简洁。

坐标系有方向？还能够选择？这恐怕是你第一次碰到如此怪诞的问题，但在数学领域，确实有必要对这样的问题进行讨论。接下来，我们会具体介绍坐标系的定向及其选择。在中学阶段，坐标系方向的“选择”被默认了。

对 xOy 平面来讲，有两种不同的坐标系，一种是 x 轴正向沿逆时针方向旋转 90° 与 y 轴正向重合，称为右手系；另一种是 x 轴正向沿顺时针方向旋转 90° 与 y 轴正向重合，称为左手系（见图 24-4）。

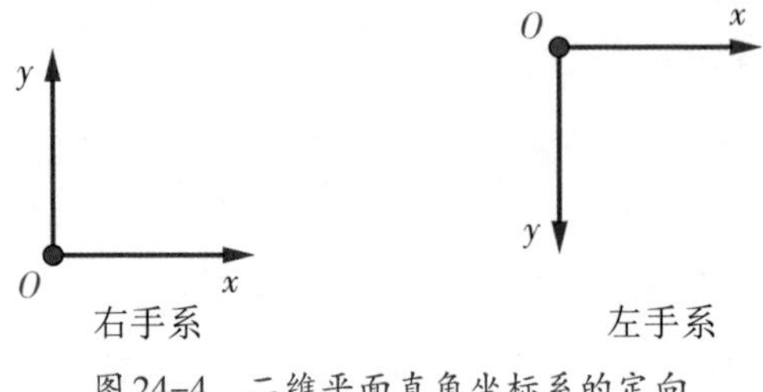

图 24-4　二维平面直角坐标系的定向

按照左、右手系进行区分,空间直角坐标系也有两种。现在,伸出你的右手,让四指朝向x轴正向并向y轴正向握拳,若大拇指的朝向与z轴正向一致,则为右手系;反之,则为左手系(见图 24-5)。

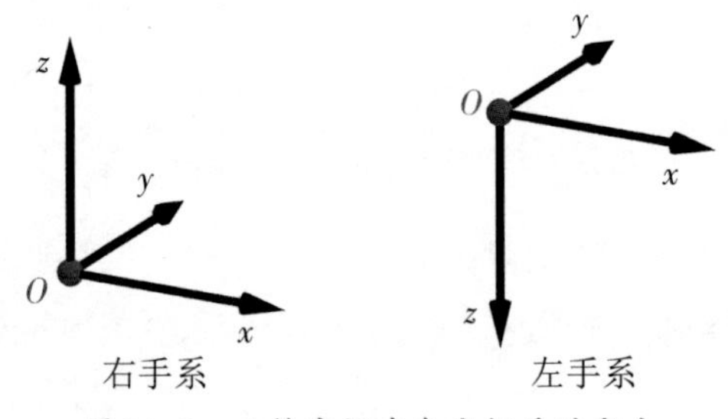

图 24-5　三维空间直角坐标系的定向

给定平面中的一条直线,当x轴的正向确定后,我们可以选择不同手系的直角坐标来计算这条直线的斜率(或者说建立这条直线的方程),得到的结果互为相反数。通常情况下,如同中学时期所默认的,我们选择右手坐标系进行计算。

至于空间直线能否谈论斜率的问题,我们需要明确一点:如同平面坐标中的x轴,我们需要一条标定空间直线倾斜程度的基准线。因为我们最开始是从二元函数$f(x, y)$出发的,x和y是自变量,所以我们就把这条基准线选为空间直线在xOy平面上的投影,并以这条基准线为x'轴建立一个新的直角坐标系。然而,在一般情况下,一条空间直线在xOy平面上的投影没有“天然”的方向,因此在此投影上任取两个不同的点$(x_1, y_1, 0)$和$(x_2, y_2, 0)$,我们可以得到两个不同的方向向量

$$l = (x_2 - x_1, y_2 - y_1, 0)$$

和

$$-l = \left(x_1 - x_2, y_1 - y_2, 0\right)。$$

不管我们将l和$-l$中的哪个指定为x'轴的正向,仅仅通过旋转和平移就可以构建出一个新的空间直角坐标系$O'x'y'z'$,它与原坐标系$Oxyz$保持同样的定向并且z'轴与z轴朝向一致。

然而,空间直线是早就给定的,有唯一一个包含这条直线并且平行于z轴的平面。之前的操作说明,最初的坐标系$Oxyz$在这个平面上诱导出两个定向不同的平面直角坐标系。这两个坐标系没有哪个有天然的优先地位。我们也不知道应该用谁来计算斜率,因此谈论空间直线的斜率是不适当的。

24.3 偏导数——方向导数衍生品

有一个例外情况。

当空间直线在xOy平面上的投影平行于x轴或y轴时,它有天然的方向,即x轴或y轴的正向。

按照24.1节得到的结论,用平行于xOz平面且包含点$A\left(x_0, y_0, f\left(x_0, y_0\right)\right)$的平面(记为$\pi$)与二元函数$f(x, y)$定义的曲面$\left(x, y, f\left(x, y\right)\right)$相截,所截得的曲线在点$A\left(x_0, y_0, f\left(x_0, y_0\right)\right)$处存在切线的充分必要条件是

$$\lim_{t \to 0^+} \frac{f(x_0 + t, y_0) - f(x_0, y_0)}{t} = -\lim_{t \to 0^+} \frac{f(x_0 - t, y_0) - f(x_0, y_0)}{t}$$

这其实就是把$f(x, y)$限定在平面π内,函数图像在点A处的右导数与左导数相等。从而,极限

$$\lim_{\Delta x \to 0} \frac{f\left(x_0 + \Delta x, y_0\right) - f\left(x_0, y_0\right)}{\Delta x}$$

存在,称为函数$f(x, y)$在点(x_0, y_0)处关于自变量x的偏导数,记为

$$\left.\frac{\partial f}{\partial x}\right|_{(x_0, y_0)} \text{ 或 } f_x(x_0, y_0)$$

它的几何意义是过点$A\left(x_0, y_0, f\left(x_0, y_0\right)\right)$且平行于$xOz$平面的平面与曲面$\left(x, y, f\left(x, y\right)\right)$相截，所截得的曲线在点$A$处的切线的斜率。

如果与$\left(x, y, f\left(x, y\right)\right)$相截的平面是平行于$yOz$平面的，并且截线在点$A$处依然存在切线，我们就得到了函数$f(x, y)$在点$(x_0, y_0)$处关于自变量$y$的偏导数

$$\left.\frac{\partial f}{\partial y}\right|_{(x_0, y_0)} \text{ 或 } f_y\left(x_0, y_0\right)$$

如果偏导数在每个点都存在，我们就有了偏导函数的概念。我们观察偏导数的定义不难发现，求$f(x, y)$关于自变量x的偏导函数时，可以把自变量y视为常数，然后对一个形式上的一元函数$f(x, y)$应用一元函数求导法则。例如，假设

$$f\left(x, y\right) = 3x^2 + 2xy + 5y^2$$

则有

$$\frac{\partial f}{\partial x} = 6x + 2y$$

求关于自变量y的偏导函数同样如此。

24.4 从切线到切平面

在学习一元函数微积分时，我们就了解到函数可微性是一个重要的概念。函数在某点处可微，意味着在这一点的附近，函数值的变化相对于自变量的变化而言，近乎线性的

$$\Delta y = A \cdot \Delta x + o\left(\Delta x\right)$$

从几何上来看，在该点附近，函数图像可以用一个不平行于y轴的微小直线段代替，这等价于在该点处存在一条斜率有限的切线。

这一概念可以很自然地推广到多元函数。以二元函数为例，我们称

$f(x,y)$在点(x_0,y_0)处可微，如果$f(x,y)$在(x_0,y_0)的一个微小邻域内满足

$$\begin{aligned}\Delta f &= f(x_0+\Delta x, y_0+\Delta y) - f(x_0,y_0)\\ &= A\cdot\Delta x + B\cdot\Delta y + o(\rho)\end{aligned}$$

其中

$$\rho = \sqrt{\Delta x^2 + \Delta y^2}$$

代表从点$(x_0+\Delta x, y_0+\Delta y)$到点$(x_0,y_0)$的距离。

常数A、B的确定方式与一元函数的情形类似，令$\Delta y = 0$（此时$\rho = |\Delta x|$），$G = f(x_0+\Delta x, y_0) - f(x_0,y_0) - A\cdot\Delta x$，则

$$A = \frac{f(x_0+\Delta x, y_0) - f(x_0,y_0)}{\Delta x} - \frac{G}{\Delta x}$$

分别让Δx从右侧和左侧趋近于0，我们得到

$$\begin{aligned}A &= \lim_{\Delta x\to 0^+}\frac{f(x_0+\Delta x, y_0) - f(x_0,y_0)}{\Delta x} - \lim_{\Delta x\to 0^+}\frac{G}{|\Delta x|}\\ &= \lim_{\Delta x\to 0^-}\frac{f(x_0+\Delta x, y_0) - f(x_0,y_0)}{\Delta x} + \lim_{\Delta x\to 0^-}\frac{G}{|\Delta x|}\\ &= f_x(x_0,y_0)\end{aligned}$$

同理，$B = f_y(x_0,y_0)$。

当函数$f(x,y)$在区域D内的每个点都可微时

$$\mathrm{d}f = f_x(x,y)\cdot\mathrm{d}x + f_y(x,y)\cdot\mathrm{d}y$$

称为$f(x,y)$在区域D上的全微分。

函数可微意味着在局部上，函数值的变化相对于自变量的变化是近乎线性的，一元函数的"线性"是"切线"。人们可能会问：从几何上来看，二元函数的"线性"是什么？

我们知道两条相交的直线确定一个平面，所以从全微分的表达式不难猜测：二元函数$f(x,y)$在点(x_0,y_0)处可微，当且仅当函数图像在点$(x_0,y_0,f(x_0,y_0))$处存在切平面。

这一猜测是正确的，它说明二元函数的可微性是一个非常强的条件，任意一个平行于 z 轴且包含点 $\left(x_0, y_0, f\left(x_0, y_0\right)\right)$ 的平面与 $f(x, y)$ 的图像相截，所截得的曲线在点 $\left(x_0, y_0, f\left(x_0, y_0\right)\right)$ 处均存在切线并且这些切线都位于同一个平面。这不仅要求 $f(x, y)$ 的偏导数存在，还要求沿任意方向的方向导数存在，并且满足

$$f_l\left(x_0, y_0\right)=f_x\left(x_0, y_0\right)\cdot \cos\alpha+f_y\left(x_0, y_0\right)\cdot \cos\beta$$

其中，α 和 β 分别是 l 与 x 轴正向和 y 轴正向的方向夹角。

所以，与一元函数的情形非常不同，偏导数的存在并不能保证函数的可微性①，经典的例子是

$$f(x, y)=\begin{cases}\dfrac{xy}{\sqrt{x^2+y^2}}, & x^2+y^2\neq 0\\ 0, & x^2+y^2=0\end{cases}$$

但只要多加一个条件，“$f(x, y)$ 的偏导数存在，并且在点 $\left(x_0, y_0\right)$ 处连续”，可导与可微之间的鸿沟就被填平了，可见“偏导数连续”本身是非常强的。

24.5 梯度

如果一滴水珠落在汽车的挡风玻璃上，会沿着什么样的路径滑下呢？一块巨石从山顶高处跌落，会沿着什么样的路径滚到山底呢？这些在现实生活中经常碰到的问题，在数学上有一个共同的抽象模型：假设一个质点在二元函数 $f(x, y)$ 定义的空间曲面上沿着函数值减小最快的方向移动，怎么把这个方向找出来？

不难看出，这对应 $f(x, y)$ 存在方向导数小于0的情形，只要把最小的那个方向导数求出来就可以了。

① 甚至不能保证函数的连续性。

如果$f(x,y)$定义的空间曲面性状比较好（可微），各方向的方向导数可以用偏导数表达

$$f_l(x_0,y_0)=f_x(x_0,y_0)\cdot\cos\alpha+f_y(x_0,y_0)\cdot\cos\beta$$

其中，α和β分别是l与x轴正向和y轴正向的方向夹角。换句话说，方向导数可以写成两个向量的内积

$$f_l(x_0,y_0)=\left(f_x(x_0,y_0),f_y(x_0,y_0)\right)\cdot(\cos\alpha,\ \cos\beta)$$

其中，$(\cos\alpha,\ \cos\beta)$是与l同向的单位向量。

现在，我们把向量$\left(f_x(x_0,y_0),f_y(x_0,y_0)\right)$记作$\mathrm{grad}f(x_0,y_0)$，根据向量内积的计算公式得到

$$f_l(x_0,y_0)=\left|\mathrm{grad}f(x_0,y_0)\right|\cdot\cos\theta$$

其中，θ代表$\mathrm{grad}f(x_0,y_0)$与l的方向夹角。

向量$\mathrm{grad}f(x_0,y_0)$的大小与l的选取无关，因此函数$f(x,y)$在点(x_0,y_0)处可能取到的所有方向导数中，最大值是

$$\left|\mathrm{grad}f(x_0,y_0)\right|=\sqrt{f_x(x_0,y_0)^2+f_y(x_0,y_0)^2}$$

最小值是

$$-\left|\mathrm{grad}f(x_0,y_0)\right|=-\sqrt{f_x(x_0,y_0)^2+f_y(x_0,y_0)^2}$$

分别对应$\theta=0$和$\theta=\pi$。

这样看来，只要偏导数不同时为0，就能找到函数值减小最快的方向，它是向量$\mathrm{grad}f(x_0,y_0)$的反方向。

人们把$\mathrm{grad}f(x_0,y_0)$称为函数$f(x,y)$在点(x_0,y_0)处的梯度，其大小代表方向导数中的最大值，方向是函数值增长最快的方向。梯度在寻找局部极值点的问题中有十分广泛的应用，“梯度下降法”也因为人工智能机器学习的兴起，被越来越多人所熟悉。

24.6 积分也有方向

多元函数的积分有多种类型，但不管是哪种类型，其本质都是分割→求和→取极限

$$\lim_{\|T\|\to 0}\sum_{i=1}^{n} f\left(\theta_i\right)\Delta\sigma_i$$

其中，T代表积分区域的分割，$\Delta\sigma_i$是每个分割单元的“大小”，θ_i是分割单元中任意选取的一个点。形式上，我们用符号

$$\int\cdots\int_D f\mathrm{d}\sigma$$

来表示多元函数f在区域D上进行黎曼积分得到的结果。根据积分区域的不同(线积分、面积分或体积分)，$\mathrm{d}\sigma$对应长度微元、面积微元和体积微元。

建立起恰当的坐标系后，$\mathrm{d}\sigma$就能用坐标的微元来计算，一般情况下，我们会选择直角坐标$\mathrm{d}x$、$\mathrm{d}y$、$\mathrm{d}z$，空间中的线积分、面积分和体积分就能写成

$$\int P\mathrm{d}x+Q\mathrm{d}y+R\mathrm{d}z、\iint P\mathrm{d}y\mathrm{d}z+Q\mathrm{d}z\mathrm{d}x+R\mathrm{d}x\mathrm{d}y、\iiint f\mathrm{d}x\mathrm{d}y\mathrm{d}z$$

这是最终转化为累次积分进行计算的关键一步。

多元函数积分的具体计算是高等数学下半部分的重要内容，也是非常技术化的内容，教材中包含很多详细的讲解和配套练习，这里就不再赘述了。我希望和大家分享一些不一样的东西，作为“从局部到整体”这条主线的结尾。

积分有没有方向呢？当然有。在第二型曲线积分和第二型曲面积分中都存在积分方向的选择问题，但那是基于物理意义的选择，不是基于数学意义的选择，如求变力做功或求流体通量时需要考虑力的方向和流速的方向。然而，积分本身在数学上是非常依赖方向选择的，如求长度、面积、体积这些看似无须选择方向的积分运算其实都依赖坐标系的定向选择。例如，考虑平面内同一个三角形区域，因为选取的坐标系定向不同，我们会求得不同的“面积”(见图24-6)。

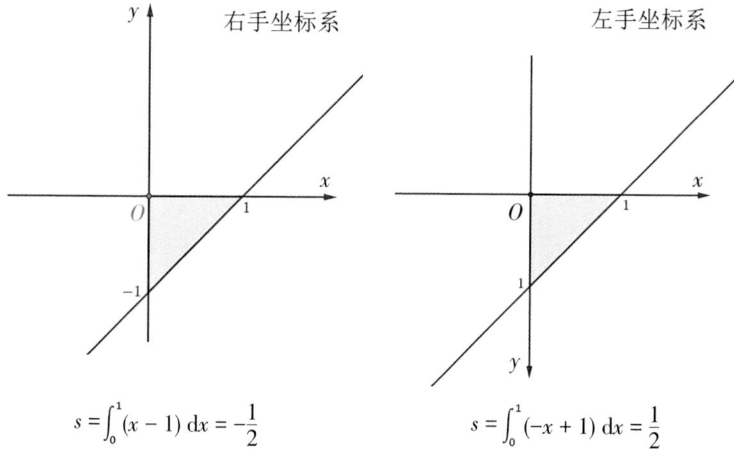

图24-6　坐标系的不同定向对积分值的影响

在多元函数积分的情形下，这种选择因为要避免引入更加抽象的概念而被大多数教材刻意回避了。本节中，我想为大家介绍另一套积分运算的符号，在新的符号体系里，坐标微元 dx、dy、dz 仍然组成一系列的“乘积”，但这些“乘积”代表的是有向面积元和有向体积元概念，其绝对值与 $d\sigma$ 一致，正负号由坐标系的定向决定。这一改变使多元函数积分的相关内容在形式上得到了简化，对数学专业的学生而言，这套运算符号还是流形上微积分理论的入门。

记 D 是多元函数的积分区域，D 的一个定向是指以 D 中的每个点为原点所建立的一组相容的坐标系。相容指的是当一个点沿着区域 D 的内部移动时，相应的坐标系不改变定向。例如，当 D 是空间中一条光滑曲线时，D 的定向就是为其中每个点指定一个切线方向并且点在曲线上移动时，其对应的切线方向始终与路径上每个点所指定的切线方向同向；当 D 是空间中一个光滑曲面时，D 的定向就是为其中每个点指定其切平面上一个二维坐标系并且点在曲面上移动时，其对应的切平面坐标系始终与路径上每个点所指定的切平面坐标系有相同的定向。

现在，我们对积分区域进行分割，当分割足够细密时，每个分割单元 U

都可以看成其内部一个点 P 的小邻域。可以对应三种不同的积分区域，我们在 U 上分别定义有向长度元、有向面积元和有向体积元。

(1)曲线情形。记点 P 处的定向向量在 x 轴上的投影为 i，定义有向长度元为

$$\mathrm{d}x=\begin{cases}\mathrm{d}x, \text{如果} i \text{与} x \text{轴正向同向}\\ -\mathrm{d}x, \text{如果} i \text{与} x \text{轴正向反向}\end{cases}$$

类似地，可以定义 $\mathrm{d}y$ 和 $\mathrm{d}z$。

(2)曲面情形。记点 P 处的定向坐标系在 xOy 平面上的投影为 (i,j)，定义有向面积元 $\mathrm{d}x\wedge\mathrm{d}y$ 为向量 $(\mathrm{d}x,0)$ 和 $(0,\mathrm{d}y)$ 所张成的长方形的有向面积，即

$$\mathrm{d}x\wedge\mathrm{d}y=\begin{cases}\mathrm{d}x\mathrm{d}y, \text{如果}\left(i,j\right)\text{是右手系}\\ -\mathrm{d}x\mathrm{d}y, \text{如果}\left(i,j\right)\text{是左手系}\end{cases}$$

类似地，可以定义 $\mathrm{d}y\wedge\mathrm{d}z$ 和 $\mathrm{d}z\wedge\mathrm{d}x$。

(3)三维区域情形。记点 P 处的定向坐标系为 (i,j,k)，定义有向体积元 $\mathrm{d}x\wedge\mathrm{d}y\wedge\mathrm{d}z$ 为向量 $(\mathrm{d}x,0,0)$、$(0,\mathrm{d}y,0)$ 和 $(0,0,\mathrm{d}z)$ 所张成的长方体的有向体积，即

$$\mathrm{d}x\wedge\mathrm{d}y\wedge\mathrm{d}z=\begin{cases}\mathrm{d}x\mathrm{d}y\mathrm{d}z, \text{如果}(i,j,k)\text{是右手系}\\ -\mathrm{d}x\mathrm{d}y\mathrm{d}z, \text{如果}\left(i,j,k\right)\text{是左手系}\end{cases}$$

需要注意

$$\mathrm{d}x\wedge\mathrm{d}x\neq\mathrm{d}x^2$$

而应该有

$$\mathrm{d}x\wedge\mathrm{d}x=0$$

因为向量 $(\mathrm{d}x,0)$ 和 $(\mathrm{d}x,0)$ 是平行的，无法张成一个有确定面积的长方形，或者说它们所张成的长方形面积为0。

空间中的线积分、面积分和体积分在新的符号体系下记为

$$\int_L P\mathrm{d}x+Q\mathrm{d}y+R\mathrm{d}z\text{、}\int_D P\mathrm{d}y\wedge\mathrm{d}z+Q\mathrm{d}z\wedge\mathrm{d}x+R\mathrm{d}x\wedge\mathrm{d}y\text{、}\int_V f\mathrm{d}x\wedge\mathrm{d}y\wedge\mathrm{d}z$$

将积分区域的定向纳入积分符号统一考虑是件很自然的事情,本质上与计算变力做功和流体通量时,根据力的方向和流速的方向确定积分方向是相同的。

新的符号体系可以方便地处理多元函数积分的换元问题。给定一个具有一阶连续偏导数的坐标变换

$$\begin{cases} x = x(u, v) \\ y = y(u, v) \end{cases}$$

该变换的雅可比行列式定义为

$$J(u, v) = \begin{vmatrix} \dfrac{\partial x}{\partial u} & \dfrac{\partial x}{\partial v} \\ \dfrac{\partial y}{\partial u} & \dfrac{\partial y}{\partial v} \end{vmatrix} = \frac{\partial x}{\partial u} \cdot \frac{\partial y}{\partial v} - \frac{\partial x}{\partial v} \cdot \frac{\partial y}{\partial u}$$

因为假设偏导数都是连续函数,所以$J(u, v)$也是连续的。由连续函数的局部保号性知,满足$J(u, v) = 0$的那些点将平面分割成互不相连的若干区域,每个区域内$J(u, v)$的值恒为正或恒为负。

雅可比行列式的几何意义是:在满足$J\left(u_0, v_0\right) \neq 0$的点$(u_0, v_0)$附近,存在一个闭邻域$T$以及坐标变换

$$\begin{cases} u = u(x, y) \\ v = v(x, y) \end{cases}$$

其作为给定坐标变换的逆变换将T一一映射至点$\left(x\left(u_0, v_0\right), y\left(u_0, v_0\right)\right)$的一个闭邻域$D$,并且

$$\int_D \mathrm{d}x \wedge \mathrm{d}y = \int_T J(u, v) \mathrm{d}u \wedge \mathrm{d}v$$

以线性变换

$$\begin{cases} x = \dfrac{1}{2}(u + v) \\ y = \dfrac{1}{2}(v - u) \end{cases}$$

为例(见图24-7),

$$J(u,v)=\begin{vmatrix}\frac{1}{2} & \frac{1}{2}\\ -\frac{1}{2} & \frac{1}{2}\end{vmatrix}=\frac{1}{2}>0$$

这说明坐标系 uOv 与 xOy 有相同的定向，且变积系数为 $\frac{1}{2}$。

使用多元函数的全微分很容易证明我们申明的公式

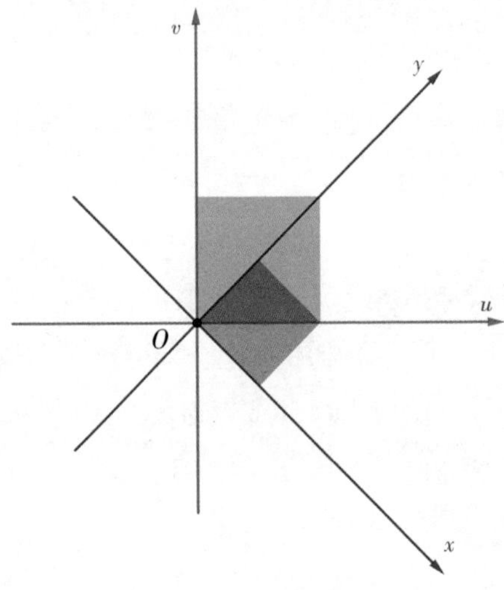

图 24-7　坐标变换

$$\begin{aligned}\int_D \mathrm{d}x\wedge\mathrm{d}y &= \int_D \mathrm{d}x(u,v)\wedge\mathrm{d}y(u,v)\\ &= \int_T\left(\frac{\partial x}{\partial u}\mathrm{d}u+\frac{\partial x}{\partial v}\mathrm{d}v\right)\wedge\left(\frac{\partial y}{\partial u}\mathrm{d}u+\frac{\partial y}{\partial v}\mathrm{d}v\right)\\ &= \int_T\left(\frac{\partial x}{\partial u}\cdot\frac{\partial y}{\partial u}\mathrm{d}u\wedge\mathrm{d}u+\frac{\partial x}{\partial u}\cdot\frac{\partial y}{\partial v}\mathrm{d}u\wedge\mathrm{d}v+\frac{\partial x}{\partial v}\cdot\frac{\partial y}{\partial u}\mathrm{d}v\wedge\mathrm{d}u+\right.\\ &\qquad\left.\frac{\partial x}{\partial v}\cdot\frac{\partial y}{\partial v}\mathrm{d}v\wedge\mathrm{d}v\right)\\ &= \int_T\left(\frac{\partial x}{\partial u}\cdot\frac{\partial y}{\partial v}\mathrm{d}u\wedge\mathrm{d}v-\frac{\partial x}{\partial v}\cdot\frac{\partial y}{\partial u}\mathrm{d}u\wedge\mathrm{d}v\right)\\ &= \int_T J(u,v)\,\mathrm{d}u\wedge\mathrm{d}v\end{aligned}$$

同样的方式,我们能证明

$$\int_D f(x,y)\mathrm{d}x\wedge\mathrm{d}y=\int_T f(x(u,v),y(u,v))J(u,v)\mathrm{d}u\wedge\mathrm{d}v$$

这一过程比《高等数学》教材中使用面积微元符号的多元函数积分换元公式的证明要简洁得多,后者必须包含雅可比行列式的绝对值

$$\int_D f(x,y)\mathrm{d}x\mathrm{d}y=\int_T f(x(u,v),y(u,v))\left|J(u,v)\right|\mathrm{d}u\mathrm{d}v$$

24.7 斯托克斯公式

上面介绍的有向长度元 $\mathrm{d}x$、有向面积元 $\mathrm{d}x\wedge\mathrm{d}y$ 和有向体积元 $\mathrm{d}x\wedge\mathrm{d}y\wedge\mathrm{d}z$ 是更高阶的概念“微分形式”的特例。

0-次微分形式:光滑[①]函数 f。

1-次微分形式:$P\mathrm{d}x+Q\mathrm{d}y+R\mathrm{d}z$,$P$、$Q$、$R$ 光滑。

2-次微分形式:$P\mathrm{d}y\wedge\mathrm{d}z+Q\mathrm{d}z\wedge\mathrm{d}x+R\mathrm{d}x\wedge\mathrm{d}y$,$P$、$Q$、$R$ 光滑。

3-次微分形式:$f\mathrm{d}x\wedge\mathrm{d}y\wedge\mathrm{d}z$,$f$ 光滑。

它们之间通过微分算子“d”进行连接,对0-次微分形式,某个可微函数 f,全微分公式

$$\mathrm{d}f=f_x\mathrm{d}x+f_y\mathrm{d}y+f_z\mathrm{d}z$$

给出一个1-次微分形式。对1-次微分形式 $P\mathrm{d}x+Q\mathrm{d}y+R\mathrm{d}z$,

$$\begin{aligned}\mathrm{d}(P\mathrm{d}x+Q\mathrm{d}y+R\mathrm{d}z)&=(P_x\mathrm{d}x+P_y\mathrm{d}y+P_z\mathrm{d}z)\wedge\mathrm{d}x+(Q_x\mathrm{d}x+Q_y\mathrm{d}y+Q_z\mathrm{d}z)\\&\quad\wedge\mathrm{d}y+(R_x\mathrm{d}x+R_y\mathrm{d}y+R_z\mathrm{d}z)\wedge\mathrm{d}z\\&=(R_y-Q_z)\mathrm{d}y\wedge\mathrm{d}z+(P_z-R_x)\mathrm{d}z\wedge\mathrm{d}x+\\&\quad(Q_x-P_y)\mathrm{d}x\wedge\mathrm{d}y\end{aligned}$$

得到一个2-次微分形式。对2-次微分形式 $P\mathrm{d}y\wedge\mathrm{d}z+Q\mathrm{d}z\wedge\mathrm{d}x+R\mathrm{d}x\wedge\mathrm{d}y$,

① 光滑指无穷次可微。由于我们只考虑3-次以下的微分形式,所以这里要求具有连续的二阶偏导数即可。

$$\begin{aligned} d(Pdy\wedge dz+Qdz\wedge dx+Rdx\wedge dy) &= \left(P_x dx+P_y dy+P_z dz\right)\wedge dy\wedge dz+ \\ &\quad \left(Q_x dx+Q_y dy+Q_z dz\right)\wedge dz\wedge dx+ \\ &\quad \left(R_x dx+R_y dy+R_z dz\right)\wedge dx\wedge dy \\ &= (P_x+Q_y+R_z)dx\wedge dy\wedge dz \end{aligned}$$

得到一个3-次微分形式。

利用这套运算符号，在微分形式的框架内，看起来非常复杂、毫无关联的牛顿-莱布尼兹公式、格林公式、高斯公式、斯托克斯公式可以做到形式上完全统一。

设D是三维欧氏空间R^3中的一个有界闭区域，∂D代表其边界。我们赋予∂D由D诱导的定向(具体规定为：若∂D是光滑曲线，对其中任何一点P，以该点处代表∂D定向的切线方向为x轴正向，建立一个与该点处代表D的定向的切平面坐标系定向相同的直角坐标系。y轴正向需指向区域D的内部；若∂D是光滑曲面，对其中任何一点P，以该点处代表∂D定向的切平面坐标系为x轴正向和y轴正向，建立一个与该点处代表D的定向的空间坐标系定向相同的直角坐标系，z轴正向需指向区域D的外部)，则对任何一个恰当次数的微分形式ω，我们有斯托克斯公式

$$\int_D d\omega=\int_{\partial D}\omega$$

(1)D为闭区间$[a,b]$，边界$\partial D=\{a\}\cup\{b\}$，$\omega$是0-次微分形式$f$。

$$d\omega=df=f'(x)dx$$

此时斯托克斯公式就是牛顿-莱布尼兹公式

$$\int_a^b f'(x)dx=f(b)-f(a)$$

(2)D为二维平面中的有界闭区域，边界∂D是分段光滑的封闭曲线L，ω是1-次微分形式$Pdx+Qdy$。

$$d\omega=d(Pdx+Qdy)=(Q_x-P_y)dx\wedge dy$$

此时斯托克斯公式就是格林公式

$$\int_D(Q_x-P_y)dx\wedge dy=\int_L Pdx+Qdy$$

(3)D为三维空间中的有界光滑闭曲面，边界∂D是分段光滑的封闭曲线L，ω是1-次微分形式$P\mathrm{d}x + Q\mathrm{d}y + R\mathrm{d}z$。

$$\begin{aligned}\mathrm{d}\omega &= \mathrm{d}(P\mathrm{d}x + Q\mathrm{d}y + R\mathrm{d}z)\\ &= \left(R_y - Q_z\right)\mathrm{d}y \wedge \mathrm{d}z + \left(P_z - R_x\right)\mathrm{d}z \wedge \mathrm{d}x + \left(Q_x - P_y\right)\mathrm{d}x \wedge \mathrm{d}y\end{aligned}$$

此时斯托克斯公式与经典的斯托克斯公式一致

$$\int_D \left(R_y - Q_z\right)\mathrm{d}y \wedge \mathrm{d}z + \left(P_z - R_x\right)\mathrm{d}z \wedge \mathrm{d}x + \left(Q_x - P_y\right)\mathrm{d}x \wedge \mathrm{d}y =$$

$$\int_L P\mathrm{d}x + Q\mathrm{d}y + R\mathrm{d}z$$

(4)D为三维空间中的有界闭区域，边界∂D是分段光滑的封闭曲面S，ω是2-次微分形式$P\mathrm{d}y \wedge \mathrm{d}z + Q\mathrm{d}z \wedge \mathrm{d}x + R\mathrm{d}x \wedge \mathrm{d}y$。

$$\begin{aligned}\mathrm{d}\omega &= \mathrm{d}(P\mathrm{d}y \wedge \mathrm{d}z + Q\mathrm{d}z \wedge \mathrm{d}x + R\mathrm{d}x \wedge \mathrm{d}y)\\ &= (P_x + Q_y + R_z)\mathrm{d}x \wedge \mathrm{d}y \wedge \mathrm{d}z\end{aligned}$$

此时斯托克斯公式就是高斯公式

$$\int_D (P_x + Q_y + R_z)\mathrm{d}x \wedge \mathrm{d}y \wedge \mathrm{d}z = \int_S P\mathrm{d}y \wedge \mathrm{d}z + Q\mathrm{d}z \wedge \mathrm{d}x + R\mathrm{d}x \wedge \mathrm{d}y$$

最后，需要提醒读者注意，并不是所有的区域都是可定向的，作为单侧曲面的代表，莫比乌斯带就是一个经典的不可定向曲面例子(见图24-8)。假设一只小爬虫背着一个坐标系，从莫比乌斯带中线上的某点A出发，沿着中线爬行。当它爬完一圈回到点A的时候，背上坐标系的定向却悄然发生了变化，左右手系互换了，这违背了区域定向的具体要求。

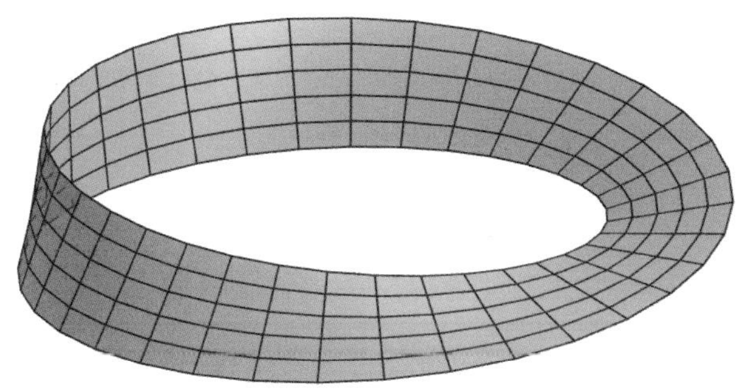

图24-8　莫比乌斯带

也许令人不可思议，除非“一刀剪断”，否则无法用积分求出一条莫比乌斯带的面积。

思考题

你还能举出不可定向区域的一个例子吗？

Part 04

第 4 篇

以简单代复杂，微积分的实践之路

第25章

泰勒展开

除了牛顿-莱布尼兹公式，泰勒展开可能是微积分理论中最受欢迎的方法，我们常常听学生们讨论某道难题，用常规方法十分困难，用泰勒展开却能够快速求解。如果你熟悉中学数学的现状，必会知道高考大题的解答过程是否允许使用泰勒展开一直存在着巨大的争议。尽管它不在考纲范围之内，却能对许多复杂的问题实施“降维打击”。这一争议足见泰勒展开的强大。

泰勒展开之所以备受推崇，是因为它能用简单的多项式函数去逼近复杂的一般函数。它遵循的是以简单代替复杂的深刻逻辑，我们在数学发展的每一个角落都能够看到这种做法。

为什么要用多项式函数逼近一般函数呢？因为多项式函数是我们所能想到的最简单的函数。从代数上来讲，它只涉及数集上两种最基本的运算：加法和乘法；从分析上来讲，不管是求微分还是求积分，多项式函数的计算过程都非常简单。假如我们想求反三角函数 $y = \arcsin(x)$ 在区间 $[0, \frac{1}{2}]$ 上的积分，如果不翻积分表，恐怕很难想象它的原函数是

$$x \cdot \arcsin(x) + \sqrt{1 - x^2} + C$$

这样复杂的形式，但如果你知道

$$\arcsin(x) \approx x + \frac{1}{6}x^3 + \frac{3}{40}x^5 + \frac{5}{112}x^7 + \frac{35}{1152}x^9$$

就能快速计算出所求积分的一个近似值。

一旦我们萌生了用多项式逼近一般函数的想法,下一步要考虑的问题就是如何评价这种逼近的效果。具体来讲,用一个n次多项式$P_n(x)$近似代替函数$f(x)$,我们要求误差项$R_n(x) := f(x) - P_n(x)$满足何种条件? 泰勒展开作为用多项式逼近一般函数的一种方式,它的标准是取定一个逼近的基准点x_0,$R_n(x)$应是$(x-x_0)^n$的高阶无穷小。

因为高阶无穷小是一个局部性质,所以用满足

$$f(x) = P_n(x) + o\left((x-x_0)^n\right)$$

的n次多项式$P_n(x)$去逼近$f(x)$,在越靠近基准点x_0的地方,逼近的效果越好。此外,满足这一条件的$P_n(x)$是唯一的,因为一个次数不超过n的多项式若是$(x-x_0)^n$的高阶无穷小,就一定恒等于0。

接下来,我们用三种方法寻找$P_n(x)$。

25.1 微分法

微分法来自对函数可微性条件的反复使用,假如目标函数$f(x)$在基准点x_0处可微(此时等价于可导),而我们想用一次多项式(图像是一条直线)在x_0的附近近似代替$f(x)$,首先想到的自然是$f(x)$的图像在点x_0处的切线。

由假设$f(x)$在点x_0处可微,我们有

$$f(x) - f(x_0) = f'(x_0)(x-x_0) + o\left((x-x_0)\right)$$

所以

$$P_1(x) := f(x_0) + f'(x_0)(x-x_0)$$

就是我们要寻找的一次多项式,此时误差项

$$R_1(x) = f(x) - P_1(x)$$

是$x-x_0$的高阶无穷小。

现在，我们希望对$R_1(x)$重复这一步骤。构造函数

$$g(x)=\begin{cases}\dfrac{R_1(x)}{x-x_0}, & \text{如果} x\neq x_0\\ 0, & \text{如果} x=x_0\end{cases}$$

我们有关系式

$$R_1(x)=(x-x_0)g(x)$$

因为$R_1(x)$是$x-x_0$的高阶无穷小，所以函数$g(x)$在点x_0处连续。

更进一步，我们要问$g(x)$在点x_0处可微（可导）吗？

假如$f(x)$在点x_0处二阶可导①，这一问题就具有肯定的答案，我们按照导数的定义验证一下

$$\begin{aligned}g'(x_0)&=\lim_{x\to x_0}\frac{g(x)-g(x_0)}{x-x_0}=\lim_{x\to x_0}\frac{R_1(x)}{(x-x_0)^2}\\&=\lim_{x\to x_0}\frac{f(x)-P_1(x)}{(x-x_0)^2}=\lim_{x\to x_0}\frac{1}{2}\cdot\frac{f'(x)-f'(x_0)}{x-x_0}\\&=\frac{1}{2}f''(x_0)\end{aligned}$$

其中倒数第二个等号使用了洛必达法则。②

这样一来，我们就可以依照$g(x)$的可微性条件，将其写成

$$\begin{aligned}g(x)&=g(x_0)+g'(x_0)(x-x_0)+o((x-x_0))\\&=\frac{1}{2}f''(x_0)(x-x_0)+o((x-x_0))\end{aligned}$$

从而

$$R_1(x)=(x-x_0)g(x)=\frac{1}{2}f''(x_0)(x-x_0)^2+o((x-x_0)^2)$$

再代入一次多项式的逼近公式中，得到

---

① 这意味着$f(x)$在x_0的一个邻域内可导且导函数在x_0处连续。

② 洛必达法则参见本书附录。

$$f(x)=f(x_0)+f'(x_0)(x-x_0)+\frac{1}{2}f''(x_0)(x-x_0)^2+o\left((x-x_0)^2\right)$$

因此,我们要寻找的二次逼近多项式就是

$$P_2(x)=f(x_0)+f'(x_0)(x-x_0)+\frac{1}{2}f''(x_0)(x-x_0)^2$$

误差项

$$R_2(x)=f(x)-P_2(x)$$

是$(x-x_0)^2$的高阶无穷小。

可见,只要$f(x)$在点x_0处存在更高阶的导数,这一方法就可以不断重复下去。具体细节留给感兴趣的读者,我们只做如下结论。

假如$f(x)$在点x_0处存在直到n阶导数,则

$$P_n(x)=f(x_0)+f'(x_0)(x-x_0)+\frac{1}{2}f''(x_0)(x-x_0)^2+\cdots+\frac{1}{n!}f^{(n)}(x_0)(x-x_0)^n$$

且误差项

$$R_n(x)=f(x)-P_n(x)$$

是$(x-x_0)^n$的高阶无穷小。

我们称$P_n(x)$为$f(x)$在点x_0处的n次泰勒多项式。

25.2 密切法

密切法是微分法的升级版。所谓密切,就是更高程度的相切,假设目标函数$f(x)$在基准点x_0处有直到n阶的导数,如果一个次数不超过n的多项式$M(x)$满足

$$M(x_0)=f(x_0),M'(x_0)=f'(x_0),\cdots,M^{(n)}(x_0)=f^{(n)}(x_0)$$

则称$M(x)$为$f(x)$在点x_0处的n次密切多项式。

使用n次密切多项式逼近目标函数,其误差项是$(x-x_0)^n$的高阶无穷小。

事实上，在x_0的一个邻域内，我们对极限

$$\lim_{x \to x_0} \frac{f(x) - M(x)}{\left(x - x_0\right)^n}$$

连续运用$n-1$次洛必达法则，就有

$$\lim_{x \to x_0} \frac{f(x) - M(x)}{\left(x - x_0\right)^n} = \lim_{x \to x_0} \frac{f^{(n-1)}(x) - M^{(n-1)}(x)}{n!(x - x_0)}$$

$$= \lim_{x \to x_0} \frac{\left(f^{(n-1)}(x) - M^{(n-1)}(x)\right) - \left(f^{(n-1)}\left(x_0\right) - M^{(n-1)}\left(x_0\right)\right)}{n!(x - x_0)}$$

$$= \frac{f^{(n)}\left(x_0\right) - M^{(n)}\left(x_0\right)}{n!} = 0$$

因此，要想逼近多项式满足泰勒展开的标准，只要找到目标函数的密切多项式就可以了。设

$$P_n(x) = a_0 + a_1(x - x_0) + a_2(x - x_0)^2 + \cdots a_n(x - x_0)^n$$

则

$$\begin{cases} P_n\left(x_0\right) = a_0 \\ P_n'\left(x_0\right) = a_1 \\ P_n^{(2)}\left(x_0\right) = 2a_2 \\ P_n^{(3)}\left(x_0\right) = 3!\,a_3 \\ \qquad \vdots \\ P_n^{(n)}\left(x_0\right) = n!\,a_n \end{cases}$$

我们可以根据密切多项式的定义确定系数，最终得到泰勒多项式

$$P_n(x) = f\left(x_0\right) + f'\left(x_0\right)\left(x - x_0\right) + \frac{1}{2} f''\left(x_0\right)\left(x - x_0\right)^2 + \cdots + \frac{1}{n!} f^{(n)}\left(x_0\right)\left(x - x_0\right)^n$$

25.3 插值法

尽管用插值法寻找$P_n(x)$的逻辑链条要追溯得更长,但非常值得我们投入时间与精力,因为这种方法是最符合泰勒想法的。

假设平面上标记了$n+1$个横坐标互不相同的点

$$(x_0, y_0), (x_1, y_1), \cdots, (x_n, y_n)$$

我们希望找一条最佳的多项式曲线拟合这$n+1$组数据。如果多项式的次数被限定为不超过n次,这样的“最佳拟合”多项式是唯一存在的。事实上,存在唯一一个次数不超过n的多项式$Q(x)$,使上述$n+1$个横坐标互不相同的点都位于函数

$$y = Q(x)$$

所定义的曲线上。

证明的思路就是求解线性方程组。因为一个次数不超过n的多项式

$$a_0 + a_1x + a_2x^2 + \cdots a_nx^n$$

由$n+1$个系数

$$a_0, a_1, a_2, \cdots, a_n$$

唯一决定,要想多项式定义的曲线通过给定的$n+1$个点,只需要将这些点的坐标代入,我们就得到一个以$a_0, a_1, a_2, \cdots, a_n$为变元的$n+1$元线性方程组

$$\begin{cases} a_0 + a_1x_0 + a_2x_0^2 + \cdots a_nx_0^n = y_0 \\ a_0 + a_1x_1 + a_2x_1^2 + \cdots a_nx_1^n = y_1 \\ \vdots \\ a_0 + a_1x_n + a_2x_n^2 + \cdots a_nx_n^n = y_n \end{cases}$$

这个线性方程组系数矩阵的行列式恰好是范德蒙德行列式

$$\begin{vmatrix} 1 & 1 & \cdots & 1 \\ x_0 & x_1 & \cdots & x_n \\ x_0^2 & x_1^2 & \cdots & x_n^2 \\ \vdots & \vdots & \cdots & \vdots \\ x_0^n & x_1^n & \cdots & x_n^n \end{vmatrix}$$

的转置,当$x_0, x_1, \cdots, x_n$各不相同时,行列式不为零,因此有唯一解。

这是范德蒙德行列式一个非常经典的应用,但可惜大多数线性代数课程在讲授范德蒙德行列式时,都不会提及这一应用。学生对于复杂概念的研究动机一无所知,原本应该是传递数学思想的好机会,最后变成了纯粹的数字游戏。

回到用多项式逼近一般函数的问题,考虑一条由连续函数$f(x)$定义的曲线,我们在曲线上取$n+1$个不同的点,并用这$n+1$个点的插值多项式近似代替$f(x)$。假设点的坐标为

$$\left(x_0, f(x_0)\right), \left(x_1, f(x_1)\right), \cdots, \left(x_n, f(x_n)\right)$$

我们能立刻写出满足条件的插值多项式

$$L_n(x) = \frac{\left(x - x_1\right)\left(x - x_2\right)\cdots\left(x - x_n\right)}{\left(x_0 - x_1\right)\left(x_0 - x_2\right)\cdots\left(x_0 - x_n\right)} f\left(x_0\right) + \frac{\left(x - x_0\right)\left(x - x_2\right)\cdots\left(x - x_n\right)}{\left(x_1 - x_0\right)\left(x_1 - x_2\right)\cdots\left(x_1 - x_n\right)} f\left(x_1\right) + \cdots \frac{\left(x - x_0\right)\left(x - x_1\right)\cdots\left(x - x_{n-1}\right)}{\left(x_n - x_0\right)\left(x_n - x_1\right)\cdots\left(x_n - x_{n-1}\right)} f\left(x_n\right)$$

等式右边的每项都是以x为变元的n次多项式,所以$L_n(x)$的次数不超过n。由于分子逐项地缺少因式$\left(x - x_0\right), \left(x - x_1\right), \cdots, \left(x - x_n\right)$,用

$$x = x_0, x_1, \cdots, x_n$$

代入后很容易验证相应的函数值为

$$f\left(x_0\right), f\left(x_1\right), \cdots, f(x_n)$$

$L_n(x)$就是大名鼎鼎的拉格朗日插值多项式。

用$L_n(x)$代替$f(x)$,误差会是多少呢?我们用

$$R(x) := f(x) - L_n(x)$$

来代表误差项。根据拉格朗日插值多项式的定义,$R(x)$在

$$x = x_0, x_1, \cdots, x_n$$

处均为0。对此外的任何一个x，我们将$R(x)$写成

$$R(x)=(x-x_0)(x-x_1)\cdots(x-x_n)\tau(x)$$

然后估计$\tau(x)$的大小。

为此，我们构造一个新的，以y为变元的函数

$$g(y)=f(y)-L_n(y)-(y-x_0)(y-x_1)\cdots(y-x_n)\tau(x)$$

当y取$x_0,x_1,\cdots,x_n$时，显然有$g(y)=0$。当y取x时，则

$$\begin{aligned}g(x)&=f(x)-L_n(x)-(x-x_0)(x-x_1)\cdots(x-x_n)\tau(x)\\&=f(x)-L_n(x)-R(x)\end{aligned}$$

也为0。因此函数$g(y)$在定义域内至少有

$$x_0,x_1,\cdots,x_n,x$$

这$n+2$个零点。不妨假设它们依次递增（见图25-1）

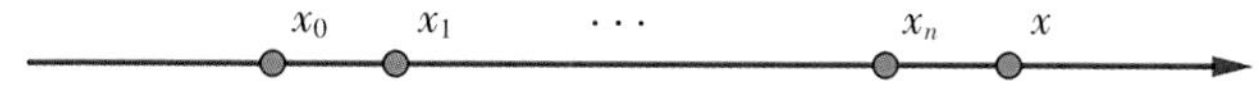

图25-1 函数$g(y)$在定义域内的$n+2$个零点

如果$f(y)$（从而$g(y)$）在$[x_0,x]$的范围内可导，我们就能对$g(y)$在$n+1$个区间$[x_0,x_1],[x_1,x_2],\cdots,[x_n,x]$上使用罗尔中值定理，得到$g'(y)$的$n+1$个不同零点。以此类推，如果$f(y)$（从而$g(y)$）在$[x_0,x]$的范围内存在直到$n+1$阶的导数，我们可以对$g(y),g'(y),\cdots,g^{(n)}(y)$依次利用罗尔中值定理$n+1$次，证明$[x_0,x]$内必然存在$\theta$，使$g^{(n+1)}(\theta)=0$。

由$g(y)$的定义我们得到

$$\tau(x)=\frac{1}{(n+1)!}f^{(n+1)}(\theta)$$

这里的θ在插值点不变的情况下，只随x的变化而变化。

为了跟泰勒展开建立联系，我们考虑一种特殊的拉格朗日插值——均插，也就是说插值点$x_0,x_1,\cdots,x_n$之间是等距的，即

$$x_1 = x_0 + \Delta x, x_2 = x_0 + 2\Delta x, \cdots, x_n = x_0 + n\Delta x$$

此时使用有限差分符号会更加清晰，一阶差分即为

$$\Delta f\left(x_0\right) = f\left(x_0 + \Delta x\right) - f\left(x_0\right)$$

二阶差分是一阶差分的差分

$$\begin{aligned}\Delta^2 f\left(x_0\right) &= \Delta f\left(x_0 + \Delta x\right) - \Delta f\left(x_0\right)\\ &= f\left(x_0 + 2\Delta x\right) - f\left(x_0 + \Delta x\right) - f\left(x_0 + \Delta x\right) + f\left(x_0\right)\\ &= f\left(x_0 + 2\Delta x\right) - 2f\left(x_0 + \Delta x\right) + f\left(x_0\right)\end{aligned}$$

以此类推，n阶差分是$n-1$阶差分的差分。

根据以上“差分”概念的定义，可以很快推出$f(x)$在各插值点处的值

$$\begin{cases} f\left(x_0 + \Delta x\right) = f\left(x_0\right) + \Delta f\left(x_0\right)\\ f\left(x_0 + 2\Delta x\right) = f\left(x_0\right) + 2\Delta f\left(x_0\right) + \Delta^2 f\left(x_0\right)\\ f\left(x_0 + 3\Delta x\right) = f\left(x_0\right) + 3\Delta f\left(x_0\right) + 3\Delta^2 f\left(x_0\right) + \Delta^3 f\left(x_0\right)\\ \vdots \end{cases}$$

规律很明显，$f(x)$在各插值点处的值，由初始点的逐次差分对应乘上二项式展开系数然后求和来表达。

这种情况下，拉格朗日插值多项式演变为牛顿插值多项式

$$N_n(x) = f\left(x_0\right) + \frac{\left(x - x_0\right)}{1!}\cdot\frac{\Delta f\left(x_0\right)}{\Delta x} + \frac{\left(x - x_0\right)\left(x - x_0 - \Delta x\right)}{2!}\cdot\frac{\Delta^2 f\left(x_0\right)}{(\Delta x)^2} + \cdots + \frac{\left(x - x_0\right)\left(x - x_0 - \Delta x\right)\cdots\left(x - x_0 - (n-1)\Delta x\right)}{n!}\cdot\frac{\Delta^n f\left(x_0\right)}{(\Delta x)^n}$$

如果你对一系列复杂的组合计算感到头疼，那么可以根据差分的定义直接验证该多项式在各插值点处的取值恰好与$f(x)$相同。由于其次数不超过n，由“最佳拟合”多项式的唯一性，我们知道牛顿插值多项式与插值点等距时的拉格朗日插值多项式相同。因此，两者自然也就有相同的误差项。

泰勒展开是一个局部操作，我们自然会想到插值点集中于x_0附近的情

形，假设$f(x)$在x_0的附近有直到$n+1$阶的连续导函数，令$\Delta x\to 0$，读者可自行验证

$$\lim_{\Delta x\to 0}\frac{\Delta^k f(x_0)}{(\Delta x)^k}=f^{(k)}(x_0),\ \ k=1,2,\cdots,n$$

这里将分子、分母同看成Δx的函数，连续使用k次洛必达法则。从而

$$\lim_{\Delta x\to 0}N_n(x)=f(x_0)+f'(x_0)(x-x_0)+\frac{1}{2}f''(x_0)(x-x_0)^2+\cdots+\frac{1}{n!}f^{(n)}(x_0)(x-x_0)^n$$

我们得到泰勒多项式。

另外，随着Δx的减小，误差项中的θ可能会发生改变。但由于$N_n(x)$中的各项均有确定的极限，而取极限的过程中$f(x)$并不发生改变，因此误差项中的$f^{(n+1)}(\theta)$必然收敛到一个确定的值。此外，我们假设了$f(x)$在x_0的附近有直到$n+1$阶的连续导函数，这个值必定是$f^{(n+1)}(\cdot)$在x_0和x之间某处的取值（连续函数介值定理）。于是，我们就完整证明了带拉格朗日余项的泰勒展开

$$f(x)=f(x_0)+f'(x_0)(x-x_0)+\frac{1}{2}f''(x_0)(x-x_0)^2+\cdots+\frac{1}{n!}f^{(n)}(x_0)(x-x_0)^n+\frac{1}{(n+1)!}f^{(n+1)}(\vartheta)(x-x_0)^{n+1}$$

其中，ϑ位于x_0和x之间。

带拉格朗日余项的泰勒展开是比用微分法和密切法得到的泰勒展开更加精准的结果，因为它不仅体现了误差项是$(x-x_0)^n$的高阶无穷小，而且大致确定了误差项的取值，方便对误差进行具体的估计，但代价是要假设$f(x)$满足更强的条件[①]。

① 这一条件可减弱为：在点x_0的附近存在直到$n+1$阶的导数。

25.4 幂级数的春天

我们有充分的理由相信,如果一个函数可以无限次地求导,那么它就能用一个无限长度的多项式代替。在数学领域,我们将无限长度的多项式叫"幂级数"。然而,幂级数可以在多大范围内代替原函数,则是另一个问题。不管怎样,我们看到了一种清晰的思路:函数的微积分运算可以转化为幂级数的相应运算。这种无穷求和问题不仅在理性上引导我们突破了思考的边界,在实际应用中也产生了巨大的价值。

这种思路在泰勒展开诞生之前就已经为数学家所采用,只不过使用何种幂级数代替原函数基本上是数学家们的"独家秘籍"。牛顿当年就利用十分巧妙的方法,得到了反三角函数的幂级数展开,这是他颇感自豪的一项工作。

我们用现代语言来回溯牛顿的方法,考虑下面这个单位圆(见图25-2)。

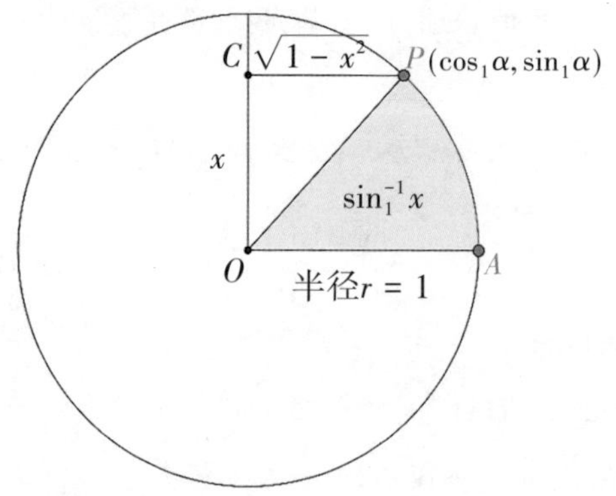

图25-2　牛顿计算反正弦函数的幂级数展开

用"面积制"代替"弧度制"度量三角函数,定义$\sin_1\alpha$为单位圆中以半径OA为边、面积为α之扇形端点P的纵坐标,$\cos_1\alpha$为P的横坐标。它们与通常三角函数之间的关系为$\sin_1\alpha = \sin 2\alpha, \cos_1\alpha = \cos 2\alpha$。

线段PC垂直于OC。若记$x = OC = \sin_1\alpha$,则图中阴影部分扇形AOP的面积$\alpha = \sin_1^{-1}x$,考虑到$\sin_1$与$\sin$之间的关系,这部分面积也等于

$\frac{1}{2}\arcsin(x)$。由于曲边梯形$AOCP$的面积$\int_0^x \sqrt{1-t^2}\,\mathrm{d}t$等于三角形$POC$的面积$\frac{1}{2}x\sqrt{1-x^2}$加上扇形$AOP$的面积，牛顿迅速写出

$$\frac{1}{2}\arcsin(x)=\sin_1^{-1}x=\int_0^x \sqrt{1-t^2}\,\mathrm{d}t-\frac{1}{2}x\sqrt{1-x^2}$$

再通过将较简单的函数$\sqrt{1-t^2}$展开成幂级数并逐项积分，牛顿就得到了反三角函数$\arcsin(x)$的幂级数展开

$$\arcsin(x)=x+\frac{1}{6}x^3+\frac{3}{40}x^5+\frac{5}{112}x^7+\frac{35}{1152}x^9+\cdots$$

思考题

如果不对$f(x)$加任何限制，满足条件

$$f(x)=P_n(x)+o\left(\left(x-x_0\right)^n\right)$$

的多项式$P_n(x)$一定是$f(x)$的n次泰勒多项式吗？

第26章

傅里叶展开

与泰勒相比，傅里叶在数学界的名气要大得多，他是法国一位非常著名的应用数学家，其在科学上的兴趣主要是解析各种物理现象所诱导的微分方程。傅里叶曾伴随拿破仑出征埃及，并一直被其视为忠心耿耿的科学顾问，最终成了法国科学院的终身秘书。

与多数年少成名的数学大师不同，傅里叶在数学领域算是大器晚成。他第一部声名远播的作品诞生于1807年，此时的傅里叶已经39岁，几乎已经过了数学家发明创造的黄金年龄(数学界最高奖菲尔兹奖只颁给40岁以下的数学家)。这篇向科学院提交的论文，聚焦于热传导作用的偏微分方程，是傅里叶研究物理方程解析解的开山之作。然而，令人啼笑皆非的是，这篇论文在经过拉格朗日、拉普拉斯和勒让德三位大师的审稿之后被拒稿了[①]，理由是“论证不清”。傅里叶对此深感愤懑，在自己成为科学院秘书后，将当年提交的论文全文发表，也算是对过去的一种“复仇”。

以傅里叶命名的展开公式，给应用数学和工程学带来了超乎想象的影响，如相机美颜、人脸识别等日新月异的数字处理技术，通通以此为基础。毫不夸张地说，人类迈入数字化时代所依赖的数学技术，其中一半以上与傅里叶有关。

---

① 1811年提交了修改稿，又被拒稿了。

傅里叶展开的核心思想是用三角级数替代周期性变化的一般函数。三角级数就是以三角函数,确切地说是以正弦和余弦函数作为求和项的无穷级数,例如

$$S(x) = a_0 + \sum_{n=1}^{\infty}\left(a_n \cos nx + b_n \sin nx\right)$$

我们之所以把常值函数$f = 1$也纳入求和项中,是因为$f = 1$是最简单的周期函数,它代表了一条直线,当然,也可以看作三角函数的一个特例$\cos 0 \cdot x$。

用三角级数进行函数替代的想法十分直观,因为正弦函数和余弦函数具有明确的周期性。而在人类社会和自然界中,呈现周期性变化特点的现象也比比皆是,如商业周期、金融市场波动、气象变化、天文现象等。在第25章中,我们知道可以用简单的多项式函数逼近一般的可微函数,那么是否也能用正弦函数和余弦函数来描述一般的周期性运动呢?

对应用数学家和工程师而言,这无疑是一个非常有吸引力的话题。为了避免一开始就陷入无穷级数收敛性的复杂讨论中,我们不妨把问题做一个小小的改变:假设要用一个三角多项式

$$S_n(x) = a_0 + \sum_{k=1}^{n}\left(a_k \cos kx + b_k \sin kx\right)$$

去逼近一个以2π为周期的连续函数$f(x)$,我们应该如何确定系数$a_0, a_1, \cdots, a_n, b_1, \cdots, b_n$的选取呢?

与泰勒展开一样,当我们想用简单函数逼近一般函数时,首先要问的是逼近的标准是什么?泰勒展开的标准是取定一个逼近的基准点x_0后,误差项$R_n(x)$是$\left(x - x_0\right)^n$的高阶无穷小。傅里叶展开则不同,它的标准是误差项$R_n(x)$的平方在函数$f(x)$的一个周期内积分值最小。从几何上来看,此时$S_n(x)$的图像与$f(x)$的图像最为接近,这是一个基于函数整体性状而非局部性状的标准。

接下来,我们用两种方法寻找$S_n(x)$。

26.1 最小二乘法

最小二乘法是经典的曲线拟合方法。在科学实验中,我们常需要将采集到的数据标注在同一个坐标平面上,形成一系列离散的点。然后,用一条平滑的曲线近似地将这些点连在一起,借此推测实验变量之间的函数关系,从而对实验结果进行理论分析。

当实验数据非常多时,试图使用插值多项式拟合所有的点是不明智的。尤其考虑到实验误差的影响,没必要让所有的数据都满足拟合曲线的方程。例如,当实验数据呈现直线拟合的形态分布时(见图 26-1),我们应该不假思索地给出答案:这是一条直线。

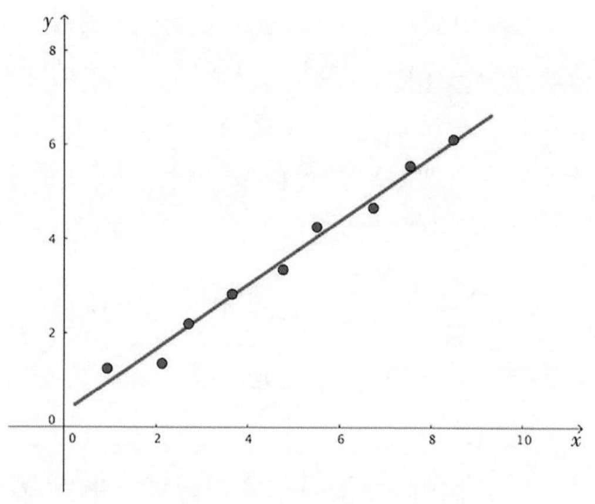

图 26-1 直线拟合

考虑到实验过程中可能存在的实验误差,我们认定上述变量之间的函数关系满足一个直线方程是非常合理的。问题是应该如何找出这条直线呢?从数学上来看,我们需要建立恰当的模型,并明确模型求解的标准。

模型我们已经有了,即直线:$y = ax + b$。接下来,求解标准也很容易达成共识,即实验采集到的数据与拟合数据之间的差距尽可能小。接下来的任务就是将直线拟合的过程转化为一个数学问题进行求解。

这是一个很简单的数学模型,“实验采集到的数据与拟合数据之间的差距尽可能小”可以通过求解下面这个极值问题来实现。假设实验采集到了n组数据$\left(x_1,y_1\right),\left(x_2,y_2\right),\cdots,(x_n,y_n)$,我们要求方程系数$a,b$的选取满足

$$\sum_{i=1}^{n}\left[\left(ax_i+b\right)-y_i\right]^2$$

的值尽可能小(最好是0)。

如何做到呢？对一元函数$h(x)$而言,我们知道若其在点x_0处可微,那么它在x_0处取极值的必要条件就是$h'\left(x_0\right)=0$。换句话说,只要我们求出了方程$h'\left(x_0\right)=0$的解,就知道了潜在的极值点。这个结论在微积分学中被称为费马定理。从几何上很好解释,在坐标平面中随便画一条曲线,如果它在某点x_0处存在切线且在此点取到极值,那么这条切线必定是平的(斜率为0)。

多元函数也是如此。一个多元函数如果在某点处可微且在这一点取到极值,那么它在此点每个方向上的导数都必须是0。特别地,这意味着此多元函数对各个变元的偏导数为0。例如,我们关心的函数

$$J(a,b)=\sum_{i=1}^{n}\left[\left(ax_i+b\right)-y_i\right]^2$$

有两个变元,它取极值的必要条件就是

$$\begin{cases}\dfrac{\partial J}{\partial a}=2\sum\limits_{i=1}^{n}x_i\left[\left(ax_i+b\right)-y_i\right]=0\\\dfrac{\partial J}{\partial b}=2\sum\limits_{i=1}^{n}\left[\left(ax_i+b\right)-y_i\right]=0\end{cases}$$

这是一个关于a,b的二元一次线性方程组,可以证明,我们能解出唯一的一组(a,b)且它恰好使函数$J(a,b)$达到极小。

这个方法就是数学中鼎鼎有名的“最小二乘法”。因为求极值的函数$J(a,b)$由误差的平方累加而得名,法国数学家勒让德最早发明了它。

如果我们深入思考一下,可能会对构造函数$J(a,b)$时使用误差的平方累加感到疑惑。虽然直接累加误差$\sum\limits_{i=1}^{n}\left[\left(ax_i+b\right)-y_i\right]$肯定不是一个靠谱的方式,因为较大的正负误差可能相互抵消。那么累加误差的绝对值应该可

以吧，为什么不对$J(a,b)=\sum_{i=1}^{n}\left|\left(ax_i+b\right)-y_i\right|$求极小确定$a,b$呢？

最现实的原因是绝对值函数不方便求导。事实上，利用误差绝对值进行数据整理的“最小一乘法”早于“最小二乘法”出现，但由于缺乏高效的算法而被埋没。直到20世纪中叶，随着计算机的发明和统计学的迅猛发展才被重新发现。同时，按照高斯的观点，如果我们把等待拟合的数据看成一次统计实验的结果（就像不断抛硬币观察正反面那样），那么其误差应该近似地满足正态分布。利用正态分布的概率密度函数进行极大似然估计，我们得到的结果正好是“最小二乘”。①

现在，让我们回到寻找三角多项式$S_n(x)$的问题上。我们考察$f(x)$在区间$[-\pi,\pi]$上的图像，要使$S_n(x)$最好地拟合$f(x)$，系数$a_0,a_1,\cdots,a_n,b_1,\cdots,b_n$应该选取使$S_n(x)$的图像最大限度地与$f(x)$的图像重合，换句话说，误差项$[f(x)-S_n(x)]$的平方在$[-\pi,\pi]$上的积分

$$\int_{-\pi}^{\pi}\left[f(x)-S_n(x)\right]^2\mathrm{d}x$$

作为$a_0,a_1,\cdots,a_n,b_1,\cdots,b_n$的多元函数应该取到最小值，此即为“最小二乘法”的积分形式。

按照“最小二乘法”原理，问题转化为多元函数求极值，我们要对$2n+1$元函数

$$J\left(a_0,a_1,\cdots,a_n,b_1,\cdots,b_n\right)=\int_{-\pi}^{\pi}\left[f(x)-S_n(x)\right]^2\mathrm{d}x$$

求偏导。它取极值的必要条件是

$$\begin{cases}\dfrac{\partial J}{\partial a_0}=0,\dfrac{\partial J}{\partial a_1}=0,\cdots,\dfrac{\partial J}{\partial a_n}=0\\[2ex]\dfrac{\partial J}{\partial b_1}=0,\cdots,\dfrac{\partial J}{\partial b_n}=0\end{cases}$$

这个微分方程组事实上应该写成

---

① 参见本书附录。

$$\begin{cases}\int_{-\pi}^{\pi}\left[f(x)-S_n(x)\right]\mathrm{d}x=0,\\ \int_{-\pi}^{\pi}\left[f(x)-S_n(x)\right]\cos x\mathrm{d}x=0,\cdots,\\ \int_{-\pi}^{\pi}\left[f(x)-S_n(x)\right]\cos nx\mathrm{d}x=0,\\ \int_{-\pi}^{\pi}\left[f(x)-S_n(x)\right]\sin x\mathrm{d}x=0,\cdots,\\ \int_{-\pi}^{\pi}\left[f(x)-S_n(x)\right]\sin nx\mathrm{d}x=0\end{cases}$$

如此,重点就转移到考察$S_n(x)$分别与正弦和余弦函数作乘积之后在$[-\pi,\pi]$上的积分。以余弦函数$\cos kx$为例,

$$\begin{aligned}\int_{-\pi}^{\pi}S_n(x)\cos kx\mathrm{d}x=&a_0\int_{-\pi}^{\pi}\cos kx\,\mathrm{d}x+a_1\int_{-\pi}^{\pi}\cos x\cos kx\mathrm{d}x+\cdots+\\&a_n\int_{-\pi}^{\pi}\cos nx\cos kx\mathrm{d}x+b_1\int_{-\pi}^{\pi}\sin x\cos kx\mathrm{d}x+\cdots+\\&b_n\int_{-\pi}^{\pi}\sin nx\cos kx\mathrm{d}x\end{aligned}$$

利用积化和差公式和三角函数的周期性,很容易计算出

$$\int_{-\pi}^{\pi}S_n(x)\cos kx\mathrm{d}x=\begin{cases}2a_0\pi, & k=0\\ a_k\pi, & k=1,\cdots,n\end{cases}$$

这是因为积分$\int_{-\pi}^{\pi}\cos ix\cos kx\mathrm{d}x,(i\neq k)$与$\int_{-\pi}^{\pi}\sin ix\cos kx\mathrm{d}x$都为0。这称为三角函数的正交性,我们稍后再做解释。

注意,$k=0$与$k>0$时的计算结果形式上很像,我们可以一开始就把$S_n(x)$设定为

$$S_n(x)=\frac{a_0}{2}+\sum_{k=1}^{n}\left(a_k\cos kx+b_k\sin kx\right)$$

这样

$$\int_{-\pi}^{\pi}S_n(x)\cos kx\mathrm{d}x=a_k\cdot\pi,\ k=0,1,\cdots,n$$

就有了统一的表达。同样的计算显示

$$\int_{-\pi}^{\pi} S_n(x)\sin kx\mathrm{d}x = b_k \cdot \pi,\ k = 1, \cdots, n$$

于是我们得到了最终的结果，要使积分$\int_{-\pi}^{\pi}\left[f(x) - S_n(x)\right]^2 \mathrm{d}x$达到极值，必须

$$a_k = \frac{1}{\pi}\int_{-\pi}^{\pi} f(x)\cos kx\mathrm{d}x,\ k = 0, 1, \cdots, n$$

$$b_k = \frac{1}{\pi}\int_{-\pi}^{\pi} f(x)\sin kx\mathrm{d}x,\ k = 1, \cdots, n$$

事实上，利用多元函数的泰勒展开和线性代数中的"正定二次型理论"，我们能够证明$J\left(a_0, a_1, \cdots, a_n, b_1, \cdots, b_n\right)$在此处取到极小值。这为我们找到了一个用三角函数表达周期函数的好方法。

这确实是一个好方法。从计算过程和最终结果来看，表达式中正弦和余弦函数之前的系数a_k、b_k并不依赖逼近项数n的选取，只要达到必要的精度，我们想用多少项来逼近就能用多少项来逼近，甚至我们还可以单独使用正弦或余弦函数来逼近，系数的计算结果将完全一致。这种特性极大方便了应用数学家和工程技术专家的工作。当人们发现三角函数逼近目标函数的精度达不到要求时，只需要简单地增加几个求和项即可。而之前的计算数据可以完全保留，无须再做更改。而当求和项越来越多时，就得到了傅里叶展开

$$a_k = \frac{1}{\pi}\int_{-\pi}^{\pi} f(x)\cos kx\mathrm{d}x,\ k = 0, 1, \cdots, n$$

和

$$b_k = \frac{1}{\pi}\int_{-\pi}^{\pi} f(x)\sin kx\mathrm{d}x,\ k = 1, \cdots, n$$

称为傅里叶展开系数。

26.2 正交投影法

严格来讲，正交投影属于线性代数的范畴。为了更好地阐述这一方法，我们需要先铺垫一些线性空间的基本知识。

线性空间也被称为向量空间，是抽象集合上最重要的代数结构，也是模拟客观时空的最佳选择。

我们没有见过没有宽度的"直线"，但我们能够想象物体沿着直线运动的情景；我们没有见过没有厚度的"平面"，但我们能够想象一只蚂蚁在平面上爬行的情景。线性空间为我们认识世界提供了必要的解析工具，通过建立直角坐标系，我们可以用一个、两个或三个坐标来精准描述目标物体在直线、平面和空间中的位置。这种方法给人类社会的实践活动带来了巨大的好处。

在战争年代，拥有一幅坐标精准的地图至关重要，因为一旦确定了敌人的位置，就可以放心大胆地采用远距离杀伤战术，而不用担心弹药会被浪费。而在现代，全球定位系统通过经度、纬度和海拔建立的空间坐标为我们提供了实时的位置反馈。在交通高峰时段，依靠语音导航，快速到达目的地，已经成为人们日常的出行方式。

除了空间坐标，我们还可以像爱因斯坦的狭义相对论那样，加入表示时间的第四个坐标t，这就是四维时空(x, y, z, t)。

在四维时空的观念中，时间沿着t轴正向流动。当时间定格在某个时刻t_0时，我们感受到的其实是这个特殊时刻所对应的三维空间(x, y, z, t_0)。人们无法阻断时间的流动，却可以记录当前的影像。当我们举起照相机，在t_0时刻按下快门，照片记录的将是三维空间(x, y, z, t_0)的一部分物体在二维平面上的投影。

这种物理描述符合人们的直观感受，但在数学物理中，四维时空却不是唯一的真理。它仅仅是欧氏空间的一大类几何对象的简单范例。事实上，对任意的正整数n，我们都可以研究由n个坐标控制的向量$(x_1, x_2, \cdots, x_n)$。这些向量组成的集合有一个简单的符号R^n，被称为n维欧氏空间。

当$n \geqslant 5$时，人们的直观感受就没有那么轻松了。试想，如果我们生活在五维空间(x, y, z, t, s)中，当第五维坐标s发生变化时，我们或许会踏上一段惊心动魄的时空穿梭之旅。在每个确定的s_0，我们都能够完整地感受整个四维时空(x, y, z, t, s_0)的状况。用一句豪气冲天的话来说，我们不仅可以准确地预测未来,还能够方便地回到过去,如果“法力”足够强大的话,我们可以轻易地把一个物体从一个时空(x, y, z, t, s_0)带到另一个时空(x, y, z, t, s_1),从而彻底改变它的命运。这可以理解为一种朴素的“平行时空理论”,在现实生活中还没有令人信服的证据,但在数学世界中,它却是特别平常的存在。

n维欧氏空间在数学上最显著的特征是它上面定义了两个封闭的运算,一个是加法:对任意$(x_1, x_2, \cdots, x_n) \in R^n$和$(y_1, y_2, \cdots, y_n) \in R^n$,有

$$\left(x_1, x_2, \cdots, x_n\right) + \left(y_1, y_2, \cdots, y_n\right) := \left(x_1 + y_1, x_2 + y_2, \cdots, x_n + y_n\right) \in R^n$$

另一个是数乘:对任意$(x_1, x_2, \cdots, x_n) \in R^n$和$k \in R$,有

$$k \cdot \left(x_1, x_2, \cdots, x_n\right) := (kx_1, kx_2, \cdots, kx_n) \in R^n$$

这两种运算满足分配律。

借助R^n上的加法与数乘,我们可以在R^n中挑出许多形如

$$k_1 \cdot v_1 + k_2 \cdot v_2 + \cdots + k_m \cdot v_m$$

的元素,其中$k_i \in R, v_j \in R^n$,这些元素被称为向量$v_1, v_2, \cdots, v_m$的线性组合。线性组合是判断向量间线性关系的基本工具,在s个向量$v_1, v_2, \cdots, v_s$中,若有一个可以写成其余向量线性组合的形式,则称$v_1, v_2, \cdots, v_s$是线性相关的。反之,则称$v_1, v_2, \cdots, v_s$线性无关。

到这里,我们已经触摸到线性空间概念的基本轮廓。线性空间就是一个定义了加法和数乘运算的集合V。这两种运算如同欧氏空间上的加法和数乘那样,满足一系列优良的性质。

维数是衡量线性空间“大小”的指标,我们可以把它理解为线性空间V中某个极大线性无关组所包含的向量个数,它只由线性空间V本身决定,而与极大线性无关组的选取无关。一旦我们选定了一个极大线性无关组$v_1, v_2, \cdots, v_m$,这个线性无关组包含的向量就称为线性空间V的一组基,V中的每个向量u都可以表示成$v_1, v_2, \cdots, v_m$的线性组合

$$u = k_1 \cdot v_1 + k_2 \cdot v_2 + \cdots + k_m \cdot v_m$$

系数$k_1, k_2, \cdots, k_m$称为u在基$v_1, v_2, \cdots, v_m$下的坐标。在确定了一组基之后,向量在这组基下的坐标就是唯一的。这一点很容易能看出来,假设u还可以表示成另一个不同的线性组合

$$u = p_1 \cdot v_1 + p_2 \cdot v_2 + \cdots + p_m \cdot v_m$$

那么

$$0 = (k_1 - p_1) \cdot v_1 + (k_2 - p_2) \cdot v_2 + \cdots + (k_m - p_m) \cdot v_m$$

且系数$k_i - p_i$不全为零。不妨设$k_1 - p_1 \neq 0$,于是

$$v_1 = \frac{(k_2 - p_2) \cdot v_2 + \cdots + (k_m - p_m) \cdot v_m}{p_1 - k_1}$$

这说明$v_1, v_2, \cdots, v_m$线性相关,矛盾了。

欧氏空间R^n的维数恰好是n,当我们单独谈论R^n中的一个元素$u = (x_1, x_2, \cdots, x_n)$时,我们事实上取定了$R^n$的一组标准基

$$e_1 = (1, 0, \cdots, 0), e_2 = (0, 1, \cdots, 0), \cdots, e_n = (0, 0, \cdots, 1)$$

而$x_1, x_2, \cdots, x_n$正是向量u在这组标准基下的坐标。

R^n当然不只有这一组基,按照基的定义,R^n中任意n个线性无关的向量都构成一组基。例如,在三维空间里,(1, 0, 0)、(1, 1, 0)及(1, 1, 1)就是一组不同于标准基的基。

那么对于R^n中一个确定的向量u,如何确定它在任意一组基下的坐标呢?

我们借助标准基作一个过渡,首先写出u在标准基下的坐标(即我们通常理解的n维向量的形式)

$$u = (u_1, u_2, \cdots, u_n)$$

再将选定的一组基$v_1, v_2, \cdots, v_n$中的每个向量都写成坐标形式

$$v_i = (v_{1i}, v_{2i}, \cdots, v_{ni}),\ i = 1, 2, \cdots, n$$

要求u在$v_1, v_2, \cdots, v_n$下的坐标$k_1, k_2, \cdots, k_n$使

$$u = k_1 \cdot v_1 + k_2 \cdot v_2 + \cdots + k_n \cdot v_n$$

等同于解一个n元一次的线性方程组

$$\begin{cases} v_{11} \cdot k_1 + v_{12} \cdot k_2 + \cdots + v_{1n} \cdot k_n = u_1 \\ v_{21} \cdot k_1 + v_{22} \cdot k_2 + \cdots + v_{2n} \cdot k_n = u_2 \\ \qquad\qquad\vdots \\ v_{n1} \cdot k_1 + v_{n2} \cdot k_2 + \cdots + v_{nn} \cdot k_n = u_n \end{cases}$$

解这个方程组或许并不复杂，但当变元的个数n变得很大时，庞大的计算量会让人倍感压力。

因此这并不是一个好办法。

幸运的是，欧氏空间并非一般的线性空间。在这个空间中，我们还可以谈论向量之间的距离。这种“距离”概念是通过一个被称为向量内积（也称数量积）的概念定义的。举一个例子，在二维平面上，两个向量u与v的内积定义为u、v模长与u、v夹角余弦的乘积

$$[u,v]=\|u\|\cdot\|v\|\cdot\cos\theta$$

此时，u、v之间的距离定义为$\mathrm{d}(u,v):=\sqrt{[u-v,u-v]}$，它是非负和对称的（$\mathrm{d}(u,v)\geqslant 0,\mathrm{d}(u,v)=\mathrm{d}(v,u)$），$\mathrm{d}(u,v)=0$的充分必要条件是$u=v$。

此外，两个非零向量垂直的充分必要条件是它们的内积为0，此时称这两个向量正交。

由于$n\geqslant 4$时，失去了几何直观，所以内积的这种定义方式无法推广到更高维的欧氏空间。但利用向量在标准基下的坐标，内积有另外一种定义方式可以在任意维数的欧氏空间畅通无阻。熟悉中学数学的读者应该很容易接受，若$u=(u_1,u_2,\cdots,u_n)$，$v=(v_1,v_2,\cdots,v_n)$，则

$$[u,v]=u_1\cdot v_1+u_2\cdot v_2+\cdots+u_n\cdot v_n$$

所以对于任意维数的向量，我们依然可以谈论距离和夹角的概念，两个非零向量正交的充分必要条件依旧是它们的内积等于0。

正交性是一个比线性无关更强的条件，欧氏空间R^n中任意m个非零向量$v_1,v_2,\cdots,v_m$如果两两正交，则它们一定线性无关。

事实上，若$v_1,v_2,\cdots,v_m$线性相关，则其中必有一个向量可以写成其余向量线性组合的形式，不妨设

$$v_1=k_2\cdot v_2+k_3\cdot v_3+\cdots+k_m\cdot v_m$$

于是

$$\|v_1\|^2=[v_1,v_1]=k_2\cdot[v_2,v_1]+k_3\cdot[v_3,v_1]+\cdots+k_m\cdot[v_m,v_1]=0$$

然而一个非零向量的模长绝不可能等于0，这是一个矛盾。

现在，我们希望在欧氏空间R^n中寻找一种特殊的基，它包含的向量都

两两正交,因此也被称为正交基。很容易验证,我们前面提到的欧氏空间标准基$e_1, e_2, \cdots, e_n$就是一组正交基。事实上,从任何一组基出发都可以构造一组正交基(Schmidt正交化方法)。

使用正交基的最大好处:求任意向量u在一组正交基$v_1, v_2, \cdots, v_n$下的坐标将会变得非常简单。比如

$$u = k_1 \cdot v_1 + k_2 \cdot v_2 + \cdots + k_n \cdot v_n$$

则$\left[u, v_i\right] = k_i \cdot [v_i, v_i]$,于是坐标

$$k_i = \frac{[u, v_i]}{[v_i, v_i]}, i = 1, \cdots, n$$

本来要解一个庞大的n元一次方程组,现在只需要计算两个简单的内积,正交基的存在大大节省了坐标的计算量。

现在,让我们把目光转向欧氏空间R^n中的子集。假设U是欧氏空间R^n的一个子集,并且R^n上的加法和数乘限制在U上是封闭的,那么按照定义U也是一个线性空间,我们称之为R^n的子空间。

R^n上的内积运算定义了向量之间的距离。于是,我们想问:对于任意一个向量$v \in R^n$,子空间U中距离v最近的向量是什么?

许多极小值问题的求解都源于这样的思考。如果v就在U中,那么问题的答案就是v自己,如果v不在U中,我们选取U的一组正交基

$$u_1, u_2, \cdots, u_r$$

然后定义

$$P_U v := \frac{\left[v, u_1\right]}{\left[u_1, u_1\right]} u_1 + \frac{\left[v, u_2\right]}{\left[u_2, u_2\right]} u_2 + \cdots + \frac{\left[v, u_r\right]}{\left[u_r, u_r\right]} u_r \in U,$$

称为向量v关于子空间U的正交投影。这背后的含义很容易理解,向量$v - P_U v$与子空间U中的每个向量都正交。

令人欣喜的是,这样简单的一个投影,帮助我们找到了极小距离问题的答案,通过一段简短的推理就能证明下面的结果:

$$\mathrm{d}\left(v, P_U v\right) \leqslant \mathrm{d}(v, u)$$

对任意$u \in U$成立,二者相等当且仅当$u = P_U v$。

事实上，我们有

$$\begin{aligned}\mathrm{d}\left(v, P_U v\right) \leqslant \mathrm{d}\left(v, P_U v\right) + \mathrm{d}\left(P_U v, u\right) &= \left\|v - P_U v\right\|^2 + \left\|P_U v - u\right\|^2 \\ &= \left\|\left(v - P_U v\right) + \left(P_U v - u\right)\right\|^2 \\ &= \left\|v - u\right\|^2 \\ &= \mathrm{d}\left(v, u\right)\end{aligned}$$

其中

$$\left\|v - P_U v\right\|^2 + \left\|P_U v - u\right\|^2 = \left\|\left(v - P_U v\right) + \left(P_U v - u\right)\right\|^2$$

成立是因为 $v - P_U v$ 与 $P_U v - u$ 正交①，这是大家所熟知的“勾股定理”的高维版本。从上述推导很容易看出

$$\mathrm{d}\left(v, P_U v\right) = \mathrm{d}\left(v, u\right)$$

当且仅当 $\mathrm{d}\left(P_U v, u\right) = 0$，也即 $u = P_U v$。

线性代数的巨大威力在于承载线性空间的集合并非只有 R^n，而是拥有丰富的选择，如实数轴上的一元函数也能方便地定义加法和数乘运算，使之成为线性空间。让我们考虑所有以 2π 为周期的连续函数，它们组成一个集合，我们记为 C^0。按照函数的加法和数乘运算，这也构成一个线性空间。

在 C^0 之上，也有一个非常好用的内积定义。对 C^0 中的任意两个函数 $f(x)$ 和 $g(x)$，我们定义它们的内积为

$$\left[f, g\right] = \int_{-\pi}^{\pi} f(x) \cdot g(x) \mathrm{d}x$$

这个内积赋予了 C^0 中的元素“模长”和“夹角”的概念。同时，我们可以谈论函数之间的“距离”。

考虑 C^0 中由三角函数生成的子空间

$$\begin{aligned}U := \{ & a_0 \cdot \frac{1}{2} + a_1 \cdot \cos x + \cdots + a_n \cdot \cos nx + b_1 \cdot \sin x + \cdots + \\ & b_n \cdot \sin nx \mid a_0, a_1, \cdots, a_n, b_1, \cdots, b_n \in R\}\end{aligned}$$

① 将向量的长度用内积表示。

对 C^0 中的任何一个函数 $f(x)$，寻找它的最佳逼近三角多项式 $S_n(x)$ 就是求子空间 U 中与 $f(x)$ 距离最接近的函数。

根据我们之前的讨论，

$$\left\{\frac{1}{2},\ \cos x,\ \cdots \cos nx,\ \sin x,\ \cdots,\ \sin nx\right\}$$

两两正交，因此构成子空间 U 的一组正交基。那么 $f(x)$ 的最佳逼近三角多项式就是 $f(x)$ 关于 U 的正交投影

$$S_n(x)=P_U f(x)=\frac{\left[f(x),\frac{1}{2}\right]}{\left[\frac{1}{2},\frac{1}{2}\right]}\cdot\frac{1}{2}+\frac{[f(x),\ \cos x]}{[\cos x,\ \cos x]}\cdot\cos x+\cdots+$$
$$\frac{[f(x),\ \cos nx]}{[\cos nx,\ \cos nx]}\cdot\cos nx+\frac{[f(x),\ \sin x]}{[\sin x,\ \sin x]}\cdot\sin x+\cdots+$$
$$\frac{[f(x),\ \sin nx]}{[\sin nx,\ \sin nx]}\cdot\sin nx$$

经过简单的积分运算，我们得到

$$a_0=\frac{\left[f(x),\frac{1}{2}\right]}{\left[\frac{1}{2},\frac{1}{2}\right]}=\frac{1}{\pi}\int_{-\pi}^{\pi}f(x)\,\mathrm{d}x$$
$$=\frac{1}{\pi}\int_{-\pi}^{\pi}f(x)\cos 0x\,\mathrm{d}x$$
$$a_k=\frac{[f(x),\ \cos kx]}{[\cos kx,\ \cos kx]}$$
$$=\frac{1}{\pi}\int_{-\pi}^{\pi}f(x)\cos kx\,\mathrm{d}x,\ k=1,\cdots,n$$

及

$$b_k=\frac{[f(x),\ \sin kx]}{[\sin kx,\ \sin kx]}$$
$$=\frac{1}{\pi}\int_{-\pi}^{\pi}f(x)\sin kx\,\mathrm{d}x,\ k=1,\cdots,n$$

与最小二乘法得到的结果完全一致。

26.3 三角级数的魅力

人们首次想到用三角级数表达周期函数，就是研究弦的振动问题，其中，最形象的例子大概是声音的传播。

从物理学的角度来看，我们听到声音是因为发声体偏离平衡状态的持续振动，通过介质传播引起了耳膜的振动，所以发声体振动的方式是人类感知一切声音的源头。声音给人的感觉千差万别，有的空灵，有的刺耳尖锐，有的则令人暗自神伤，区别在于声波的形状。令人感到愉悦的声音通常具有奇妙的波动形状，如果有如图 26-2 所示的一段音乐，那么我们可能会觉得不好听。

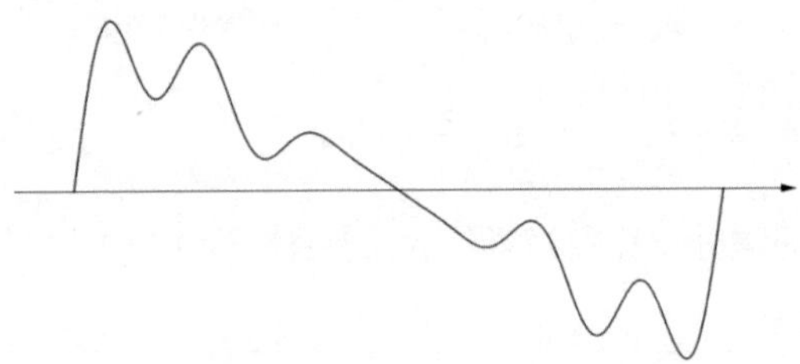

图 26-2 "不好听"的音乐

音乐给人带来的愉悦感并非随手画画就能评判的。如今，每一所音乐学院作曲专业的学生都在学习何种和弦组合能够触发人的最佳听觉体验。因为他们知道这些看似纷繁芜杂的波动曲线，其实是由一系列简谐波按照不同的力度和节奏叠加而成的。

这些简谐波代表的就是单音，也就是我们通常所说的 do，re，mi……，在学习音乐的人眼里，它们应该具有如图 26-3 所示的模样。

图 26-3 音符

不同的音高由简谐波不同的频率所决定，所以一段乐曲的五线谱可以被看成一个频率的世界。这个世界由一系列单音排列而成。当乐手们以连续的动作，运用不同的力道和节奏敲击或弹拨每个音符时，这些不同频率的简谐波便相互叠加，最终呈现这段音乐演奏时的动人形态。

如果我告诉你简谐波的形状是下面这样的（见图 26-4），你是否会有一种恍然大悟的感觉呢？

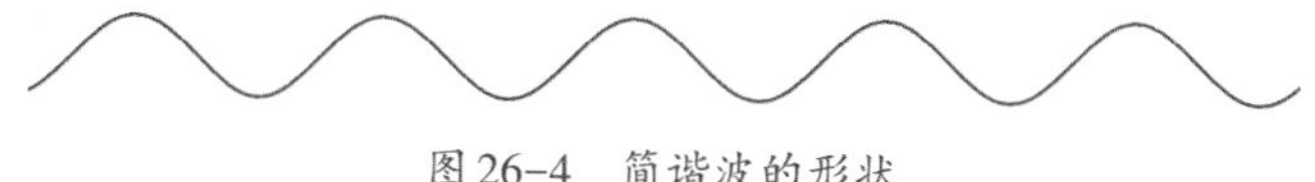

图 26-4 简谐波的形状

没错，就是正弦曲线，也可以说是余弦曲线，因为两条曲线的形状相同。

正弦曲线 $\sin\omega t$ 就是声波的基本曲线，它们按照不同的方式叠加在一起构成了一个傅里叶级数。因此，把声波曲线按照不同的频率分解成基本曲线，本质上就是把一个声波函数展开成收敛的傅里叶级数。在工程技术领域，人们经常需要把特定频率的波动摘取出来，这项工作被称为“滤波”。当我们把时间轴上的声波函数转换成频率轴上的频谱时，就很容易完成这项工作了。

然而，在傅里叶展开出现前，“滤波”的工作并不简单。试想，随便给我们一个波动函数

$$f(x)=\frac{1}{5}+\frac{1}{3}\cos 3x-\frac{5}{7}\sin x$$

的图像（见图 26-5），

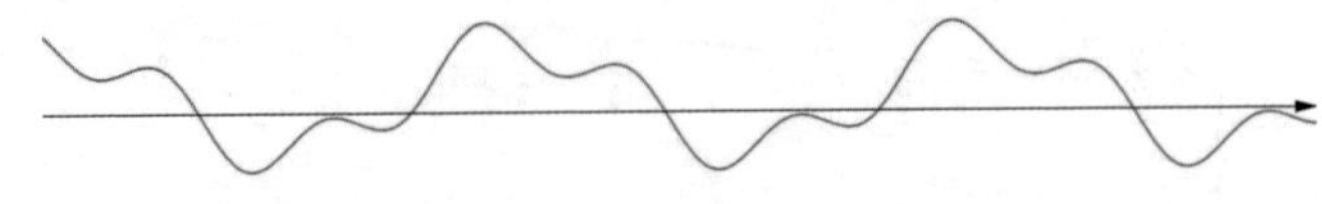

图 26-5　波动函数图像示例

我们能把正弦波 $\sin x$ 的部分给过滤出来吗？恐怕我们连里面是否有正弦波都不清楚。而傅里叶分析却能方便地帮助我们把 $\sin x$ 之前的系数 $-\frac{5}{7}$ 通过求积分的方式 $\frac{1}{\pi}\int_{-\pi}^{\pi} f(x)\sin x\mathrm{d}x$ 给确定下来，这就是三角级数最为人称道的魅力所在。

思考题

你还能举出傅里叶展开的一个应用实例吗？

第27章

最小作用量原理

最小二乘和正交投影都是数学上求解极值问题的好方法。从微积分的基本理论(如中值定理)到实际应用(如傅里叶展开),我们发现,求解不同的分析学问题最终都可以转化为对某种极值的讨论,这已经成为分析学研究的一种典型范式,深刻影响了数学的发展。

更重要的是,这一范式的形成,不仅推动了数学理论的进步,甚至还改变了我们看待世界的方式。因为极值原理很完美,以它为模型解释世界成了一种不证自明的公理。例如,两端固定的链条自然下垂时,重力势能最低;热力学系统达到平衡时,熵值最大;水珠在失重环境保持球形,因为表面积最小;光穿过不同介质时发生折射,因为光选择耗时最短的路径进行传播。不管是能量的转换还是时间的流逝,自然界在运行时,似乎总是遵循某种以物理量的最优化为目标的选择机制。在物理学中,这一原理有个伟大的名字:最小作用量原理。

27.1 光的折射定律

凸透镜可以聚光,筷子插入水中似乎“弯折”,这种光的折射现象在生活中比比皆是。当我们在清澈的小溪中发现了一条鱼,正兴致勃勃地打算用渔叉捕捉时,如果对准鱼出现的位置叉下去,那么会失望而归,有经验的渔民则会调整渔叉的角度，瞄准鱼的下方进行捕捉，才有机会把鱼抓住。

渔民在实践中早于物理学家发现了这一自然规律，也许只有少数善于思考的渔民意识到，之所以瞄准鱼的下方才能叉到鱼是因为光线从空气进入水中时发生了折射。但要回答“光的折射现象所遵循的具体规则是什么”及“光的折射现象为什么会发生”这样的问题，则需要科学家们付出努力。

最早定量研究光的折射现象的是古希腊天文学家托勒密，他以星体运动轨道的计算和绘制闻名，以他的理论为基础绘制的星图影响了西方世界1300多年。托勒密对光的折射现象非常感兴趣，他通过实验测定了光从空气向水中折射时折射角与入射角的对应关系，取得了大量的观测数据（见图27-1），但可惜的是，他总结出“光的折射角与入射角成正比”的结论是错误的。

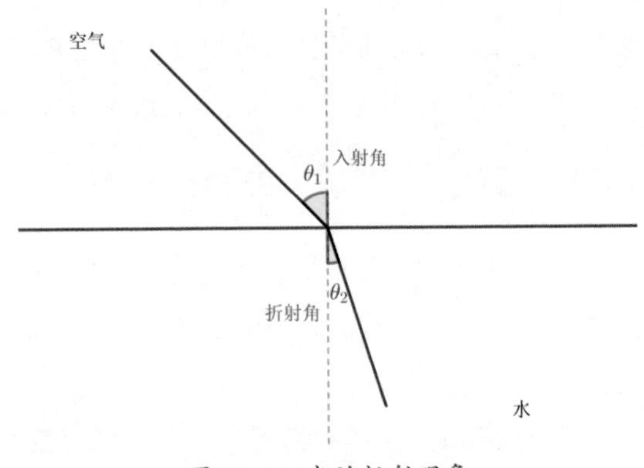

图27-1　光的折射现象

1621年，荷兰科学家斯涅尔重新设计了一项实验，旨在观察折射角如何随着入射角的改变而变化的，他发现对于给定的两种介质，入射角与折射角的余割[①]之比

$$\frac{\csc\theta_1}{\csc\theta_2}$$

是一个固定的数值，并且这一比值确实取决于给定的两种介质，例如空气

① 余割函数是正弦函数的倒数。

和水会产生一个恒定的比值;空气和玻璃则会产生另外一个比值。这一规则被称为斯涅尔折射定律,并被纳入初中物理的教科书中。

尽管斯涅尔通过实验总结出了光在发生折射过程中遵循的物理学规律,但他没能给出比值$\frac{\csc\theta_1}{\csc\theta_2}$的具体解释,也未能揭示光在传播过程中为何会遵守这一规律,所以关于折射现象的科学研究仍然任重道远。

27.2 笛卡儿的解释

没过多久,法国哲学家和数学家笛卡儿出场了。在1637年,他的著作《屈光学》作为《方法论》的附录发表了,笛卡儿独立地[①]得出了描述光的折射现象的物理学定律:当光从一种介质进入另一种介质时,其传播路径会围绕两种介质接触面的法线发生偏转,入射角与折射角的正弦之比

$$\frac{\sin\theta_1}{\sin\theta_2}$$

是一个定值。这就是折射定律的现代表达形式。

与斯涅尔的工作相比,笛卡儿不仅得到了折射角随入射角变化的规律,还尝试给出了物理学上的解释。他认为光由微小的粒子构成,当从光疏介质穿到光密介质时,就像小球穿过一片薄布,光速垂直于接触面的分量因接触面的阻力而变小,光速平行于接触面的分量则不发生变化,于是根据平行分量守恒,笛卡儿推导出

$$v_1 \cdot \sin\theta_1 = v_2 \cdot \sin\theta_2$$

也即

$$\frac{\sin\theta_1}{\sin\theta_2} = \frac{v_2}{v_1}$$

其中v_1和v_2分别是光在两种不同介质中的传播速度,它们的比值当然只跟介质的选取有关。

按照笛卡儿的解释,光从光疏介质穿到光密介质时,速度变小,折射角

---

① 此时斯涅尔的工作成果尚未发表。

大于入射角。为了与实验结果相吻合，就只能假设相对于空气而言，水是一种光疏介质，也即光在水中的传播速度比在空气中更快，这显然是错误的。

27.3 费马最小时间原理

同时代的法国著名数学家费马对此提出了批评，他认为笛卡儿的力学解释是站不住脚的，只是偶然得到了折射定律。自尊心强的笛卡儿并未接受这一批评。在他眼中，这位主业是律师的乡下人[①]充其量只是一位业余的数学爱好者，没有资格对巴黎的顶级数学家品头论足，因此笛卡儿对费马的态度始终高高在上。

不过这一次，笛卡儿却碰壁了，费马的学术水平和学术影响实际上超过了同时代99%以上的职业数学家，他对光的折射现象有着远超常人的创造性理解。

费马预感到光的传播路径被优化了，而优化的对象正是传播的时长。费马认为光从一个点传播到另一个点，可能有无数条路径（见图27-2）。大自然就像理性的人类一样，拥有清晰的选择机制，使光能够从无数条路径中挑选出耗时最短的路径进行传播。

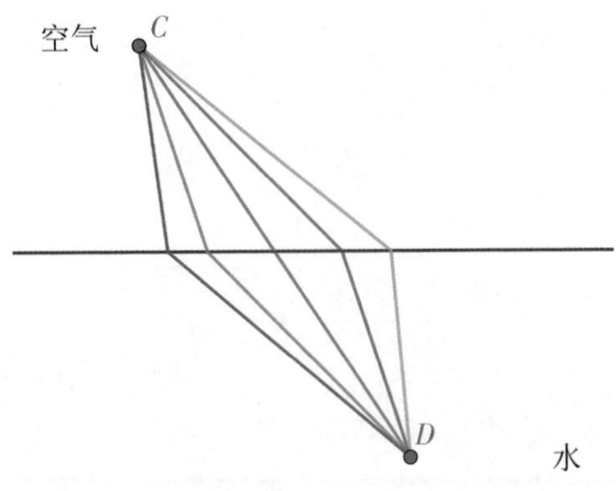

图27-2　光从C点传播到D点有无数条可能的路径

① 费马生活在法国南部城市图卢兹。

为了计算出耗时最短的那条路径,我们假设C、D两点间的水平距离为a,垂直距离为b,并建立一个直角坐标系,使C点位于y轴的正向(见图27-3)。

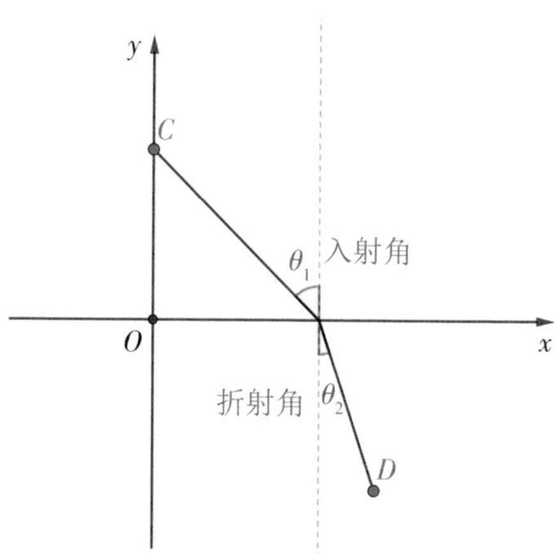

图27-3 建立坐标系解析光的折射现象

按照假设,C点的坐标为$(0,h)$,D点的坐标为$(a,h-b)$,我们希望求出光从C点传播到D点耗时最短路径的入射点坐标$(x,0)$。记光在第一种介质中的传播速度是v_1,传播时间是t_1,在第二种介质中的传播速度是v_2,传播时间是t_2,则作为x的函数,光从C点传播到D点的总耗时为

$$t = t_1 + t_2 = \frac{\sqrt{x^2 + h^2}}{v_1} + \frac{\sqrt{(a-x)^2 + (h-b)^2}}{v_2}$$

根据我们在高等数学中学习的费马定理,这个函数可能的极值点是那些满足

$$\frac{\mathrm{d}t}{\mathrm{d}x} = 0$$

的点,通过简单计算可得

$$\frac{\mathrm{d}t}{\mathrm{d}x} = \frac{1}{v_1}\cdot\frac{2x}{\sqrt{x^2 + h^2}} - \frac{1}{v_2}\cdot\frac{2(a-x)}{\sqrt{(a-x)^2 + (h-b)^2}}$$

注意到

$$\frac{x}{\sqrt{x^2+h^2}}=\sin\theta_1,\ \frac{(a-x)}{\sqrt{(a-x)^2+(h-b)^2}}=\sin\theta_2,$$

于是满足

$$\frac{\mathrm{d}t}{\mathrm{d}x}=0$$

的入射点其入射角与折射角的正弦值恰好满足

$$\frac{\sin\theta_1}{\sin\theta_2}=\frac{v_1}{v_2}$$

这就是费马得出的折射定律的正确表达形式①。

至于这一点为什么给出了时间函数的最小值,我们可以通过分析入射点在左右移动时入射角与折射角的变化来理解,通过分析导数值的正负号变化来确定。

费马的杰出工作正式宣告了数学开始作为引导介入物理学的理论构建。在光学之后,极值原理又在其他领域取得了巨大成功,帮助人们确定了许多著名的物理学定律。正如莱布尼兹所设想的那样,也许这个世界有着许多种可能,但我们身处的就是所有可能中最好的那一个。

思考题

你还能再举出一个符合最小作用量原理的例子吗?

① 这里的数学推导是现代的,费马的原始工作并不如此简洁。

第28章
最优逼近——泰勒展开的第四张面孔

2019年,我在广西一所重点中学举办了一场关于数学核心素养的科普讲座。在讲座结束后的提问环节,有一位高中生向我提了一个问题:泰勒展开常常被用来求一个函数的近似值,我们为什么要选择泰勒展开作为一般函数的多项式近似呢?仅仅是因为它在展开点的各阶导数都一致吗?这个条件能保证在展开点的附近,泰勒多项式是最接近目标函数的多项式吗?

虽然在场的听众都是高中生,但大多数长期参加奥林匹克物理竞赛和数学竞赛的培训,因此我丝毫不惊讶他们会问到与泰勒展开有关的问题。但我仍然有一瞬间愣了神,我教了7年大学生都没碰到这样的问题,就连我自己也从来没想过泰勒展开与最优逼近有什么关系。

让我来解释这个问题的微妙之处。

我们之前讲过,在使用泰勒展开进行多项式逼近时,衡量逼近效果的标准是取定一个逼近的基准点x_0,误差项$R_n(x) := f(x) - P_n(x)$是$(x - x_0)^n$的高阶无穷小。在越靠近基准点的地方,泰勒多项式的逼近效果越好。然而,不管有多靠近,基准点的任意一个确定的邻域总可以看成一个“整体”。在这个“整体”范围内,有另外一个标准来衡量多项式逼近的效果,即我们在做傅里叶展开时所采用的误差项$R_n(x) := f(x) - P_n(x)$的平方积分值最小。从几何上来看，此时$P_n(x)$的图像与$f(x)$的图像最为接近。

这两个标准完全不同，一个侧重“局部”，一个侧重“整体”。很遗憾，在大多数情况下，泰勒多项式对于“整体”的那个标准而言不是最优的选项。举一个例子，假如我们要寻找一个次数不超过5的多项式$u(x)$，使其在区间$[-\pi,\pi]$上尽可能地逼近正弦函数$\sin(x)$，也即积分值

$$\int_{-\pi}^{\pi}\left|\sin(x)-u(x)\right|^2\mathrm{d}x$$

达到最小，我们可以采用最小二乘法或正交投影法求得

$$u(x)\approx 0.987862x-0.155271x^3+0.00564312x^5$$

尽管非常接近，但$u(x)$并不等于$\sin(x)$在$x_0=0$处泰勒展开的5次截断多项式

$$x-\frac{1}{3!}x^3+\frac{1}{5!}x^5$$

所以，本章开头的问题可以这样回答：在大多数情况下，在展开点一个确定的邻域内，泰勒多项式并不是最接近目标函数的多项式。但这一回答又催生出一个更深层次的问题：泰勒多项式与展开点邻域内的最优逼近多项式[①]是否全然无关呢？我发现我并不知道答案，这也是我在那一瞬间有些愣神的原因。

28.1 局部与整体的再一次拥抱

回到住处后，我立刻翻阅手头的教材和论文资料，试图找到这个问题的答案，但很遗憾我未能如愿。

我只能自己思考这个问题，一个很自然的想法是：当展开点的邻域越来越小时，其上的k次最优逼近多项式应该越来越接近一个固定的k次多项式，而这个多项式就是目标函数泰勒展开的k次截断。

用数学语言可以如下表述：假设$f(x)$是区间$[a,b]$上一个有直到$n+1$阶导数的函数。固定$x_0\in(a,b)$和$0\leqslant k\leqslant n$，对任意一个充分小的正数ε，

① 这里说的最优逼近都是2-范数意义下的。

记$f(x)$在区间$\left[x_0-\varepsilon,x_0+\varepsilon\right]\subset[a,b]$上的最优逼近多项式为

$$P_{k,\varepsilon}(x)=\sum_{i=0}^{k}a_{i,\varepsilon}\left(x-x_0\right)^i$$

那么对所有的$0\leqslant i\leqslant k$,我们猜想

$$\lim_{\varepsilon\to 0}a_{i,\varepsilon}\overset{?}{=}\frac{f^{(i)}\left(x_0\right)}{i!}$$

可以看到,这一猜想的形式非常简洁且美妙,它将泰勒展开用最优逼近的思想加以解释,"整体概念"与"局部概念"再次拥抱在一起。

我对这一猜想的正确性很有信心,毕竟泰勒多项式也正是牛顿插值多项式的极限,当包围展开点的邻域越来越小时,泰勒多项式一定是"天选之子"。

接下来,我开始求$P_{k,\varepsilon}(x)$。

28.2 最优逼近多项式

采用最小二乘法,定义一个多元函数

$$J\left(a_{0,\varepsilon},a_{1,\varepsilon},\cdots,a_{k,\varepsilon}\right)=\int_{x_0-\varepsilon}^{x_0+\varepsilon}\left[f(x)-\sum_{i=0}^{k}a_{i,\varepsilon}\left(x-x_0\right)^i\right]^2\mathrm{d}x$$

根据多元函数的极值判别法,寻找$J\left(a_{0,\varepsilon},a_{1,\varepsilon},\cdots,a_{k,\varepsilon}\right)$的潜在极值点相当于求解方程组(A)

$$\begin{cases}\dfrac{\partial J}{\partial a_{0,\varepsilon}}=0\\ \dfrac{\partial J}{\partial a_{1,\varepsilon}}=0\\ \vdots\\ \dfrac{\partial J}{\partial a_{k,\varepsilon}}=0\end{cases}$$

直接求导计算得到

$$\frac{\partial J}{\partial a_{i,\varepsilon}} = -2\int_{x_0-\varepsilon}^{x_0+\varepsilon}\left[f(x) - \sum_{j=0}^{k} a_{j,\varepsilon}\left(x - x_0\right)^{j}\right]\left(x - x_0\right)^{i}\mathrm{d}x$$

$$= -2\int_{x_0-\varepsilon}^{x_0+\varepsilon} f(x)\left(x - x_0\right)^{i}\mathrm{d}x + 2\int_{x_0-\varepsilon}^{x_0+\varepsilon}\sum_{j=0}^{k} a_{j,\varepsilon}\left(x - x_0\right)^{i+j}\mathrm{d}x$$

$$= 2\sum_{j=0}^{k}\frac{a_{j,\varepsilon}}{i+j+1}\left[\varepsilon^{i+j+1} - (-\varepsilon)^{i+j+1}\right] - 2\int_{x_0-\varepsilon}^{x_0+\varepsilon} f(x)\left(x - x_0\right)^{i}\mathrm{d}x$$

因此,(A)是一个以$a_{0,\varepsilon}, a_{1,\varepsilon}, \cdots, a_{k,\varepsilon}$为变元的$k+1$元线性方程组,可以写成矩阵乘法的形式

$$A_{k+1}\cdot X = W_{k+1}$$

其中A_{k+1}里的元素为

$$a_{rs} = \frac{1}{r+s-1}\left[\varepsilon^{r+s-1} - (-\varepsilon)^{r+s-1}\right],\ 1 \leqslant r,s \leqslant k+1$$

常数项W_{k+1}里的元素为

$$w_s = \int_{x_0-\varepsilon}^{x_0+\varepsilon} f(x)\left(x - x_0\right)^{s-1}\mathrm{d}x,\ 1 \leqslant s \leqslant k+1。$$

另外,A_{k+1}也是函数$J\left(a_{0,\varepsilon}, a_{1,\varepsilon}, \cdots, a_{k,\varepsilon}\right)$的黑塞(Hessian)矩阵。注意到次数不超过$k$的多项式集合是一个线性空间

$$\left\{1, \left(x - x_0\right), \left(x - x_0\right)^2, \cdots, \left(x - x_0\right)^k\right\}$$

是它的一组基,而a_{rs}恰好等于这组基中的元素两两作内积

$$a_{rs} = \left\langle \left(x - x_0\right)^{r-1}, \left(x - x_0\right)^{s-1}\right\rangle = \int_{x_0-\varepsilon}^{x_0+\varepsilon}\left(x - x_0\right)^{r-1}\cdot\left(x - x_0\right)^{s-1}\mathrm{d}x$$

因此,对任意的$k+1$维非零向量$b = \left(b_0, b_1, \cdots, b_k\right)^{\mathrm{T}}$,我们总有

$$b^{\mathrm{T}}A_{k+1}b = \left\langle P_b(x), P_b(x)\right\rangle > 0$$

其中

$$P_b(x) = b_0\cdot 1 + b_1\cdot\left(x - x_0\right) + \cdots + b_k\cdot\left(x - x_0\right)^k$$

这说明由A_{k+1}定义的二次型$b^{\mathrm{T}}A_{k+1}b$是一个正定二次型,也即A_{k+1}是一个正定矩阵,这不仅保证了方程组(A)总是有唯一解,还确定了(A)的唯一解给出函数$J\left(a_{0,\varepsilon}, a_{1,\varepsilon}, \cdots, a_{k,\varepsilon}\right)$的最小值。

现在只要求出A_{k+1}的逆矩阵，就能得到$\left[x_0-\varepsilon, x_0+\varepsilon\right]$上的最优逼近多项式。

28.3 逆矩阵的秘密

直接求A_{k+1}的逆矩阵并不是一件容易的事情，我先写出最容易想到的逆矩阵公式

$$A_{k+1}^{-1}=\frac{1}{\det\left(A_{k+1}\right)}A_{k+1}^{*}$$

其中A_{k+1}^{*}是A_{k+1}的伴随矩阵。

接下来，我定义了一个新的矩阵

$$\tilde{A}_{k+1}:=\begin{pmatrix} 1 & 0 & \frac{1}{3} & \cdots & \frac{1-(-1)^{k+1}}{2(k+1)} \\ 0 & \frac{1}{3} & 0 & \cdots & \frac{1-(-1)^{k+2}}{2(k+2)} \\ \frac{1}{3} & 0 & \frac{1}{5} & \cdots & \frac{1-(-1)^{k+3}}{2(k+3)} \\ \vdots & \vdots & \vdots & & \vdots \\ \frac{1-(-1)^{k+1}}{2(k+1)} & \frac{1-(-1)^{k+2}}{2(k+2)} & \frac{1-(-1)^{k+3}}{2(k+3)} & \cdots & \frac{1-(-1)^{2k+1}}{2(2k+1)} \end{pmatrix}$$

使

$$\begin{aligned}\det\left(A_{k+1}\right) &= \sum_{\sigma\in S_{k+1}}(-1)^{\operatorname{sgn}(\sigma)}a_{1\sigma(1)}a_{2\sigma(2)}\cdots a_{(k+1)\sigma(k+1)} \\ &= 2^{k+1}\varepsilon^{\left(\sum_{l=1}^{k+1}(l+\sigma(l)-1)\right)}\det\left(\tilde{A}_{k+1}\right) \\ &= 2^{k+1}\varepsilon^{\left(2\left(\sum_{l=1}^{k+1}l\right)-(k+1)\right)}\det\left(\tilde{A}_{k+1}\right) \\ &= 2^{k+1}\varepsilon^{(k+1)^2}\det\left(\tilde{A}_{k+1}\right)\end{aligned}$$

其中，S_{k+1}代表$\{1,2,\cdots,k+1\}$这$k+1$个数字所有全排列的集合。这一步的目的是把A_{k+1}的行列式中与ε无关的部分单独剥离出来，方便对极限进

行估计。

根据定义，A_{k+1}^* 中第 r 行、第 s 列的元素为 A_{k+1} 中第 s 行、第 r 列的元素 a_{sr} 的代数余子式

$$\sum_{\substack{\sigma \in S_{k+1} \\ \sigma(s)=r}} (-1)^{\operatorname{sgn}(\sigma)} a_{1\sigma(1)} a_{2\sigma(2)} \cdots a_{(s-1)\sigma(s-1)} a_{(s+1)\sigma(s+1)} \cdots a_{(k+1)\sigma(k+1)}$$

其等于 $\varepsilon^{(k+1)^2-(s+r-1)}$ 乘以一个与 ε 无关的实数。进一步，当 $r+s$ 是一个奇数时，在 a_{sr} 的代数余子式的计算公式中，每个求和项都至少包含了一个乘积因子 $a_{s'r'}$ 满足 $r'+s'$ 也是奇数，由 A_{k+1} 的定义，这样的元素等于0。于是，我们就得到了关于 A_{k+1}^{-1} 的两条关键性质：

(1) A_{k+1}^{-1} 中第 r 行、第 s 列的元素形如 $\alpha_{rs}\cdot\left(\dfrac{1}{\varepsilon}\right)^{r+s-1}$，其中 α_{rs} 是一个与 ε 无关而只由 k 决定的实数。

(2) 当 $r+s$ 是一个奇数时，$\alpha_{rs}=0$。

对于一般情况下的 α_{rs} 求解方法，我还没有头绪，这问题似乎异常复杂。但我突然意识到，要求最优逼近多项式当 $\varepsilon\to 0$ 时的极限，并不需要真的求出 A_{k+1}^{-1}，上面的两条性质足够了。

28.4 最优逼近多项式的极限

由于 $f(x)$ 在区间 $[a,b]$ 上有直到 $n+1$ 阶的导数，我们可以写

$$f(x)=f(x_0)+f'(x_0)(x-x_0)+\cdots+\frac{1}{(k+1)!}f^{(k+1)}(x_0)(x-x_0)^{k+1}+o\left((x-x_0)^{k+1}\right)$$

记 $R_k(x)$ 为泰勒展开 k 次截断的余项

$$f(x)-\left[f(x_0)+f'(x_0)(x-x_0)+\cdots+\frac{1}{k!}f^{(k)}(x_0)(x-x_0)^k\right]$$

我们有

$$\lim_{x\to x_0}\frac{R_k(x)}{(x-x_0)^{k+1}}=\frac{1}{(k+1)!}f^{(k+1)}(x_0)$$

再定义一个连续函数

$$G_k(x)=\begin{cases}\dfrac{R_k(x)}{(x-x_0)^{k+1}}, & 若 x\neq x_0\\ \dfrac{1}{(k+1)!}f^{(k+1)}(x_0), & 若 x\neq x_0\end{cases}$$

满足$G_k(x)(x-x_0)^{k+1}=R_k(x)$。

与前面的符号保持一致,记$f(x)$在区间$[x_0-\varepsilon,x_0+\varepsilon]$上的最优逼近多项式系数为$(a_{0,\varepsilon},a_{1,\varepsilon},\cdots,a_{k,\varepsilon})$,它是方程组$A_{k+1}\cdot X=W_{k+1}$的唯一解。

我们将$f(x)$的泰勒展开代入向量W_{k+1}中的各个元素

$$\begin{aligned}w_s&=\int_{x_0-\varepsilon}^{x_0+\varepsilon}f(x)(x-x_0)^{s-1}\mathrm{d}x\\&=\sum_{r=1}^{k+1}\int_{x_0-\varepsilon}^{x_0+\varepsilon}\frac{1}{(r-1)!}f^{(r-1)}(x_0)(x-x_0)^{r+s-2}\mathrm{d}x+\int_{x_0-\varepsilon}^{x_0+\varepsilon}G_k(x)(x-x_0)^{s+k}\mathrm{d}x\\&=\sum_{r=1}^{k+1}\left\{\frac{1}{(r-1)!}f^{(r-1)}(x_0)\frac{1}{r+s-1}\left[\varepsilon^{r+s-1}-(-\varepsilon)^{r+s-1}\right]\right\}+\\&\quad\int_{x_0-\varepsilon}^{x_0+\varepsilon}G_k(x)(x-x_0)^{s+k}\mathrm{d}x\\&=\sum_{r=1}^{k+1}\frac{1}{(r-1)!}f^{(r-1)}(x_0)a_{rs}+\int_{x_0-\varepsilon}^{x_0+\varepsilon}G_k(x)(x-x_0)^{s+k}\mathrm{d}x\end{aligned}$$

A_{k+1}是对称矩阵,因此对任意的$0\leqslant i\leqslant k$,我们有

$$a_{i,\varepsilon}-\frac{1}{i!}f^{(i)}(x_0)=\sum_{s=1}^{k+1}\left\{\alpha_{(i+1)s}\left(\frac{1}{\varepsilon}\right)^{s+i}\int_{x_0-\varepsilon}^{x_0+\varepsilon}G_k(x)(x-x_0)^{s+k}\mathrm{d}x\right\}$$

剩下的任务,只需要估计$a_{i,\varepsilon}-\dfrac{1}{i!}f^{(i)}(x_0)$的绝对值就可以了。

由于函数$G_k(x)$是连续的,我们可以假设它的绝对值在区间$[a,b]$上有一个统一的上界$|G_k(x)|\leqslant M$,于是

$$\left|a_{i,\varepsilon}-\frac{1}{i!}f^{(i)}\left(x_0\right)\right|\leqslant\sum_{s=1}^{k+1}\left|\alpha_{(i+1)s}\right|\cdot M\cdot\left(\frac{1}{\varepsilon}\right)^{s+i}\int_{x_0-\varepsilon}^{x_0+\varepsilon}\left|\left(x-x_0\right)^{s+k}\right|\mathrm{d}x$$

$$=\sum_{s=1}^{k+1}\left|\alpha_{(i+1)s}\right|\cdot 2M\cdot\left(\frac{1}{\varepsilon}\right)^{s+i}\int_{x_0}^{x_0+\varepsilon}\left(x-x_0\right)^{s+k}\mathrm{d}x$$

$$=\sum_{s=1}^{k+1}\left|\alpha_{(i+1)s}\right|\cdot\frac{2M}{s+k+1}\cdot\varepsilon^{k+1-i}$$

当$\varepsilon\to 0$时的极限是0。

用不平凡的技术，证明一个优美的猜想，这应该是数学工作者最开心的时刻。

思考题

你能提出一个数学猜想并亲自证明它吗？

第29章

最佳近似——超定方程组的现实选择

数学在现实世界的应用中，线性代数的身影频繁出现，总结下来有两个根本原因：一是现实生活中很多问题的复杂程度超出了当前数学工具的能力范围，只能通过人为的线性化来模拟；二是尽管我们可以构造出很多连续性的数学模型来描述世界，但在求解这些模型时，却几乎不可避免地需要使用线性代数工具，因为计算机的处理方式本质上是离散的而不是连续的。

当然，这并不意味着线性代数比微积分更重要，两者共同构成应用数学和数学应用的理论支柱，它们相辅相成。即使是解像线性方程组这样的纯代数问题，我们也会用到极值原理的分析方法。

本章我们来看一个有趣的例子。我们经常会碰到方程个数大于变元个数的线性方程组，这样的线性方程组称为超定方程组。它通常是由于目标信息的观测冗余造成的。然而，由于实际观测中会产生误差，这些误差可能会造成原本相容的方程组不再相容，我们得到一个无解的超定方程组

$$A_{m\times n}x = b\ (m > n)$$

这时，我们希望找到一个真实解的最佳近似。在数学上，假设我们的模型是在实数范围内构建和求解的，那么我们试图寻找 R^n 中的一个向量 x_0，使 $A_{m\times n}x_0$ 与 b 在 R^m 中的距离最小，这个向量就是超定方程组的最小二乘解。

29.1 纯代数的方案

这一问题本质上与寻找周期函数最佳三角多项式逼近的问题相似，我们可以用之前介绍的两种方法来求解。

先看正交投影法。

设A为$m \times n$阶实矩阵$(m > n)$，其定义了一个线性映射

$$f_A: R^n \to R^m$$

对任意$u \in R^n$，$f_A(u) := Au$。

问题：假设超定方程组$Ax = b$无解，需要找一个向量x_0，使$\left|b - Ax_0\right|$最小。

令集合

$$U = \{Ax | x \in R^n\}$$

代表映射$f_A: R^n \to R^m$的像空间，则U中与b距离最近的向量是b关于空间U的正交投影$P_U b$。事实上，利用高维内积空间的勾股定理，对任意向量$v \in U$有

$$\begin{aligned}\left|b - P_U b\right|^2 \leqslant \left|b - P_U b\right|^2 + \left|P_U b - v\right|^2 &= \left|\left(b - P_U b\right) + \left(P_U b - v\right)\right|^2 \\ &= |b - v|^2\end{aligned}$$

等号成立当且仅当$\left|P_U b - v\right|^2 = 0$，即$v = P_U b$。

因此，我们可以按照如下步骤求$Ax = b$的最小二乘解。记矩阵A的列向量为$\{a_1, a_2, \cdots, a_n\}$，空间$U$可由$\{a_1, a_2, \cdots, a_n\}$生成。

第一步，找出$\{a_1, a_2, \cdots, a_n\}$的极大线性无关组$\{\alpha_1, \alpha_2, \cdots, \alpha_r\}$。

第二步，利用施密特正交化方法将$\{\alpha_1, \alpha_2, \cdots, \alpha_r\}$化为$U$的一组标准正交基$\{e_1, e_2, \cdots, e_r\}$。

第三步，利用内积运算求$P_U b = \left[b, e_1\right]e_1 + \cdots + \left[b, e_r\right]e_r$。

第四步，解线性方程组$Ax = P_U b$。

从这个方案的最后一步能看出,超定方程组的最小二乘解不一定唯一。

29.2 利用费马定理求极值点的方案

要求函数$|b-Ax|$的极值点,等价于求$d^2(x)=|b-Ax|^2$的极值点。我们把$d^2(x)$看成关于向量x的n个分量

$$x_1,x_2,\cdots,x_n$$

的多元函数。

根据欧氏空间向量内积的定义,

$$\begin{aligned}d^2(x)=|b-Ax|^2&=[b-Ax,b-Ax]\\&=[b,b]-2[Ax,b]+[Ax,Ax]\\&=b^{\mathrm{T}}b-2x^{\mathrm{T}}A^{\mathrm{T}}b+x^{\mathrm{T}}A^{\mathrm{T}}Ax\end{aligned}$$

因为

$$A^{\mathrm{T}}A=\begin{pmatrix}c_{11}&c_{12}&\cdots&c_{1n}\\c_{12}&c_{22}&\cdots&c_{2n}\\\vdots&\vdots&&\vdots\\c_{1n}&c_{2n}&\cdots&c_{nn}\end{pmatrix}$$

是实对称矩阵,所以

$$\begin{aligned}x^{\mathrm{T}}A^{\mathrm{T}}Ax=&c_{11}x_1^2+2c_{12}x_1x_2+\cdots+2c_{1n}x_1x_n+c_{22}x_2^2+c_{23}x_2x_3+\cdots+\\&c_{2n}x_2x_n+\cdots+c_{nn}x_n^2\end{aligned}$$

是一个实二次型。不难验证,对多元函数$d^2(x)$求偏导,会得到一个关于$x_1,x_2,\cdots,x_n$的线性方程组

$$A^{\mathrm{T}}Ax=A^{\mathrm{T}}b,$$

它的解就是原方程组的最小二乘解。

为什么这样说呢?因为方程组$A^{\mathrm{T}}Ax=A^{\mathrm{T}}b$与$Ax=P_Ub$事实上是同解的。

首先,我们可以把向量b分解成

$$b=P_Ub+h$$

其中,h属于R^m中U的正交补空间,也即对任意的$x\in R^n$,

$$x^{T}A^{T}h=[Ax,h]=0$$

由于x可以任意取，$A^{T}h$事实上是0向量，从而

$$A^{T}b=A^{T}P_{U}b+A^{T}h=A^{T}P_{U}b$$

这说明方程组$Ax=P_{U}b$的解都是方程组$A^{T}Ax=A^{T}b$的解。

然后，固定方程组$Ax=P_{U}b$的一个特殊解x_0，由上面的证明x_0自然是方程组$A^{T}Ax=A^{T}b$的一个解，那么对$A^{T}Ax=A^{T}b$的任意解x'均有

$$A^{T}A\left(x'-x_0\right)=0$$

然而实线性方程组$A^{T}Ax=0$与$Ax=0$是同解的①，因此

$$A\left(x'-x_0\right)=0$$

也即

$$Ax'=Ax_0=P_{U}b$$

这说明方程组$A^{T}Ax=A^{T}b$的解也是方程组$Ax=P_{U}b$的解。综合两个方向的推导，就得到$A^{T}Ax=A^{T}b$与$Ax=P_{U}b$同解的事实。

以上推导也说明，超定方程组的最小二乘解唯一当且仅当$A^{T}A$可逆，也即A是列满秩矩阵。

29.3 造福人类的CT技术

CT，即X射线计算机层析成像（Computed Tomography），诞生于20世纪70年代，它是一种典型的物体内部的检测成像技术，如同拥有透视眼一般，可以帮助人们探测物体的内部信息。在CT技术和设备发明之后，经过不断迭代，已经应用在社会生活的许多领域，尤其在医学领域，以CT为代表的医学影像数据是医疗诊断数据的重要来源。它帮助医生进行疾病筛查、诊断和治疗，如在新冠肺炎的诊疗过程中，CT影像学变化就被明确写入了临床诊断标准。

除了医学领域，CT技术在工业、能源、国防、公共安全等众多领域发挥着举足轻重的作用。无论是在公共场所常见的安检仪，还是对重要装备的

---

① 请自己试着证明。

关键部件(火箭发动机)、精密产品(芯片)、新型复合材料等进行的高精度无损检测,CT都展现了其独特的优势。它可以用于避免局部微小瑕疵可能导致的整个系统损坏。

CT检测的原理比较简单,射线源发出X射线,穿过待检测物体后被探测器接收到,由于物质对射线有吸收作用,射线源发出的X射线能量强度和探测器接收到的X射线能量强度是不同的。通过这两个值可以算出X射线沿着指定方向穿过待检测物体的衰减系数,然后转变成计算机可以处理的数字信号。通过将待检测物体分割成一个个断层并逐层逐向扫描,CT设备最终能够生成可用于区分物体内部不同材料的可视化图像。

然而,CT检测的具体实现并非易事。由于不同材料的物质对X射线的吸收能力各异,我们从探测器接收到的数据只能显示X射线沿一个直线方向穿过待检测物体的总衰减量,不能反映这条直线上每一处的射线衰减情况。要想还原X射线在物体内部每点处的衰减系数,等于用一个二元函数在直线上的积分反解出该函数在各点处的值,这本质上是个数学问题。事实上,以CT扫描为基础的检测成像技术中图像重建部分就是由数学算法做支撑的。南非裔美国物理学家柯马克,因为发明了CT图像重建的数学方法,与CT设备的发明人英国工程师豪斯菲尔德共同荣获了1979年诺贝尔生理学或医学奖。

接下来,让我们用一个简化的例子来看看CT图像重建的数学方法,以及求超定方程组的最小二乘解在这些方法中的应用。

尽管可以用连续函数的积分模型来描述X射线的衰减情况,但计算机的处理方式始终是离散的。因此,我们可以将待检测物体划分成一系列大小相等的小方格,这些小方格的长和宽相等,对应CT图像的像素,方格的高对应CT扫描断层的厚度。每个这样的小方格称为一个体素,体素越小,CT扫描的数据精度就越高。

以最简单的4个体素为例。假设我们有一个正方形的材料需要进行缺陷检测,已知数据是X射线穿过每单位长度的该种材料时,衰减程度大约是3。为了检测,我们将待测品划分为4个相等的正方形区域,每个区域的边长均为单位长度1。接下来,我们用X射线从3个方向穿过这些区域,测得衰减程度分别为6、4、6，如图29-1所示。

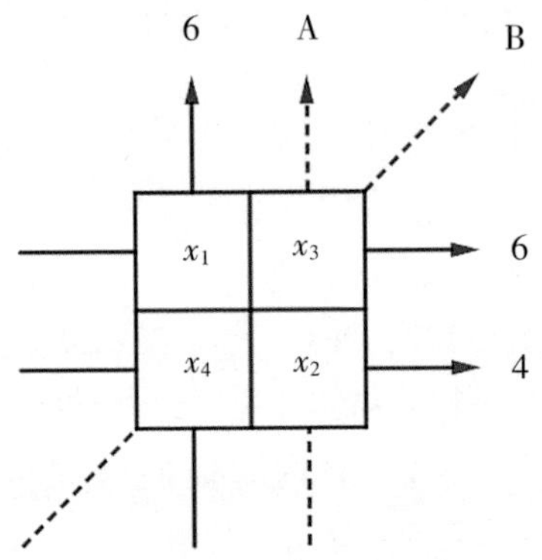

图29-1 利用CT对材料进行缺损检测

按上图所示，将相应区域射线的衰减程度设为x_1,x_2,x_3,x_4，我们得到一个包含3个方程的4元线性方程组。显然，3个方程不能唯一解出4个未知数，于是增加两个扫描方向：按A方向穿过，测得衰减值为4.5；按B方向穿过，测得衰减值为8.5。这相当于为x_1,x_2,x_3,x_4增加了两条约束信息，我们希望通过求解线性方程组判断材料是否存在缺陷，如果存在，找出缺陷所在的可能区域。

根据扫描数据列出方程组

$$\begin{bmatrix}1 & 0 & 1 & 0\\ 1 & 0 & 0 & 1\\ 0 & 1 & 0 & 1\\ 0 & 1 & 1 & 0\\ 0 & 0 & \sqrt{2} & \sqrt{2}\end{bmatrix}\begin{bmatrix}x_1\\ x_2\\ x_3\\ x_4\end{bmatrix}=\begin{bmatrix}6\\ 6\\ 4\\ 4.5\\ 8.5\end{bmatrix}$$

这是一个超定方程组，进一步验证发现是无解的，这种情况往往是由实际测量的误差所致。利用本章介绍的方法，可以求得方程组的最小二乘解为

$$x_1 \approx 3.00, x_2 \approx 1.25, x_3 \approx 3.10, x_4 \approx 2.90$$

这是最接近真实数据的答案。从结果上来看，缺陷是存在的，并且很可能位于右下角的2号区域。

当然，现实中的CT图像重建算法远比这个例子复杂，如滤波反投影、迭代重建等，它们的目的都是更快更好地把每个体素的X射线衰减系数反解出来。

思考题

两种求超定方程组最小二乘解的方法，你觉得哪种更好呢？

第30章

最小损失——人工智能的决策法门

2016年3月,谷歌(Google)旗下DeepMind公司哈萨比斯团队开发的围棋程序AlphaGo以4:1的战绩击败了围棋世界冠军李世石。人工智能在曾被认为无法挑战人类智力的围棋领域取得颠覆性突破。

这一突破标志着人工智能正式进入以深度学习为范式的崭新时代,随后,它便在包含科学研究在内的多个领域大放光彩。称AlphaGo开启了人工智能的新纪元也是实至名归的。因为它与过往的人工智能完全不同,不再单纯依赖计算机的超级算力。早在1997年,计算机在正常时限的比赛中,首次击败了等级分排名世界第一的国际象棋棋手。加里·卡斯帕罗夫以2.5:3.5(1胜2负3平)的比分输给了IBM的计算机程序“深蓝”。“深蓝”每秒可进行113.8亿次浮点运算,搜寻和估计12步棋,通过硬实力打败了人类。

但围棋棋盘有19×19共361个落子点,黑子、白子和空组成的盘面图约10^{172}种,即便是简单考虑黑白交替落子的行棋规则,一盘棋的演变可能性也达到了$361! \approx 1.43 \times 10^{768}$种,使现有计算机的算力难以在短时间内暴力穷举。

因此,AlphaGo的横空出世给人们带来了极大震撼。它赋予了机器自我学习和自我超越的能力,使其真正拥有了智能。不管是下棋、医学诊疗还是自动驾驶，智能的体现都是“决策”，而在决策过程中，策略选择的标准至关重要。在深度学习或更广泛的机器学习中，有各式各样的算法，它们旨在帮助人们按照预设的标准搜索最佳策略。现实应用中，最常用的标准是最小化损失函数，这本质上是一个求解极小值的问题。

30.1 直线拟合的损失函数

损失函数的设计因求解问题的不同而不同，让我们回到直线拟合看一个较为简单的案例（见图30-1）。

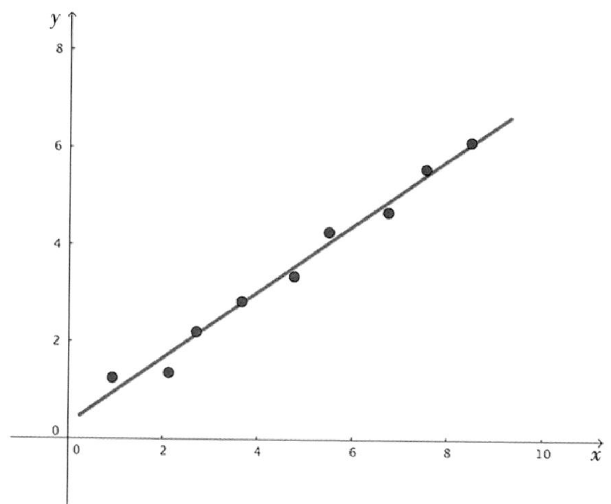

图30-1 直线拟合

假设有n组数据$(x_1, y_1), (x_2, y_2), \cdots, (x_n, y_n)$需要拟合，我们希望为直线方程$y = ax + b$找到最佳的参数$a$和$b$，选择标准是“实验采集到的数据与拟合数据之间的差距尽可能小”。这句话翻译成数学语言，参数a、b的选取要满足

$$\sum_{i=1}^{n}\left[\left(ax_i + b\right) - y_i\right]^2$$

的值尽可能小。如果看成深度学习的一个训练模型，该表达式就是损失函数。

我们将上述表达式进一步展开

$$\sum_{i=1}^{n}\left[\left(ax_i+b\right)-y_i\right]^2=\sum_{i=1}^{n}\left(x_i^2a^2+2x_iab+b^2-2x_iy_ia-2y_ib+y_i^2\right)$$
$$=\left(\sum_{i=1}^{n}x_i\right)^2a^2+2\left(\sum_{i=1}^{n}x_i\right)ab+nb^2-2\left(\sum_{i=1}^{n}x_iy_i\right)a-$$
$$2\left(\sum_{i=1}^{n}y_i\right)b+\sum_{i=1}^{n}y_i^2$$

然后利用解析几何中二次曲线的分类知识可以判断:在空间直角坐标系$[O;\ a,b,z]$中,当h的值充分大时,方程

$$\begin{cases}z=J(a,b)=\sum_{i=1}^{n}\left[\left(ax_i+b\right)-y_i\right]^2\\ z=h\end{cases}$$

代表一个椭圆。

此时让h的值慢慢减小,上述方程代表的椭圆其长、短半轴的长度就会慢慢变小,直至退化成一个点,再到成为空集。

因此,方程

$$z=J(a,b)=\sum_{i=1}^{n}\left[\left(ax_i+b\right)-y_i\right]^2$$

的解在坐标系$[O;\ a,b,z]$中构成一个椭圆抛物面(见图30-2),它确实有一个最低点。

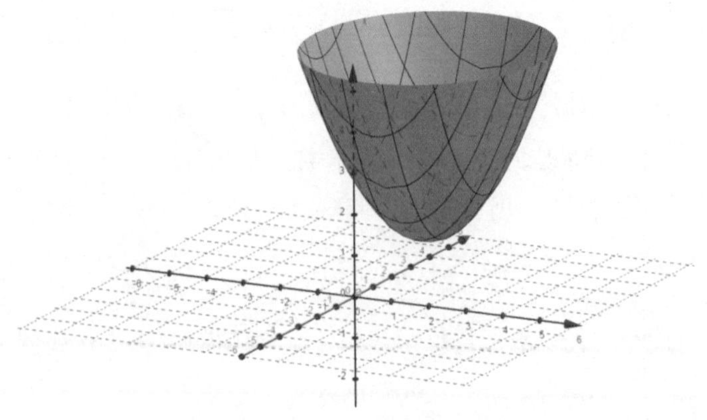

图30-2　椭圆抛物面

理论上，我们当然可以用纯数学的方法（最小二乘法）求解这个问题，极值点的坐标满足一个包含两个变元的线性方程组

$$\begin{cases} \dfrac{\partial J}{\partial a} = 2\sum_{i=1}^{n} x_i\left[\left(ax_i + b\right) - y_i\right] = 0 \\ \dfrac{\partial J}{\partial b} = 2\sum_{i=1}^{n}\left[\left(ax_i + b\right) - y_i\right] = 0 \end{cases}$$

只要解这个线性方程组，就能得到极值点。

但现实中，问题远没有这么简单，一个深度学习的训练模型可能包含上千万乃至上亿个参数，求解如此大规模的线性方程组很不经济。更糟糕的是，损失函数的极值点满足的方程组很有可能不是一个线性方程组，直接求解的难度实在太大了。

30.2 梯度下降

没关系，数学家还有别的办法。

我们的目标是找到偏导数均为0的极小值点。假设我们从损失函数所定义的（超）曲面上任意一个点出发，沿着（超）曲面往周边移动一小步，怎样可以尽快到达极小值点呢？

当然是沿着函数值减小最快的方向走，我们知道这个方向就是函数在该点梯度的反方向。

按照这个方法到达一个新的点位后，重复以上操作，始终沿着梯度的反方向移动，直到偏导数的值与0充分接近为止。这个过程就好像一名空降兵降落到了一座没有道路的高山上，下山的最佳策略是沿着最陡峭的方向一直前进，这样就能尽快地到达山底（见图30-3）。

在数学上，记包含n个参数的损失函数为$J(x_1, x_2, \cdots, x_n)$，为了最小化它，我们可以从一个初始点$(x_1^{(0)}, x_2^{(0)}, \cdots, x_n^{(0)})$开始，以$\eta > 0$为步进率对所有$i \geqslant 0$构建迭代过程。

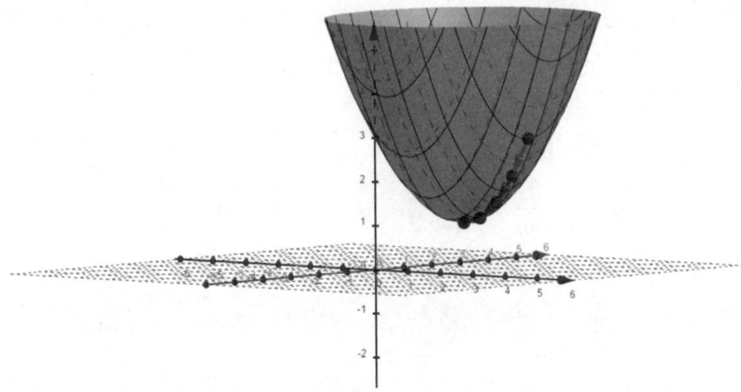

图 30-3 梯度下降法示意图

$$\begin{cases} x_1^{(i+1)} = x_1^{(i)} - \eta \cdot \dfrac{\partial J}{\partial x_1}\left(x_1^{(i)}, x_2^{(i)}, \cdots, x_n^{(i)}\right) \\ \vdots \\ x_n^{(i+1)} = x_n^{(i)} - \eta \cdot \dfrac{\partial J}{\partial x_n}\left(x_1^{(i)}, x_2^{(i)}, \cdots, x_n^{(i)}\right) \end{cases}$$

每轮迭代之后，都计算当前点位的梯度

$$\operatorname{grad} J\left(x_1^{(i+1)}, \cdots, x_n^{(i+1)}\right) = \left(\frac{\partial J}{\partial x_1}\left(x_1^{(i+1)}, \cdots, x_n^{(i+1)}\right), \cdots, \frac{\partial J}{\partial x_n}\left(x_1^{(i+1)}, \cdots, x_n^{(i+1)}\right)\right)$$

当偏导数的值达到收敛条件时，我们终止迭代，此时就到达了极小值点或函数值与极小值充分接近的点。

在机器学习中，步进率η被称为学习率，它的选取十分关键。η若是太小，迭代收敛的时间就会太长；η若是太大，迭代又有可能来回震荡以致无法收敛。

以直线拟合的损失函数为例，假设

$$J(a,b) = \frac{(a-1)^2}{2} + \frac{(b-2)^2}{2.5} + 1$$

它的极小值点为$(1,2)$，极小值为1。从点$(x_1^{(0)}, x_2^{(0)}) = (3,2)$出发采用梯度下降法求解，如果取$\eta = 0.01$，迭代100步后，结果还在点$(1.73,2)$的附近，离极小值点很远；如果取$\eta = 2$，迭代又会在点(3,2)和点(-1,2)之间反复横跳，根本无法收敛；取$\eta = 1$就可以一步迭代，直接到位。好的算法工程师对学习率的选择会有好的经验和心得体会。

30.3 梯度下降法的变体

梯度下降法看起来很美好，但实际应用中，它并不直接用于机器学习模型的训练。这主要有两个原因：一是真正的训练模型，数据样本量很大，若每次迭代过程都使用全样本数据进行计算，虽然梯度可以算得很准确，但计算量太大，耗时太长；二是当模型的参数数量变得很大后，损失函数的"图像"不见得会像椭圆抛物面那样有唯一的极小值点（全局最小值点），而是可能有众多不是全局最小的局部极小值点，甚至大多数梯度为0的点可能是类似图30-4中的"鞍点"的非极值点。一旦梯度下降法的迭代过程陷入局部极小值点或鞍点，就很容易停滞不前。

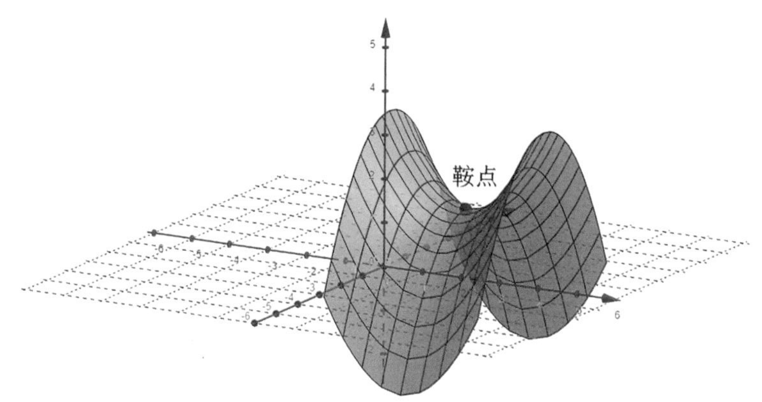

图30-4 鞍点示意图

在实践中，真正发挥作用的是"小批量随机梯度下降法"这一梯度下降法的变体。这种方法在每次迭代的时候，随机选择一小部分样本数据计算梯度，计算量大大减小。这种选择的随机性意外地有助于迭代过程逃离那些我们不想要的局部极小值点和鞍点，这使梯度下降法真正做到了理论与实践的平衡。

当然,梯度下降法的变体不是只有小批量随机梯度下降法,还有基于动量的随机梯度下降法、动态调整学习率的AdaGrad梯度下降法、自适应调整学习率的RMSProp梯度下降法、融合了AdaGrad和RMSProp的Adam梯度下降法等。值得一提的是,最小化损失函数也不是只有梯度下降类型的算法才能做到。

如今,人工智能的数学算法正以前所未有的速度发展,借助数学的力量,我们得以更深入地观察世界、描述世界、改造世界。因为百花齐放,所以绚烂多彩!

思考题

你能用计算机语言编写一段利用梯度下降法求解极小值问题的代码吗?

附　录

1. 加法逆元的乘法

假设m和n是两个正整数，我们应该如何定义$(-m)\times(-n)$呢？

如果要求加法逆元的乘法依然满足结合律、交换律和对加法的分配律，我们只有一种选择。

首先，$m+(-m)=0$，因此

$$\left[m+(-m)\right]\times n=0\times n=0$$

利用乘法对加法的分配律，我们得到

$$m\times n+(-m)\times n=0$$

这说明$(-m)\times n$是$m\times n$的加法逆元。由逆元的唯一性可知

$$(-m)\times n=-(m\times n)$$

接下来，在等式$n+(-n)=0$的两边同时乘上$(-m)$，得到

$$(-m)\times n+(-m)\times(-n)=0$$

也即

$$-(m\times n)+(-m)\times(-n)=0$$

这说明$(-m)\times(-n)$是$-(m\times n)$唯一的加法逆元，它只能是$m\times n$。

可见，要想自然数的加法和乘法推广到整数时不发生逻辑上的混乱，-1与-1相乘必须等于1，而不是别的什么数。

2. 洛必达法则

若函数f和g满足：

(1) $\lim\limits_{x \to x_0} f(x) = \lim\limits_{x \to x_0} g(x) = 0$；

(2)在点x_0的某空心邻域内两者皆可导，且$g'(x) \neq 0$；

(3) $\lim\limits_{x \to x_0} \dfrac{f'(x)}{g'(x)} = A$（$A$可为有限数或无穷），则有

$$\lim_{x \to x_0} \frac{f(x)}{g(x)} = \lim_{x \to x_0} \frac{f'(x)}{g'(x)} = A$$

若将$x \to x_0$换成单侧极限或趋向于无穷，只要相应地修正条件(2)中的邻域，也可得到同样的结论。

3. 误差满足正态分布推导出最小二乘法的合理性

以误差$[(ax+b)-y] \sim N(0,1)$满足标准正态分布为例，用极大似然法估计样本出现概率为最大时a和b的取值：将正态分布的概率密度函数$\left(\dfrac{1}{\sqrt{2\pi}}\right)e^{\left[-\frac{1}{2}\left(ax_i+b-y_i\right)^2\right]}$连乘起来并取对数，得到

$$\begin{aligned} L(a,b) &= \ln \prod_{i=1}^{n} \left(\frac{1}{\sqrt{2\pi}}\right) e^{\left[-\frac{1}{2}\left(ax_i+b-y_i\right)^2\right]} \\ &= n\ln \frac{1}{\sqrt{2\pi}} - \frac{1}{2}\sum_{i=1}^{n}\left(ax_i+b-y_i\right)^2 \end{aligned}$$

求这个函数的极大值恰好相当于用“最小二乘法”对误差的平方和求极小。